“十三五”高职高专出版创新规划教材
国家新闻出版广播影视重大项目子项目教材
[创新型高职高专机电工程类专业实用教材]

新编
高等数学基础

XINBIAN GAODENG SHUXUE JICHU

主　编◎程国云　滕久林
副主编◎汪志忠

广东高等教育出版社
Guangdong Higher Education Press
·广州·

图书在版编目（CIP）数据

新编高等数学基础/程国云，滕久林主编．—广州：广东高等教育出版社，2016．8（2025．7 重印）
ISBN 978－7－5361－5608－1

Ⅰ．①新…　Ⅱ．①程…　②滕…　Ⅲ．①高等数学　Ⅳ．①O13

中国版本图书馆 CIP 数据核字（2016）第 098774 号

广东高等教育出版社出版发行
地址：广州市天河区林和西横路
邮编：510500　　电话：（020）87551597　87551163
网址：www.gdgjs.com.cn
佛山家联印刷有限公司印刷
787 毫米×960 毫米　16 开本　17．75 印张　344 千字
2016 年 8 月第 1 版　2025 年 7 月第 3 次印刷
定价：38．00 元

出版说明

本书是一本“二维码书”。书中印刷了数十个二维码，分布在书中各个章节，读者可以通过用手机扫描这些二维码，直达观看相应的数字化教学资源，增加对书本内容的理解，体验纸电融合、线上线下联通的学习情景；在课堂上，教师亦可以通过播放这些数字化教学资源，从而加强教学的互动性，增强趣味性，提高教学效果，同时，还能有效地减轻教师的备课压力。

本书是一本“互联网＋”教材，是传统教材的出版创新。书中所配的所有数字化教学资源均存放在互联网“好的课”（www.heduc.com）平台上，通过二维码与纸质教材关联，打通数字化教学资源配送的“最后一公里”，方便读者学习。

作为出版创新之作，本书被纳入国家新闻出版广播影视重大项目（项目编号：XW20160660）的子项目，期待本书受到广大的读者、学生和教师的喜爱。

前　言

⊙**编写理念**

本书以微积学为知识基础，以高等数学的基础知识为主轴，以高等数学的基础理论的应用方向为主线，辅以计算机解题软件 Maple 使用，以及“互联网 +”技术的出版，来服务于现代化的高职高专的理工科类（或理工综合类）的基础理论课教与学。

全书设 120 基础学时，可根据专业需要增选学时。

⊙**内容编排**

编写时，在充分考虑职业教育的大众化特性，及职业院校理工类专业的数字化教学的相关教学要求的基础上，本书以函数微积分学为基础，内容编排呈现为：微分学在理工科方面的应用，积分学在理工科方面的对称应用，以及微积分学解决数学自身理论问题和应用等，如微分方程和级数或空间向量的理论学习和应用。具体来说：其一，微分学的理论与应用；其二，积分学的理论与应用；其三，微积分学的综合理论应用与实际应用。这既呈现高等数学基础知识自身的理论体系的逻辑论理的严密性，又进一步使高等数学基础知识的应用思想的逻辑模块充分整合。全书内容编排，具体表现为：第一章，函数的极限与连续；第二章，导数与微分；第三章，中值定理和导数的应用；第四章，不定积分；第五章，定积分；第六章，定积分的实践应用；第七章，微分方程及应用；第八章，级数；第九章，空间向量及其几何应用。

⊙**配套资源**

本书除了纸制的教材外，全新设置互联网线上线下资源服务，即提供全书网络上课全部 ppt 课件、附录的 Maple 数学信息技术的解题软件和 2D 作图的使用程序功能，及本书的全部习题答案。

本书内容基础，略去定理、定义的证明。其创新之处在于：第一，采用全新的出版模式，立体利用互联+教材技术，扫描相应的二维码，立即呈现线上教学内容。第二，解题方法多样化，传统解题和使用 Maple 解题软件同步解题等。为机械类、机电（城轨）类和土建工程类，数控加工专业的高职高专的全日制教学和业余学习提供高效力的，更新、更简单、更全面的服务。如此，教之者简便，学之者轻松。

目　录 MULU

第一章　函数的极限与连续

1736年，牛顿在《流数法和无穷级数》一文中指出，变量是由点、线、面的连续运动产生的。后来，人们把变量称为函数。

在17世纪中叶，笛卡儿把变量引入了数学，使数学从研究常量进一步发展到研究变量，从而产生了微积分。微积分是研究变量以及变量间依赖关系即函数关系的一门学科，用微积分研究变量的计算问题离不开函数关系的建立。

高等数学研究的内容主要是函数的微积分运算及其应用，而微积分又是建立在实数、函数和极限基础知识上的。无限就是极限，而函数极限是研究函数的微积分的主要基础知识，它是用一种运动的思想看待问题……本章简单回顾中学数学的基础知识，学习函数的极限和函数的连续概念，为学习函数微积分知识打好理论基础。

第一节　函　　数

二维码 1－1

扫一扫，获取本节资源

一、集合的概念

现实世界中的事物表现为各种形式的量。其中，有的量取定适当的单位以后，在考察的过程中可用固定的数值来表示，这种量称为常量；还有一些量，在考察的过程中取不同的数值，称为变量。比如，一架客机在飞行过程中的乘客人数是一个常量，而飞机飞行的高度则是一个变量。

讨论变量间的数量关系时，必须明确变量之间的存在关系，如人们对于函数的定义域和值域的讨论，对于集合的概念的认识和集合的运算等；再如数集是表示变量之间存在关系的常用方法。在初等数学中，变量通常是在实数范围内讨论，也可以扩大到复数。常用的数集除了有自然数集 $\mathbf{N}$、正整数集 $\mathbf{N}_+$、整数集 $\mathbf{Z}$、有理数集 $\mathbf{Q}$、实数集 $\mathbf{R}$、复数集 $\mathbf{C}$ 等，还有表示函数解的各种类型，如数轴、不等式、集合、区间等。

此外，为了讨论函数在某一点邻近的存在性态，高等数学引进某点的邻域概念。

定义 1　设 $a,\delta\in\mathbf{R}$，$\delta>0$ 的无限小的正数，数集 $\{x\in\mathbf{R}\,\big|\,|x-a|<\delta\}$，即实数轴上与点 a 的距离小于 δ 的点的全体，称为点 a 的邻域，记作 $N(a,\delta)$，点 a 与数 δ 分别称为这个邻域的中心与半径。有时也用 $N(a)$ 表示点 a 的一个邻域。数集 $\{x\in\mathbf{R}\,\big|\,|x-a|<\delta\}$ 称为点 a 的去心 δ 邻域，记作 $N(\hat{a},\delta)$。显然 $N(a,\delta)=(a-\delta,a+\delta)$，$N(\hat{a},\delta)=(a-\delta,a)\cup(a,a+\delta)$，如图 1－1 所示。

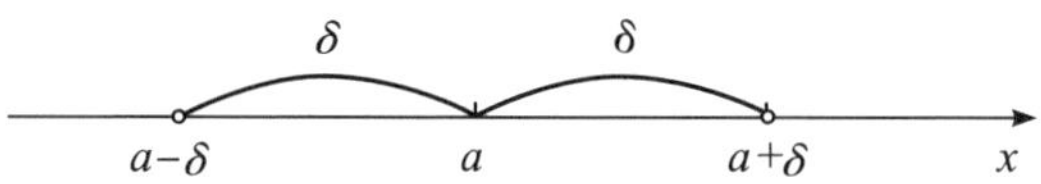

图 1－1

二、函数的概念

定义 2　设 x 和 y 是两个变量，D 是 $\mathbf{R}$ 的非空子集，任意 $x\in D$，变量 y 按照某个对应关系（如 f）有唯一确定的实数与之对应［记作 $y=f(x)$］，则称

$y=f(x)$是定义在 D 上的函数。x 称为自变量，y 称为因变量，D 称为函数 $y=f(x)$的定义域，数集$\{y=f(x)|x\in D\}$称为函数 $y=f(x)$的值域，如图 1－2 所示。

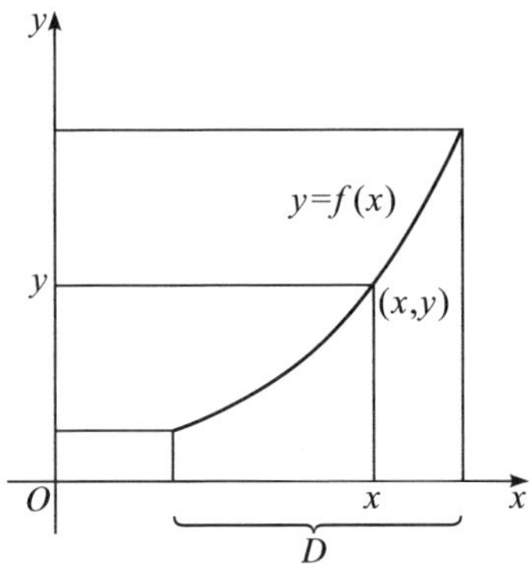

图 1－2

由定义 2 可见，两个函数只有它们的对应关系相同，定义域也相同时才是同一个函数。例如，由于函数 $y=|x|$与 $y=x$ 的对应关系不同，因此它们是两个不同的函数；由于函数 $y=2\lg x$ 与 $y=\lg(x^2)$的定义域不同，因此它们也是两个不同的函数；而函数 $y=|x|$与函数 $y=\sqrt{x^2}$ 两者都相同，则是同一个函数。

对于函数式，注意正确理解函数、定义域、值域、对应法则等的概念。做到理解其应具备的归属性、整体性和逻辑性。

如对分段函数 $y=\begin{cases}x^2\ (x<0)\\1+x\ (x\geqslant0)\end{cases}$ 的整体性理解，做到：第一，理解它是分段函数，在不同的定义域下分别归属于二次函数和一次函数的对应法则，可分解成 $y=x^2(x<0)$和 $y=x+1\ (x\geqslant0)$；第二，根据对应法则，定义域的不同，会得到不同的函数值和图象。

例 1　确定函数 $y=\dfrac{\lg(1+x)}{x^2}$的定义域。

解：该函数的定义域 D 为满足不等式组$\begin{cases}1+x>0\\x\neq0\end{cases}$的 x 的集合，即

$$D=(-1,0)\cup(0,+\infty)$$

三、函数的表示法

表示函数，要把它的定义域和对应关系表示清楚，可以根据函数本身的特点选择适当的表示法，常用的方法有表格法、图示法和公式法(解析法)。

(1) 以表格的形式出现的，叫表格法。

(2) 用图形表示函数的，叫图示法。

(3) 用数学式表示的，叫公式法(解析法)，如例 1 的函数就是用公式法表示的。

四、函数的几种特性

设函数$f(x)$的定义域为 D，则函数有以下性质。

1. **有界性**

设数集 $X\subset D$，存在正的常数 M，任意 $x\in X$，相应的函数值满足 $|f(x)|\leqslant M$，则称$f(x)$在 X 上有界；如果不存在正的常数 M，则称$f(x)$在 X 上无界。

例如：正弦函数、余弦函数在定义域上是有界的；正切函数、余切函数在定义域上是无界的。

2. **单调性**

设区间 $I\subset D$，任意 $x_1,x_2\in I$，$x_1<x_2$，恒有 $f(x_1)<f(x_2)$，则称函数 $f(x)$ 在区间 I 上是单调增加的；如果任意 $x_1,x_2\in I$，$x_1<x_2$，恒有 $f(x_1)>f(x_2)$，则称函数$f(x)$在区间 I 上是单调减少的。

3. **奇偶性**

设 D 关于原点对称，任意 $x\in D$，都有$f(-x)=-f(x)$，则称函数$f(x)$为奇函数；任意 $x\in D$ 都有$f(-x)=f(x)$，则称函数$f(x)$为偶函数。奇函数的图象关于原点对称；偶函数的图象关于 y 轴对称。

4. **周期性**

设存在一个不为零的常数 T，任意 $x\in D$，有 $x\pm T\in D$，且$f(x\pm T)=f(x)$，则称函数$f(x)$为周期函数，T 为$f(x)$的周期。当周期函数存在最小正周期时，其周期为最小正周期。

例 2 讨论函数$f(x)=\dfrac{e^x-e^{-x}}{e^x+e^{-x}}$的特性。

解：函数$f(x)$的定义域为 $\mathbf{R}$，则有：

（1）任意 $x\in\mathbf{R}$，$|f(x)|=\left|\dfrac{e^{x}-e^{-x}}{e^{x}+e^{-x}}\right|<\dfrac{e^{x}+e^{-x}}{e^{x}+e^{-x}}=1$。

（2）任意 $x\in\mathbf{R}$，$f(-x)=\dfrac{e^{-x}-e^{x}}{e^{-x}+e^{x}}=-f(x)$。

（3）任意 x_1，$x_2\in\mathbf{R}$，$x_1<x_2$，则

$$f(x_2)-f(x_1)=\frac{e^{x_2}-e^{x_2}}{e^{x_2}+e^{x_2}}-\frac{e^{x_1}-e^{x_1}}{e^{x_1}+e^{x_1}}=\frac{2(e^{x_2-x_1}-e^{x_1-x_2})}{(e^{x_2}+e^{-x_2})(e^{x_1}+e^{-x_1})}>0$$

所以，函数 $f(x)$ 在 $\mathbf{R}$ 上是有界的、单调增加的奇函数，是非周期性的函数。

五、初等函数

1. 基本初等函数

函数 $y=x^{\alpha}$（幂指数 $\alpha\neq0$ 且 $\alpha\in\mathbf{R}$）称为幂函数。

由幂指数 $\alpha\neq0$，其中 $\alpha=\pm1$，$\alpha=\pm2$，$\alpha=\pm\dfrac{1}{2}$，…的取值范围决定幂函数的图象和性质。

函数 $y=a^{x}$（$a>0$，$a\neq1$）称为指数函数，其定义域为 $\mathbf{R}$，值域为正数。

函数 $y=\log_a x$（$a>0$，$a\neq1$）称为对数函数，其定义域为 $(0,+\infty)$，值域为 $\mathbf{R}$。

对数函数 $y=\log_a x$ 与指数函数 $y=a^{x}$（$a>0$，$a\neq1$）互为反函数。指数函数和对数函数两者的图象和性质，由底数 a 的取值范围来决定。

常用的三角函数和它们的反三角函数的常用形式有：

正弦函数 $y=\sin x$，余弦函数 $y=\cos x$。

正切函数 $y=\tan x$，余切函数 $y=\cot x$。

正弦函数 $y=\sin x$ 在它的单调区间 $\left[-\dfrac{\pi}{2},\dfrac{\pi}{2}\right]$ 上的反函数称为反正弦函数，记作 $y=\arcsin x$；余弦函数 $y=\cos x$ 在其单调区间 $[0,\pi]$ 上的反函数称为反余弦函数，记作 $y=\arccos x$。

正切函数 $y=\tan x$ 在其单调区间 $\left(-\dfrac{\pi}{2},\dfrac{\pi}{2}\right)$ 内的反函数称为反切函数，记作 $y=\arctan x$；余切函数在其单调区间 $(0,\pi)$ 内的反函数称为反余切函数，记作 $y=\operatorname{arccot} x$。

以上函数在定义域内统称为基本初等函数。

2. 复合函数

先看一个例子：

设 $y=u^2$，$u=\sin x$，在其定义域 $x\in\mathbf{R}$，有 $u=\sin x\in[-1,1]$；又由 $y=u^2$，$u=\sin x$，有 $y=\sin^2 x\in[0,1]$。即通过中间媒介 u，y 是 x 的函数，称$y=\sin^2 x$ 是 $y=u^2$ 与 $u=\sin x$ 的复合函数。

必须注意，并不是任意两个函数都可以复合，如 $y=\arcsin u$ 与 $u=x^2+2$ 在定义域范围内就不能复合。

定义 3 设函数 $y=f(u)$ 的定义域为 U，$u\in U$ 而 $u=\varphi(x)$ 的定义域为 X，则任意 $x\in X$，通过 $u=\varphi(x)$，变量 y 有确定的值 $f(u)$ 与之对应，得到一个以 x 为自变量、y 为因变量的函数，该函数称为 y 关于 x 的复合函数，记作 $y=f[\varphi(x)]$。

复合函数还可以是两个以上函数的复合。

函数的复合和函数的四则运算是由简单函数构造复合函数的重要方法；反之，许多复合函数又可以分解成简单函数的复合或四则运算的结果。以后我们常用这种分解的方法来简化函数的微积分运算。因此，能够分析复合函数的构造，并化成简单函数的复合或分解的四则运算是非常重要的。

例 3 设函数 $f(x)=\begin{cases}1-x & (x\geqslant 0)\\ 2-x & (x<0)\end{cases}$，求 $f[f(3)]$。

解：
$$f[f(3)]=f[1-3]=f(-2)=2-(-2)=4$$

例 4 设函数 $f(x)=x^3$，$\varphi(x)=\sin\sqrt{x}$，求 $f[\varphi(x)]$，$\varphi[f(x)]$。

解： 由 $f(x)$，$\varphi(x)$ 的表达式得

$$f[\varphi(x)]=[\varphi(x)]^3=\sin^3\sqrt{x};\qquad \varphi[f(x)]=\sin\sqrt{f(x)}=\sin(x^{\frac{3}{2}})$$

例 5 分别指出函数 $y=\sin 3x$，$y=\cos^2 3x$ 是由几层简单函数复合而成的。

解： $y=\sin 3x$ 是由 $y=\sin u$ 与 $u=3x$ 两层函数复合而成的。

$y=\cos^2 3x$ 是由 $y=u^2$、$u=\cos v$ 及 $v=3x$ 三层函数复合而成的。

3. 初等函数

定义 4 由常数和基本初等函数经过有限次四则运算或复合构成的、可用一个式子表示的函数，称为初等函数或它们的复合函数。例如，$y=\sqrt{x}$，$y=e^{\cos 3x}$，$y=\sin^2\dfrac{1}{x}$，$y=\sqrt{x^2-a^2}$（a 为常数）等都是初等函数。

习题 1－1

1. 用区间表示下列函数的定义域：

（1）$y=\sqrt{3x-x^2}$　　（2）$y=\lg(5-x)$

2. 求下列函数的函数值：

(1) 设 $f(x)=\arcsin(\lg x)$，求 $f\left(\frac{1}{10}\right)$，$f(1)$，$f(10)$。

(2) $f(x)=\begin{cases}2x+3 & (x\leqslant 0)\\ 2^{x} & (x>0)\end{cases}$，求 $f(-2)$，$f(0)$，$f[f(-1)]$。

3. 下列函数 $f(x)$，$g(x)$ 是否相同？为什么？

(1) $f(x)=\lg(x^{2})$，$g(x)=2\lg x$

(2) $f(x)=|x|$，$g(x)=\begin{cases}x & (x\geqslant 0)\\ -x & (x<0)\end{cases}$

4. 确定下列函数的奇偶性：

(1) $y=\frac{\sin x}{x}$　　(2) $y=\sin x+\cos x$

(3) $y=\frac{e^{x}-e^{-x}}{2}$　　(4) $y=\log_{2}(x+\sqrt{x^{2}+1})$

5. 判断下列函数的周期性，对周期函数指出它的最小正周期：

(1) $y=\sin x+\cos x$　　(2) $y=\sin x\cos x$

(3) $y=\sin^{2}x$　　(4) $y=\frac{\sin x}{x}$

6. 求下列函数的反函数：

(1) $y=2^{x}+1$　　(2) $y=\frac{1+x}{1-x}$

7. 已知 $f(x)=x^{3}-x$，$\varphi(x)=\sin 2x$，求：$f[\varphi(x)]$，$\varphi[f(x)]$。

8. 指出下列函数的复合过程：

(1) $y=\sin 2x$　　(2) $y=e^{\frac{1}{x}}$

(3) $y=\cos^{2}3x$　　(4) $y=\ln^{3}(x^{2}+1)$

(5) $y=e^{\sin 3x}$　　(6) $y=\arcsin[\lg(2x+1)]$

9. 在一个半径为 r 的球内嵌入一个内接圆柱，试将圆柱的体积 V 表示为圆柱的高 h 的函数，并确定此函数的定义域。

第二节　函数的极限

二维码 1－2

扫一扫，获取本节资源

要学习高等数学问题，极限的概念是基础。本节介绍以下三种形式。

一、数列的极限

无穷数列 x_1，x_2，…，x_n…可以看作自变量为正整数 n 的函数 $f(n)=x_n$，因此数列的极限是一类特殊函数的极限。

定义 1　对数列 $\{x_n\}$，当项数 n 无限增大时，数列的相应项 x_n 无限逼近常数 a，则称 a 是数列 $\{x_n\}$ 的极限，记作 $\lim\limits_{n\to\infty} x_n=a$ 或 $x_n\to a$（$n\to\infty$），并称数列 $\{x_n\}$ 是收敛的。若数列 $\{x_n\}$ 没有极限，则称数列 $\{x_n\}$ 是发散的。

数列 $\{x_n\}$ 的极限是 a 是指数列的项数无限增大时，通项的值的变化趋势↔无限逼近常数 a，即通项 x_n 与 a 的距离 $|x_n-a|$ 无限逼近零。

例 1　利用数列极限的定义，讨论下列数列的极限：

(1) $2,\ \dfrac{1}{2},\ \dfrac{4}{3},\ \dfrac{3}{4},\ \cdots,\ 1+(-1)^{n-1}\dfrac{1}{n},\ \cdots$

(2) $1,\ \dfrac{1}{2},\ 1,\ \dfrac{1}{4},\ \cdots,\ 1,\ \dfrac{1}{2n},\ \cdots$

解：(1) 该数列的通项 $x_n=1+(-1)^{n-1}\dfrac{1}{n}$，通项 x_n 与 1 的距离 $|x_n-1|=\dfrac{1}{n}$，当项数 n 无限增大时，$|x_n-1|$ 无限逼近于零，即通项 x_n 无限逼近 1。因此，有

$$\lim_{n\to\infty}\left[1+1(-1)^{n-1}\frac{1}{n}\right]=1$$

(2) 在数列 $1,\ \dfrac{1}{2},\ 1,\ \dfrac{1}{4},\ \cdots,\ 1,\ \dfrac{1}{2n},\ \cdots$ 中，$x_{2n-1}=1$，$x_{2n}=\dfrac{1}{2n}$。当项数 n 无限增大时，奇数项 x_{2n-1} 无限逼近 1，而偶数项 x_{2n} 无限逼近零，因此一般项 x_n 不可能无限逼近一个常数，从而 $\lim\limits_{n\to\infty} x_n$ 不存在。

一般地，对 $\lim\limits_{n\to\infty} x_n=a$，将常数 a 和数列的通项 x_n 在数轴上用它们的对应点表示出来，对 a 的任一个取定的邻域，如 $N(a,\varepsilon)$，n 无限增大时，数列的项 x_n 最终（从某项 x_n 以后的项）都要落到该邻域内，如图 1－3 所示。

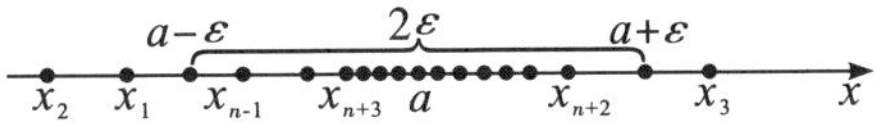

图 1-3

二、$x\to\infty$ 时函数的极限

如反比例函数 $y=\frac{1}{x}$，其 x 轴是曲线的一条水平渐近线，即自变量 $|x|$ 无限增大时，相应的函数值 y 无限逼近常数 0。这就是我们将要讨论的 $x\to\pm\infty$ 时，函数 $y=\frac{1}{x}$ 的极限是 0。

定义 2　有常数 $M>0$，当 $|x|>M$ 时函数 $f(x)$ 有定义。当自变量的绝对值无限增大时，相应的函数值 $f(x)$ 无限逼近常数 A，则称 A 为 $x\to\infty$ 时函数 $f(x)$ 的极限，记作 $\lim\limits_{x\to\infty}f(x)=A$ 或 $f(x)\to A$（$x\to\infty$）。

由定义 2，可得 $\lim\limits_{x\to\infty}\frac{1}{x}=0$。

极限 $\lim\limits_{x\to\infty}f(x)=A$ 表示的是自变量 $|x|$ 无限增大时，相应的函数值 $f(x)$ 的一种变化趋势——无限逼近常数 A，即 $|f(x)-A|$ 无限逼近零。

例 2　讨论极限 $\lim\limits_{x\to\infty}\frac{2x+1}{x}$。

解：由于 $\frac{2x+1}{x}=2+\frac{1}{x}$，当 $x\to\infty$ 时，$2+\frac{1}{x}$ 无限逼近 2。因此

$$\lim_{x\to\infty}\frac{2x+1}{x}=2$$

$\lim\limits_{x\to\infty}f(x)=A$ 有以下的几何解释：

在 xOy 平面的 y 轴上，用点 A 表示常数 A，取点 A 的任一邻域 $N(A,\varepsilon)$，当自变量的绝对值 $|x|$ 无限增大时，函数 $y=f(x)$ 的图象最终（存在 $X>0$，当 $|x|>X$ 时）都要落到由直线 $y=A-\varepsilon$ 和 $y=A+\varepsilon$ 夹成的条形区域内，如图 1-4 所示。

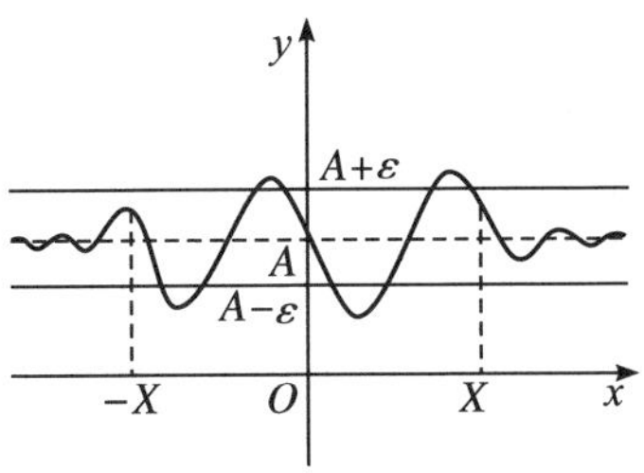

图 1-4

函数 $y=2^x$、$y=2^{-x}$ 的图象显示，x 轴同为它们的水平渐近线，但 x 轴和每一条线只在一个方向上无限接近，而在另一个方向则无限远离，因此极限 $\lim\limits_{x\to\infty}2^x$ 和 $\lim\limits_{x\to-\infty}2^{-x}$ 都不存在。为此，下面分别讨论 $x\to+\infty$，$x\to-\infty$ 时函数

$f(x)$的极限。

定义 3 有常数 $M>0$，函数 $f(x)$在 $x>M$ 或 $-x>M$ 时有定义，当 x 或 $-x$ 无限增大时，相应的函数值 $f(x)$无限逼近常数 A，则称 A 为 $x\to+\infty$ 或 $x\to-\infty$ 时的极限，即有

$$\lim_{x\to\infty}f(x)=A \text{ 或 } f(x)\to A\ (x\to+\infty)$$

或者

$$\lim_{x\to-\infty}f(x)=A \text{ 或 } f(x)\to A\ (x\to-\infty)$$

对于函数 $y=2^x$，$y=2^{-x}$，由定义 3，有

$$\lim_{x\to-\infty}2^x=0,\quad \lim_{x\to+\infty}2^{-x}=0$$

对 $\lim\limits_{x\to\infty}f(x)=A$ 或 $\lim\limits_{x\to-\infty}f(x)=A$ 有同样的几何解释。

由 $x\to\infty$，$(x\to+\infty$，$x\to-\infty)$时函数 $f(x)$的极限定义，有以下定理。

定理 1 $\lim\limits_{x\to\infty}f(x)=A$ 的充要条件是

$$\lim_{x\to+\infty}f(x)=\lim_{x\to-\infty}f(x)=A$$

三、$x\to x_0$ 时函数的极限

当 $x\to x_0$ 时，函数 $f(x)$的极限有以下列定义。

定义 4 设函数 $f(x)$在 x_0 的某一去心邻域 $N(\hat{x}_0,\delta)$内有定义，当自变量 x 在 $N(\hat{x}_0,\delta)$内与 x_0 无限接近时，相应函数值无限逼近常数 A，则称 A 为 $x\to x_0$ 时函数 $f(x)$的极限，记作

$$\lim_{x\to x_0}f(x)=A \text{ 或 } f(x)\to A\ (x\to x_0)$$

极限 $\lim\limits_{x\to x_0}f(x)=A$ 表示的是自变量 x 与 x_0 无限接近$(x\neq0)$时，相应的函数值 $f(x)$的一种变化趋势——无限逼近常数 A，即$|x-x_0|$趋于零时，有$|f(x)-A|$无限逼近零。因此，讨论 $x\to x_0$ 时函数 $f(x)$的极限，将取决于与 x_0 临近的 x $(x\neq x_0)$处的函数值 $f(x)$，而与 $x=x_0$ 时 $f(x)$是否有定义或如何定义无关。

由定义 4 可见，任意 $x_0\in\mathbf{R}$，$\lim\limits_{x\to x_0}c=c$（$c$ 为常数），有 $\lim\limits_{x\to x_0}x=x_0$。

例 3 若 $x_0\in\mathbf{R}$，讨论 $\lim\limits_{x\to x_0}\sin x$。

解：设 $x\in\mathbf{N}(\hat{x}_0,\frac{\pi}{2})$，则 $0<|x-x_0|<\frac{\pi}{2}$，有

$$|\sin x-\sin x_0|=2\left|\sin\frac{x-x_0}{2}\cos\frac{x+x_0}{2}\right|\leqslant2\left|\sin\frac{x-x_0}{2}\right|=2\sin\frac{|x-x_0|}{2}$$

由于 $|\sin x-\sin x_0|<2\cdot\dfrac{|x-x_0|}{2}=|x-x_0|$，所以，当 $x\to x_0$ 时，

$|\sin x - \sin x_0| \to 0$，因此

$$\lim_{x \to x_0} \sin x = \sin x_0$$

类似有

$$\lim_{x \to x_0} \cos x = \cos x_0$$

对于极限 $\lim_{x \to x_0} f(x) = A$ 有以下的几何解释。

在 xOy 平面的 y 轴上用点 A 表示常数 A，取点 A 的任一邻域 $N(A,\varepsilon)$，当 x 与 x_0 无限接近时，函数 $y=f(x)$ 的图象最终（即 x 与 x_0 的距离小于某一个常数 δ，且 $x \neq x_0$）都要落到由直线 $y=A-\varepsilon$ 和 $y=A+\varepsilon$ 之间的条形区域内，如图 1－5 所示。

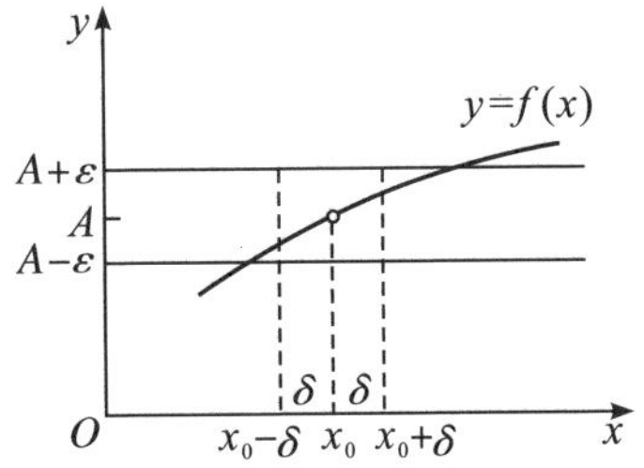

图 1－5

例 4　对于函数

$$f(x) = \begin{cases} 1-x & (0<x<1) \\ 0 & (x=0) \\ -1-x & (-1 \leqslant x < 0) \end{cases}$$

如函数 $f(x)$ 在 $N(0,1)$ 内有定义，当自变量 x （$x>0$）与 0 无限接近时，相应的函数值 $f(x)$ 无限逼近常数 1；但是当自变量 x （$x<0$）与 0 无限接近时，函数值 $f(x)$ 无限逼近 -1。因此，在 $N(0,1)$ 内，当 x 与 0 无限接近时，相应的函数值不能无限逼近某个常数，从而极限 $\lim_{x \to 0} f(x)$ 不存在。对于 $f(x)$ 这样的函数，可以在 $x=0$ 处讨论它的单侧极限。

定义 5　设在 x_0 的某个右半邻域 $(x_0, x_0+\delta)$ 或者左半邻域 $(x_0-\delta, x_0)$ 内，函数 $f(x)$ 有定义，且当自变量 x 在此半邻域内与 x_0 无限接近时，相应的函数值 $f(x)$ 无限逼近常数 A，则称 A 为函数 $f(x)$ 在 x_0 处的右极限或左极限，记作

$$\lim_{x \to x_0^+} f(x) = A \text{ 或 } f(x_0^+) = A$$

或者

$$\lim_{x \to x_0^-} f(x) = A \text{ 或 } f(x_0^-) = A$$

函数 $f(x)$ 在 x_0 的右极限或左极限也有相应的几何解释。

由定义 4 和定义 5 可得如下定理。

定理 2 $\lim\limits_{n\to x_0}f(x)=A$ 存在的充要条件是

$$\lim_{x\to x_0^+}f(x)=\lim_{x\to x_0^-}f(x)=A$$

习题 1－2

1. 回答下列问题：

(1) 解释表示式 $\lim\limits_{n\to x_0}f(x)=A$ 中的两个变量 x 和 n 的变化过程。

(2) 解释表示式 $\lim\limits_{x\to\infty}f(x)=A$ 中变量 x 的变化过程。

2. 设函数 $f(x)=\dfrac{|x|}{x}$，回答下列问题：

(1) 函数 $f(x)$ 在 $x=0$ 处的左极限、右极限是否存在？

(2) 函数 $f(x)$ 在 $x=1$ 处是否有极限？为什么？

3. 选择题：

(1) 设 $\lim\limits_{x\to 1^+}f(x)=2$，以下结论正确的是(　　)。

A. $f(x)$ 在 $x=1$ 处有定义且 $f(1)=2$

B. $f(x)$ 在 1 某个去心邻域中有定义

C. $f(x)$ 在 1 的右侧邻域，如 $(1,1+\delta)$ 内，有定义

D. $f(x)$ 在 1 的左侧邻域，如 $(1-\delta,1)$ 内，有定义

(2) $f(x_0^+)=f(x_0^-)=A$ 是 $\lim\limits_{x\to x_0}f(x)=A$ 的(　　)。

A. 充分必要条件　　B. 充分而不必要的条件

C. 必要不充分条件　　D. 不必要也不充分的条件

4. 设函数 $g(x)=\begin{cases}\cos x & (x>0)\\ 1+x & (x<0)\end{cases}$。

(1) 观察 $g(x)$ 在 $x=0$ 处的左、右极限；

(2) 考虑 $\lim\limits_{x\to 0}g(x)$ 是否存在。

5. 设函数 $f(x)=\begin{cases}x-1 & (x\geqslant 1)\\ x & (-1<x<1)\end{cases}$，分别讨论：$\lim\limits_{x\to 0}f(x)$，$\lim\limits_{x\to 1}f(x)$，$\lim\limits_{x\to 2}f(x)$。

第三节　无穷小与无穷大

二维码 1－3
扫一扫，获取本节资源

一、无穷小

定义 1　极限为零的变量称为无穷小。

如 $\lim\limits_{x \to x_0} \alpha(x) = 0$，则变量 $\alpha(x)$ 当 $x \to x_0$ 时为无穷小；如 $\lim\limits_{x \to \infty} \beta(x) = 0$，则变量 $\beta(x)$ 当 $x \to \infty$ 时为无穷小。

类似地，还有 $n \to \infty$，$x \to x_0^+$，$x \to -\infty$ 等情形下的无穷小。

由定义 1 可见，零是唯一的可以作为无穷小的常数。一般来说，无穷小都是相对于自变量的极限在某个变化过程而言的。如$\frac{1}{x}$，当 $x \to \infty$ 时为无穷小，但当 $x \to 1$ 时不是无穷小。

例 1　自变量 x 取何值时，下列函数为无穷小：

(1) $y = \frac{1}{2x-1}$　　(2) $y = 2x - 4$　　(3) $y = a^x (a > 0, a \neq 1)$

解：(1) 因为 $\lim\limits_{x \to \infty} \frac{1}{2x-1} = 0$，所以当 $x \to \infty$ 时，$\frac{1}{2x-1}$为无穷小。

(2) 因为 $\lim\limits_{x \to 2} (2x - 4) = 0$，所以当 $x \to 2$ 时，$2x - 4$ 为无穷小。

(3) 当 $a > 1$ 且 $x \to -\infty$ 时，a^x 是无穷小；当 $0 < a < 1$ 且 $x \to +\infty$ 时，a^x 为无穷小。

定理 1　$\lim\limits_{x \to x_0} f(x) = A$ 的充要条件是 $f(x) = A + \alpha(x)$，其中 $\alpha(x)$ 当 $x \to x_0$ 时为无穷小。

定理 1 中，自变量的变化过程换成 $x \to x_0^+$，$x \to x_0^-$，$x \to \infty$ ($x \to +\infty$，$x \to -\infty$) 任何一种情形，结论也成立。

无穷小有以下的重要性质。

定理 2　有限个无穷小的和是无穷小。

必须指出，无穷多个无穷小的和未必是无穷小。如 $n \to \infty$ 时，$\frac{1}{n^2}$，$\frac{2}{n^2}$，…，$\frac{n}{n^2}$都是无穷小，但 $\lim\limits_{n \to \infty} \left(\frac{1}{n^2} + \frac{2}{n^2} + \frac{n}{n^2}\right) = \lim\limits_{n \to \infty} \frac{n(n+1)}{2n^2} = \frac{1}{2}$。

定理 3　无穷小与有界量的积是无穷小。

推论 1　常数与无穷小的积是无穷小。

推论 2 有限无穷小的积是无穷小。

必须指出，两个无穷小的商未必是无穷小。如 $x\to0$ 时，x，$2x$ 都是无穷小，但由 $\lim\limits_{x\to0}\frac{2x}{x}=2$，当 $x\to0$ 时$\frac{2x}{x}$不是无穷小。

例 2 求 $\lim\limits_{x\to0}\left(x\sin\frac{1}{x}\right)$。

解：因为 $x\to0$ 时，x 为无穷小，$\left|\sin\frac{1}{x}\right|\leqslant1$，所以 $\lim\limits_{x\to0}\left(x\sin\frac{1}{x}\right)=0$。

二、无穷大

从函数 $y=\frac{1}{x}$的图象可以看出，当自变量 x 与零无限接近时，相应的函数值的绝对值$\left|\frac{1}{x}\right|$无限增大，我们称 $x\to0$ 时$\frac{1}{x}$为无穷大。一般地，有以下定义。

定义 2 极限值为无穷大的变量的绝对值称为无穷大。这个无穷大则称 $f(x)$为该自变量变化过程中的正(负)无穷大，如函数 $f(x)$是 $x\to x_0$ 时的无穷大，记作 $\lim\limits_{x\to x_0}f(x)=\infty$；如 $f(x)$是 $x\to\infty$ 时的正无穷大，记作 $\lim\limits_{x\to\infty}f(x)=+\infty$；如 $f(x)$是 $x\to x_0^+$ 时的负无穷大，记作 $\lim\limits_{x\to x_0^+}f(x)=-\infty$；等等。

由定义 2，$\lim\limits_{x\to0}\frac{1}{x}=\infty$，$\lim\limits_{x\to0^+}\frac{1}{x}=+\infty$，$\lim\limits_{x\to0^-}\frac{1}{x}=-\infty$ 可见，无穷大也是反映自变量 x 在某个变化过程中相应的函数值 $f(x)$ 的一种变化趋势，即$|f(x)|$无限增大。

必须指出：无穷大必定是变量，绝对值很大的常数不是无穷大。

由无穷小和无穷大的定义，可得它们间的关系，即有以下定理。

定理 4 在极限运算中，无穷大的倒数是无穷小；无穷小的倒数为无穷大。

例 3 自变量 x 取何值时，下列函数为无穷大：

(1) $y=\frac{1}{2x-1}$ (2) $y=\log_2x$ (3) $y=\left(\frac{1}{2}\right)^x$

解：(1) 当 $x\to\frac{1}{2}$时，$2x-1\to0$，所以$\frac{1}{2x-1}$为无穷大。

(2) 当 $x\to0^+$ 或 $x\to+\infty$ 时，$\log_2x$ 都是无穷大。

(3) 当 $x\to-\infty$ 时，$\left(\frac{1}{2}\right)^x$ 为无穷大。

习题 1－3

1. 自变量 x 取什么值时，下列函数为无穷小：

（1）$y=\frac{1}{x^2}$　　（2）$y=2x-1$

（3）$y=2^x$　　（4）$y=2^{\frac{1}{x}}$

2. 自变量 x 取什么值时，下列函数为无穷大：

（1）$y=\frac{1}{x^2}$　　（2）$y=2x-1$

（3）$y=2^x$　　（4）$y=2^{\frac{1}{x}}$

3. 计算下列极限：

（1）$\lim\limits_{x\to\infty}\frac{\arctan x}{x}$　　（2）$\lim\limits_{x\to 0}x^2\sin\frac{1}{x}$

第四节 极限的运算法则

二维码 1 - 4

扫一扫，获取本节资源

本节讨论极限的运算法则，并用这些法则求下列函数的极限。

定理 1 设 $\lim f(x)=A$，$\lim g(x)=B$，则

$$\lim[f(x)\pm g(x)]=\lim f(x)\pm\lim g(x)=A\pm B$$

定理 2 设 $\lim f(x)=A$，$\lim g(x)=B$，则

$$\lim[f(x)g(x)]=[\lim f(x)][\lim g(x)]=AB$$

定理 3 设 $\lim f(x)=A$，$\lim g(x)=B$，且 $B\neq0$，则

$$\lim\frac{f(x)}{g(x)}=\frac{\lim f(x)}{\lim g(x)}=\frac{A}{B}$$

必须指出：

(1) 以上的定理中，符号“lim”下方没有标明自变量的变化过程，意思是指以上定理对自变量的任何一种变化过程都成立；对每个定理，“lim”表示自变量的同一个变化过程。

(2) 以上定理都要求 $f(x)$，$g(x)$ 的极限存在，商的法则还要求分母的极限不为零。

定理 2 还有以下的推论。

推论 1 如果 $\lim g(x)$ 存在，c 为常数，则

$$\lim[cg(x)]=c\lim g(x)$$

由于 $\lim c=c$，由定理 2 即得出推论 1，因此，求极限时可将常数因子提到极限符号外面。

推论 2 如果 $\lim f(x)$ 存在，$n\in\mathbf{N}_+$，则

$$\lim[f(x)]^n=[\lim f(x)]^n$$

这是因为 $\lim[f(x)]^n=[\lim f(x)]\cdot\cdots\cdot[\lim f(x)]=[\lim f(x)]^n$

由推论 2 得

$$\lim_{x\to x_0}x^n=(\lim_{x\to x_0}x)^n=x_0^n$$

例 1 求 $\lim\limits_{x\to2}(2x^3-x^2+1)$。

解：

$$\lim_{x\to2}(2x^3-x^2+1)=2\times2^3-2^2+1=13$$

例 2 求 $\lim\limits_{x\to2}\dfrac{x^4-3x-8}{2x^3-x^2+1}$。

解： 因为 $2\times2^3-2^2+1=13\neq0$，由例 1 得

$$\lim_{x\to2}\frac{x^4-3x-8}{2x^3-x^2+1}=\frac{2^4-3\times2-8}{13}=\frac{2}{13}$$

例 3　求 $\lim\limits_{x\to1}\frac{x^2+x-2}{x^2-1}$。

解：$x\to1$ 时，$x^2-1\to0$，$x^2+x-2\to0$，因此不能用商的极限的运算法则。这种两个非零无穷小的比的极限，通常记为"$\frac{0}{0}$"。由于这种形式的极限可能存在，也有可能不存在，因此这种极限常称为不定式，它可以通过分式化简的方法来求解。上题求解如下：

$$\lim_{x\to1}\frac{x^2+x-2}{x^2-1}=\lim_{x\to1}\frac{(x+2)(x-1)}{(x+1)(x-1)}=\frac{3}{2}$$

如对两个多项式商的极限，当 $x\to\infty$ 的条件，还有以下规律：

设 $P_n(x)$，$Q_m(x)$ 两个关于 x 的 n,m 次多项式，满足

$$\lim_{x\to\infty}\frac{Q_m(x)}{P_n(x)}=\begin{cases}\infty & (m>n)\\ 0 & (m<n)\\ \text{常数} & (m=n)\end{cases}$$

例 4　求 $\lim\limits_{x\to\infty}\frac{x^4+1}{2x^4+x^2-2}$。

解：$x\to\infty$ 时，分子、分母都是无穷大，所以不能直接用商的极限的运算法则，这种两个无穷大的比的极限和两个无穷小的比的极限一样，也是不定式，通常记为$\frac{\infty}{\infty}$。因为所求式子的分子、分母关于 x 的最高次幂是 x^4，所以这时可用 x^4 同时去除分子、分母，然后取极限，得

$$\lim_{x\to\infty}\frac{x^4+1}{2x^4+x^2-2}=\lim_{x\to\infty}\frac{1+\left(\frac{1}{x}\right)^4}{2+\left(\frac{1}{x}\right)^2-2\left(\frac{1}{x}\right)^4}=\frac{1}{2}$$

例 5　求 $\lim\limits_{x\to\infty}\frac{x^3+x}{x^2-2}$。

解：由上述结论得

$$\lim_{x\to\infty}\frac{x^3+x}{x^2-2}=\infty$$

例 6　求 $\lim\limits_{x\to\infty}\frac{x^2+5}{x^3-7x+3}$。

解：

$$\lim_{x\to\infty}\frac{x^2+5}{x^3-7x+3}=0$$

习题 1－4

计算下列极限：

(1) $\lim\limits_{x\to 0}\dfrac{x+5}{x^2-3}$

(2) $\lim\limits_{x\to 1}\dfrac{x^2-1}{x^2+1}$

(3) $\lim\limits_{x\to \infty}\dfrac{x^3+1}{x^2-1}$

(4) $\lim\limits_{x\to 1}\dfrac{x^2+2x-3}{x^2-1}$

(5) $\lim\limits_{x\to \infty}\dfrac{x^2-4x+4}{x^3-4}$

(6) $\lim\limits_{h\to 0}\dfrac{(x+h)^2-x^2}{h}$

(7) $\lim\limits_{x\to \infty}\dfrac{1-x^2}{2x^2-1}$

(8) $\lim\limits_{x\to \infty}\dfrac{x^2+1}{x^4+1}$

(9) $\lim\limits_{x\to \frac{1}{2}}\dfrac{8x^3-1}{6x^2-5x+1}$

(10) $\lim\limits_{x\to \infty}\dfrac{x+\sin x}{2x}$

(11) $\lim\limits_{x\to 1}\left(\dfrac{1}{1-x}+\dfrac{1-3x}{1-x^2}\right)$

(12) $\lim\limits_{x\to \frac{\pi}{4}}\left(\dfrac{\cos 2x}{\cos x-\sin x}\right)$

第五节 函数的连续性及其应用

二维码 1 - 5

扫一扫，获取本节资源

在自然界中有许多现象，如气温的变化、植物的生长等。如果用函数 $y=f(x)$ 来表示，这类函数就有一种共性：自变量 x 趋向 x_0 时，相应的函数值 $f(x)$ 无限逼近 $f(x_0)$，即 $\lim\limits_{x\to x_0}f(x)=f(x_0)$。这表明函数 $f(x)$ 在 x_0 有极限，而且极限值就是函数值 $f(x_0)$。因此，这类函数具有一些特殊的性质。

一、函数的连续性

定义 1 函数 $f(x)$ 满足 $\lim\limits_{x\to x_0}f(x)=f(x_0)$，则称函数 $f(x)$ 在 x_0 处连续，并称 x_0 为函数 $f(x)$ 的连续点。

为了应用的方便，还要介绍函数 $f(x)$ 在 x_0 处连续的等价形式如下。

函数 $y=f(x)$ 在其定义区间内，当自变量 x 从 x_0 变化到 $x_0+\Delta x$ 时，函数值相应地从 $f(x_0)$ 变化到 $f(x_0+\Delta x)$，称

$$\Delta y=f(x_0+\Delta x)-f(x_0)$$

为函数 y 相应于自变量增大 Δx 增量。

在定义 1 中，记 $\Delta x=x-x_0$，则 $x=x_0+\Delta x$，且

$$\lim_{x\to x_0}f(x)=f(x_0)\text{等价于}\lim_{\Delta x\to 0}[f(x_0+\Delta x)-f(x_0)]=0$$

即 $\lim\limits_{\Delta x\to 0}\Delta y=0$ 得到函数 $f(x)$ 在 x_0 连续的等价定义。

定义 2 函数 $f(x)$ 在 x_0 的某一邻域内有定义，如果当自变量的增量 $\Delta x(=x-x_0)$ 趋于零时，函数的相应增量 Δy 无限逼近零，即 $\lim\limits_{\Delta x\to 0}\Delta y=0$，则称函数 $f(x)$ 在点 x_0 处连续。相应于函数 $f(x)$ 在 x_0 处的左(右)极限概念，有如下定义。

定义 3 若函数 $f(x)$ 在 x_0 处，有 $f(x_0^+)=f(x_0)$，$f(x_0^-)=f(x_0)$，则称函数 $f(x)$ 在 x_0 处右(左)连续。

由定义 2 和定义 3 可得：函数 $f(x)$ 在 x_0 处连续的充要条件 $f(x)$ 在 x_0 处左、右连续。

定义 4 如果函数 $f(x)$ 在开区间 (a,b) 内连续，且在 a 点右连续、在 b 点左连续，则称函数 $f(x)$ 在闭区间 $[a,b]$ 上连续。

函数 $f(x)$ 在它的定义域内的每一点都连续，则称 $f(x)$ 为连续函数。因此，判断函数连续的方法可总结为有定义、极限存在、函数在某点的函数值

等于该点的极限值三个条件。

例 1 讨论函数 $f(x)=\begin{cases} x\sin\dfrac{1}{x} & (x\neq 0) \\ 0 & (x=0) \end{cases}$ 在 $x=0$ 处的连续性。

解：因为

$$\lim_{x\to 0}f(x)=\lim_{x\to 0}\left(x\sin\frac{1}{x}\right)=0=f(0)$$

所以 $f(x)$ 在 $x=0$ 处连续。

例 2 讨论函数 $g(x)=\begin{cases} 1+\cos x & (x<\dfrac{\pi}{2}) \\ \sin x & (x\geqslant\dfrac{\pi}{2}) \end{cases}$ 在 $x=\dfrac{\pi}{2}$ 处的连续性。

解：因为 $g(x)$ 在 $x=\dfrac{\pi}{2}$ 的左、右表达不同，所以需要讨论函数 $g(x)$ 在 $\dfrac{\pi}{2}$ 处的左、右连续性。因为

$$\lim_{x\to\frac{\pi}{2}^+}g(x)=\lim_{x\to\frac{\pi}{2}^+}\sin x=\sin\frac{\pi}{2}=g\left(\frac{\pi}{2}\right)$$

$$\lim_{x\to\frac{\pi}{2}^-}g(x)=\lim_{x\to\frac{\pi}{2}^-}(1+\cos x)=1+\cos\frac{\pi}{2}=1=g\left(\frac{\pi}{2}\right)$$

所以 $g(x)$ 在 $x=\dfrac{\pi}{2}$ 处左、右连续，从而在 $x=\dfrac{\pi}{2}$ 处连续。

二、连续函数的运算

1. 连续函数的和差积商的运算

由函数在一点连续的定义及函数的和差积商的极限运算法则，可得以下定理。

定理 1 若函数 $f(x)$，$g(x)$ 都在 x_0 处连续，则函数 $f(x)\pm g(x)$，$f(x)\cdot g(x)$ 也在 x_0 连续。

定理 2 若函数 $f(x)$，$g(x)$ 都在 x_0 处连续，$g(x_0)\neq 0$，则函数 $\dfrac{f(x)}{g(x)}$ 在 x_0 处也连续。

定理 1 可以推广到有限个函数的情形。

2. 复合函数的连续性

根据函数在一点连续的定义和复合函数的概念，可得以下定理。

定理 3　设函数 $u=\varphi(x)$ 在 x_0 中连续且 $u_0=\varphi(x_0)$，函数 $y=f(u)$ 在 u_0 处连续，则复合函数 $f=f[\varphi(x)]$ 在 x_0 处连续。

定理 4　设 $\lim\limits_{x\to x_0}\varphi(x)=u_0$，$\lim\limits_{u\to u_0}f(u)=A$，则

$$\lim_{x\to x_0}f[\varphi(x)]=\lim_{u\to u_0}f(u)=A$$

定理 4 复合函数的极限计算中有着重要的应用，在计算 $\lim\limits_{x\to x_0}f[\varphi(x)]$时，只要满足定理 4 的条件，可通过交换 $u=\varphi(x)$ 转化为求 $\lim\limits_{u\to u_0}f(u)$，从而使得计算简化。

顺便指出，定理 4 中 $x\to x_0$ 换成 $x\to\infty$ 等其他情形，结论也成立。

由定理 4 可得出以下推论。

推论 1　如果 $\lim\varphi(x)=u_0$，函数 $y=f(u)$ 在 u_0 连续，则

$$\lim f[\varphi(x)]=f[\lim\varphi(x)]$$

即极限符号“lim”与连续的函数符号“f”可交换次序。

例 3　求 $\lim\limits_{x\to 1}\sin\left(\pi x-\dfrac{\pi}{2}\right)$。

解：因为 $\lim\limits_{x\to 1}\left(\pi x-\dfrac{\pi}{2}\right)=\dfrac{\pi}{2}$，$y=\sin u$ 在 $u=\dfrac{\pi}{2}$处连续，由定理 4 的推论得

$$\lim_{x\to 1}\sin\left(\pi x-\frac{\pi}{2}\right)=\sin\left[\lim_{x\to 1}\left(\pi x-\frac{\pi}{2}\right)\right]=\sin\frac{\pi}{2}=1$$

例 4　求 $\lim\limits_{x\to\infty}\cos\dfrac{(x^2-1)\pi}{x^2+1}$。

解：因为 $\lim\limits_{x\to\infty}\dfrac{(x^2-1)\pi}{x^2+1}=\lim\limits_{x\to\infty}\left[\dfrac{1-\left(\dfrac{1}{x}\right)^2}{1+\left(\dfrac{1}{x}\right)^2}\cdot\pi\right]=\pi$，$y=\cos u$ 在 $u=\pi$ 处连续，由定理 2 的推论得

$$\lim_{x\to\infty}\cos\frac{(x^2-1)\pi}{x^2+1}=\cos\left[\lim_{x\to\infty}\frac{(x^2-1)\pi}{x^2+1}\right]=\cos\pi=-1$$

三、初等函数的连续性

前面的讨论已经得到，幂函数 x^n（$n\in\mathbf{N}$）、各种三角函数都是连续函数。现在指出：所有基本初等函数在其定义域内都连续，即基本初等函数是连续函数。

由基本初等函数的连续性，函数在任一区间内连续。因此，求初等函数

$f(x)$在其定义区间内的点 x_0 处的极限，可直接用 $\lim\limits_{x\to x_0}f(x)=f(x_0)$来求取。上面的例 3 有以下更简便的解法。

因为 1 是初等函数 $\sin\left(\pi x-\dfrac{\pi}{2}\right)$定义区间内的点，所以

$$\lim_{x\to 1}\left(\pi x-\frac{\pi}{2}\right)=\sin\left(\pi\cdot 1-\frac{\pi}{2}\right)=\sin\frac{\pi}{2}=1$$

例 5　求 $\lim\limits_{x\to 0}\dfrac{\sqrt{1+x^2}-1}{x^2}$。

解：由于 $x\to 0$ 时此极限是$\dfrac{0}{0}$型，因此要设法约去分子、分母的公共零因式。用有理化分子的办法，可得

$$\lim_{x\to 0}\frac{\sqrt{1+x^2}-1}{x^2}=\lim_{x\to 0}\frac{(1+x^2)-1}{x^2(\sqrt{1+x^2}+1)}=\lim_{x\to 0}\frac{1}{\sqrt{1+x^2}+1}$$

注意上式右端，$x=0$ 是初等函数$\dfrac{1}{\sqrt{1+x^2}+1}$的定义区间内的点，所以

$$\lim_{x\to 0}\frac{\sqrt{1+x^2}-1}{x^2}=\lim_{x\to 0}\frac{1}{\sqrt{1+x^2}+1}=\frac{1}{\sqrt{1+0^2}+1}=\frac{1}{2}$$

四、函数的间断点

定义 5　设函数$f(x)$在 x_0 的某一处去心邻域内有定义，且函数$f(x)$在 x_0 处不连续，则称 x_0 为函数$f(x)$的间断点。由函数$f(x)$在 x_0 处连续的定义可知，x_0 为函数$f(x)$的间断点，至少属于下列三种情形之一：

（1）$f(x)$在 x_0 处无定义。

（2）极限 $\lim\limits_{x\to 0}f(x)$不存在。

（3）函数$f(x)$在 x_0 处有定义且极限 $\lim\limits_{x\to x_0}f(x)$存在，但 $\lim\limits_{x\to x_0}f(x)\neq f(x_0)$。间断点有两类：一类叫可去间断点；另一类叫不可去间断点(也叫无穷间断点)。

例 6　讨论函数$f(x)=\begin{cases}\dfrac{x^2-1}{x-1} & (x\neq 1)\\ 1 & (x=1)\end{cases}$的连续性并求它的间断点。

解：因为，$x\neq 1$ 时$f(x)=x+1$，初等函数 $x+1$ 在 $x\neq 1$ 处连续，所以函数$f(x)$有连续区间$(-\infty,1)\cup(1,+\infty)$。本题的左、右极限存在且$f(x^-)=f(x^+)$。

由于 $\lim\limits_{x\to 1}f(x)=\lim\limits_{x\to 1}(x+1)=2\neq f(1)$，因此，$x=1$ 是函数$f(x)$的可去间

断点。

例 7　求函数$f(x)=\dfrac{x-2}{x^2-5x+6}$的间断点。

解：变形

$$f(x)=\frac{x-2}{x^2-5x+6}=\frac{x-2}{(x-2)(x-3)}$$

由此可知，$x=2$ 是可去间断点；$x=3$ 是不可去间断点。

例 8　求正切函数 $y=\tan x$ 的间断点。

解：正切函数为基本初等函数，在定义域内处处连续；在 $x=k\pi+\dfrac{\pi}{2}$ $(k\in\mathbf{Z})$处，$\tan x$ 无意义，且 $\lim\limits_{x\to k\pi+\frac{\pi}{2}}\tan x=\infty$。因此，$x=k\pi+\dfrac{\pi}{2}$ $(k\in\mathbf{Z})$为 $\tan x$ 的不可去间断点，也叫无穷间断点。

从以上的问题可见，函数的间断点在间断的程度上有很大差异，为了便于应用，把函数的间断点归结如下：若函数 $f(x)$在间断点 x_0 处的左、右极限都存在，则称 x_0 为函数$f(x)$的可去间断点(可去间断点)；若函数$f(x)$在间断点 x_0 处左、右极限至少有一个无穷大，则称 x_0 为函数$f(x)$的不可去间断点(无穷间断点)。

五、闭区间上连续函数的性质

闭区间上的连续函数有重要的性质，这些性质说明连续函数有极值。有以下定理。

定理 5(最值定理)　闭区间上的连续函数必能取到最大值和最小值。

定理 5 从几何直观上看是明显的，闭区间上的连续函数的图象是包括两端点的一条不间断的曲线(如图 1－6 所示)，该曲线上最高点和最低点的纵坐标分别是函数的最大值和最小值。

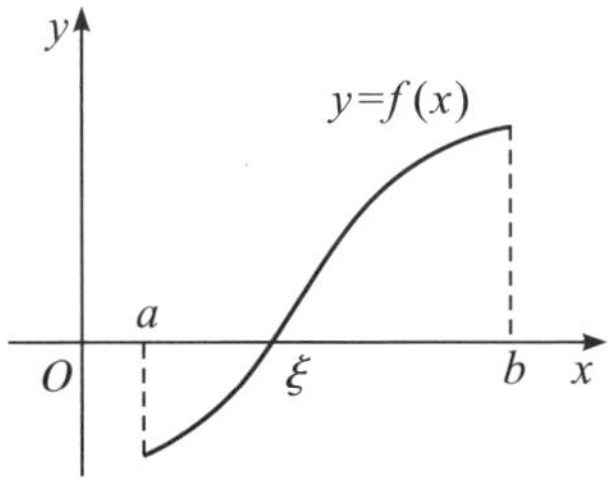

图 1－6

必须指出，定理 5 中的闭区间和连续的条件不具备时，结论可能不成立。如函数 $y=x$ 在开区间(0,1)内连续，但它既无最大也无最小值；又如函数：

$$f(x)=\begin{cases}1-x & (0<x\leqslant 1)\\ 0 & (x=0)\\ -1-x & (-1\leqslant x<0)\end{cases}$$

$f(x)$在闭区间$[-1,1]$上有定义，除 $x=0$ 处之外处处连续，但函数$f(x)$既无最大值又无最小值。

由定理 5 可得有界定理，即有以下推论。

推论 2(有界定理)　闭区间上的连续函数有界。

定理 6(介值定理)　闭区间上的连续函数必须能取到介于最大值和最小值之间的一切值(如图 1－7 所示)。

定理 6 的几何意义是：设函数$f(x)$在闭区间$[a,b]$上连续，c 是介于 $f(x)$ 的最大值 M 和最小值 m 之间的任一值，则连续曲线 $y=(x)$ 与水平线 $y=c$ 至少有一个交点(如图 1－7 所示)。

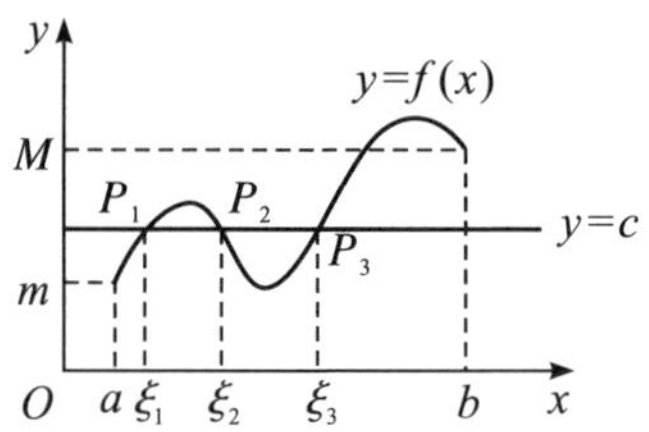

图 1－7

由定理 6 可得零值定理，即有以下推论。

推论 3(零值定理)　函数 $f(x)$在闭区间$[a,b]$上连续，$f(a)$与$f(b)$异号，则函数$f(x)$在(a,b)内至少有一个零值点$f(\xi)=0$(如图 1－6 所示)。

习题 1－5

1. 求下列极限：

(1) $\lim\limits_{x\to 0}\sqrt{x^2-2x+3}$　　(2) $\lim\limits_{x\to\frac{\pi}{4}}(\cos 2x)^3$

(3) $\lim\limits_{t\to -1}\dfrac{e^{-2t}-1}{t}$　　(4) $\lim\limits_{x\to\frac{\pi}{2}}\dfrac{\sin x}{x}$

(5) $\lim\limits_{x\to1}\dfrac{\sqrt{5x-4}-\sqrt{x}}{x-1}$　　(6) $\lim\limits_{x\to+\infty}(\sqrt{x^2+2x}-x)$

(7) $\lim\limits_{x\to+\infty}x(\sqrt{x^2+1}-x)$　　(8) $\lim\limits_{x\to\infty}\cos\left[\ln\left(1+\dfrac{2x-1}{x^2}\right)\right]$

2. 设函数 $f(x)=\begin{cases}e^x(x<0)\\x+a\ (x\geqslant0)\end{cases}$，求常数 a 为何值时，函数 $f(x)$ 在 $(-\infty,+\infty)$ 内连续。

3. 确定 a 的值，使函数 $f(x)=\begin{cases}1-\cos x\ (x<0)\\\ln(a+x)\ (x\geqslant0)\end{cases}$ 在 $(-\infty,+\infty)$ 内连续。

4. 讨论函 $f(x)=\begin{cases}x^2-1\ (0\leqslant x\leqslant1)\\x+1\ (x>1)\end{cases}$ 的连续性。

第六节　两个重要极限

二维码 1 - 6

扫一扫，获取本节资源

本节先介绍极限存在准则，然后在这个准则的基础上给出在微分学中有重要应用的两个极限，并用这两个重要极限求函数极限。

首先讨论与三角函数有关的极限，先给出一个重要不等式，如图 1 - 8 所示。

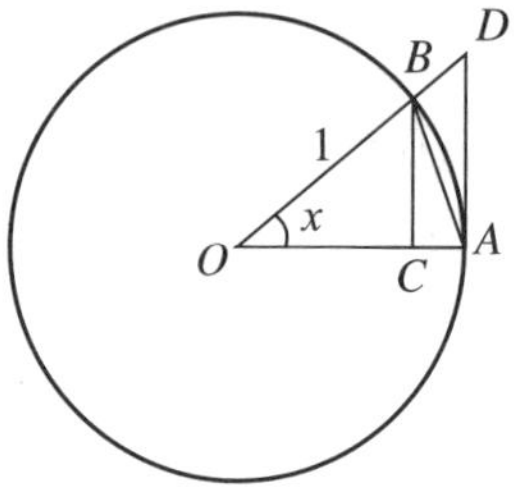

图 1 - 8

引理　当 $0<x<\frac{\pi}{2}$时，则 $\sin x<x<\tan x$。

证：如图 1 - 8 所示，$\angle AOB=x(\text{rad})$，$0<x<\frac{\pi}{2}$，$\overset{\frown}{AB}$是以 O 为圆心，半径为 1 的圆弧，$BC=\sin x$，$AD=\tan x$，而 $\overset{\frown}{AB}$ 近似等于 x。

由图 1 - 8 可见，$\triangle OCB$、$\triangle OAD$、扇形 OAB 的面积之间有 $S_{\triangle OCB}<S_{扇形OAB}<S_{\triangle OAD}$，从而 $\sin x<x<\tan x$。

准则 I（夹逼准则）　若 $x\in \mathbf{N}(\hat{x}_0,\delta)$（其中 δ 为某个正常数）时，有

$$g(x)\leqslant f(x)\leqslant h(x)\text{；}\lim_{x\to x_0} g(x)=\lim_{x\to x_0} h(x)=A$$

则

$$\lim_{x\to x_0} f(x)=A$$

从直观上看，该准则是明显的，当 $x\to x_0$ 时，函数 $g(x)$，$h(x)$的值无限逼近常数 A，使夹在 $g(x)$或 $h(x)$之间的$f(x)$的值也无限逼近常数 A，即

$$\lim_{x\to x_0} f(x)=A$$

若把准则中 $x\to x_0$ 换成其他自变化过程，结论也成立。

一、第一个重要极限公式

$$\lim_{x\to 0}\frac{\sin x}{x}=1 \tag{1}$$

证：因为函数$\frac{\sin x}{x}$是偶函数，所以只要证明 $\lim\limits_{x\to x_0}\frac{\sin x}{x}=1$。

设$0<x<\frac{\pi}{2}$，以上已证明 $\sin x<x<\tan x$，从而可推出

$$\cos x<\frac{\sin x}{x}<1$$

由于 $\lim\limits_{x\to 0^+}\cos x=\cos 0=1$，$\lim\limits_{x\to 0^+}1=1$，因此，由夹逼准则得 $\lim\limits_{x\to 0^+}\frac{\sin x}{x}=1$，从而

$$\lim_{x\to 0}\frac{\sin x}{x}=1$$

重要极限公式(1)在极限计算中有重要应用，它在形式上有以下特点：

(1) 它是“$\frac{0}{0}$”型；

(2) 重要极限公式(1)的形式可推广成

$$\lim_{(\ )\to 0}\frac{\sin(\ )}{(\ )}=1$$

式中，( )代表同样的变量或同样的表达式。

例 1　求 $\lim\limits_{x\to 0}\frac{\sin 5x}{\sin 3x}$。

解：对极限函数恰当变形，得

$$\begin{aligned}\lim_{x\to 0}\frac{\sin 5x}{\sin 3x}&=\lim_{x\to 0}\left(\frac{\sin 5x}{5x}\cdot\frac{3x}{\sin 3x}\cdot\frac{5}{3}\right)\\&=\frac{5}{3}\left(\lim_{5x\to 0}\frac{\sin 5x}{5x}\right)\left(\lim_{3x\to 0}\frac{3x}{\sin 3x}\right)=\frac{5}{3}\end{aligned}$$

例 2　求 $\lim\limits_{x\to 0}\frac{\arcsin x}{x}$。

解：令 $\arcsin x=t$，则 $x=\sin t$，且 $x\to 0$ 时 $t\to 0$。换元得

$$\lim_{x\to 0}\frac{\arcsin x}{x}=\lim_{t\to 0}\frac{t}{\sin t}=1$$

例 3　求 $\lim\limits_{x\to 0}\frac{1-\cos x}{x^2}$。

解：根据三角公式对极限函数恰当变形，得

$$\lim_{x\to0}\frac{1-\cos x}{x^2}=\lim_{x\to0}\frac{2\sin^2\frac{x}{2}}{x^2}=\frac{1}{2}\lim_{\frac{x}{2}\to0}\left(\frac{\sin\frac{x}{2}}{\frac{x}{2}}\right)^2=\frac{1}{2}$$

例 4 求 $\lim\limits_{x\to0}\dfrac{\tan x-\sin x}{x^3}$。

解：与例 3 同理，得

$$\lim_{x\to0}\frac{\tan x-\sin x}{x^3}=\lim_{x\to0}\frac{\tan x(1-\cos x)}{x^3}=\lim_{x\to0}\left(\frac{1}{\cos x}\cdot\frac{\sin x}{x}\cdot\frac{1-\cos x}{x^2}\right)$$

$$=\left(\lim_{x\to0}\frac{1}{\cos x}\right)\left(\lim_{x\to0}\frac{\sin x}{x}\right)\left(\lim_{x\to0}\frac{1-\cos x}{x^2}\right)=\frac{1}{2}$$

二、第二个重要极限公式

$$\lim_{x\to\infty}\left(1+\frac{1}{x}\right)=\mathrm{e} \tag{2}$$

准则 Ⅱ 单调性有界数列必然有极限。

在本章第三节中已经看到，有界数列不一定有极限，但准则 Ⅱ 指出单调有界数列必有极限。对准则 Ⅱ 做以下几何说明：

设数列 $\{x_n\}$ 单调增加且有界（设 $|x_n|\leqslant M$），则在数轴上，数列的项 x_n 随 n 的增大不断向右移动但都落在定点 M 的左侧。因此，$\{x_n\}$ 最终左边无限逼近某一个点 A，即 $\lim\limits_{n\to\infty}x_n=A$。

定理 极限 $\lim\limits_{n\to\infty}\left(1+\dfrac{1}{n}\right)^n$ 存在，记为 e（e = 2.718281828459…）即

$$\lim_{n\to\infty}\left(1+\frac{1}{n}\right)^n=\mathrm{e}$$

在公式(2)中，令 $\dfrac{1}{x}=t$，则 $x\to\infty$ 时 $t\to0$，由此得公式(2)的另一形式

$$\lim_{t\to0}(1+t)^{\frac{1}{t}}=\mathrm{e} \tag{3}$$

公式(2)和公式(3)有以下共同特点：

它们是底的极限为 1、指数为无穷大的变量的极限，这也是一种不定式，通常记为“1”。公式(2)和公式(3)可以推广成

$$\lim_{(\ )\to\infty}\left[1+\frac{1}{(\ )}\right]^{(\ )}=\mathrm{e}\ 或\ \lim_{(\ )\to0}[1+(\ )]^{\frac{1}{(\ )}}=\mathrm{e}$$

式中，( )代表同一个变量或同样的表达式。

例 5　求 $\lim\limits_{n\to\infty}\left(1-\dfrac{2}{x}\right)^{x}$。

解：此题属"1"型。令 $-\dfrac{2}{x}=t$，则 $x=-\dfrac{2}{t}$；$x\to\infty$ 时，$t\to0$。于是

$$\lim_{n\to\infty}\left(1-\frac{2}{x}\right)^{x}=\lim_{t\to0}(1+t)^{-\frac{2}{t}}=\left[\lim_{t\to0}(1+t)^{\frac{1}{t}}\right]^{-2}=\mathrm{e}^{-2}$$

例 6　求 $\lim\limits_{x\to\infty}\left(\dfrac{3-x}{2-x}\right)^{x}$。

解：此题属"1"型。令 $\dfrac{3-x}{2-x}=1+u$，则 $x=2-\dfrac{1}{u}$，$x\to\infty$ 时，$u\to0$。于是

$$\lim_{x\to\infty}\left(\frac{3-x}{2-x}\right)^{x}=\lim_{u\to0}(1+u)^{2-\frac{1}{u}}=\lim_{u\to0}\left[(1+u)^{-\frac{1}{u}}(1+u)^{2}\right]$$

$$=\left[\lim_{u\to0}(1+u)^{\frac{1}{u}}\right]^{-1}\cdot\left[\lim_{u\to0}(1+u)^{2}\right]=\mathrm{e}^{-1}$$

请想一想其他变形计算方法。

习题 1－6

1. 求下列极限：

(1) $\lim\limits_{x\to\infty}2^{x}\sin\dfrac{1}{2^{x}}$　　(2) $\lim\limits_{x\to0^{-}}\dfrac{x}{\sqrt{1-\cos x}}$

(3) $\lim\limits_{x\to\infty}x\sin\dfrac{2}{x}$　　(4) $\lim\limits_{x\to0}\dfrac{\arcsin2x}{x}$

(5) $\lim\limits_{t\to0^{+}}(1-t)^{\frac{1}{t}}$　　(6) $\lim\limits_{x\to1}\dfrac{\sin(x^{3}-1)}{x^{2}-1}$

(7) $\lim\limits_{x\to0}\dfrac{\ln(1-2x)}{x}$　　(8) $\lim\limits_{x\to\infty}\left(1+\dfrac{5}{x}\right)^{-x}$

(9) $\lim\limits_{u\to1}(1+u)^{\frac{1}{u}}$　　(10) $\lim\limits_{x\to\pi}\dfrac{\sin x}{x}$

(11) $\lim\limits_{x\to0}\dfrac{1-\cos2x}{x\sin x}$　　(12) $\lim\limits_{x\to\infty}\left(1-\dfrac{1}{3x}\right)^{x}$

(13) $\lim\limits_{x\to\frac{\pi}{2}}(\sin x)^{\frac{1}{\cos2x}}$　　(14) $\lim\limits_{x\to\pi}\dfrac{\sin x}{\pi-x}$

(15) $\lim\limits_{x\to\infty}\left(\dfrac{x+1}{x-2}\right)^{2x-1}$　　(16) $\lim\limits_{x\to\infty}\{x\cdot[\ln(x+1)-\ln x]\}$

2. 设函数 $f(x)=\begin{cases}\dfrac{\ln(1-x)}{x} & (x>0)\\ -1 & (x=0)\\ \dfrac{|\sin x|}{x} & (x<0)\end{cases}$，讨论 $f(x)$ 在 $x=0$ 处的连续性。

3. 设函数 $f(x)$ 为连续函数，且 $f(0)=1$，$f(1)=0$，求下列极限：

(1) $\lim\limits_{x\to 0} f\left(\dfrac{\sin x}{x}\right)$　　(2) $\lim\limits_{x\to\infty} f\left(\dfrac{\sin x}{x}\right)$

4. 设函数 $f(x)=\begin{cases}\dfrac{\sin x}{x} & (x<0)\\ k & (x=0)\\ x\sin\dfrac{1}{x}+1 & (x>0)\end{cases}$，求 k 值，使 $f(x)$ 在 $x=0$ 处连续。

第二章　导数与微分

微分学是微积分学的两大基础运算部分之一。导数与微分是微分学的主要内容，导数反映函数的自变量在变化时，相应的函数值变化的快慢程度(变化率)；“无限细分”就是微分，微分表示自变量在微小变化时相应的函数增量变化情况。本章主要学习两者的概念、运算公式和计算方法。

第一节 导数的概念

二维码 2 - 1
扫一扫，获取本节资源

一、几个实例

1. 变速直线运动的瞬间速度

微积分要解决的第一个基本问题是“变速直线运动的瞬时速度”。解决这个问题的途径是：先求质点在 t_0 与 t 的时间间隔内运动的瞬时速度

$$\bar{u}(t)=\frac{s(t)-s(t_0)}{t-t_0}$$

再求极限 $\lim\limits_{t\to t_0}\bar{u}(t)$，得到 t_0 时的瞬时速度

$$v(t_0)=\lim_{t\to t_0}\frac{s(t)-s(t_0)}{t-t_0}$$

如果记 $\Delta t=t-t_0$，$\Delta s=s(t)-s(t_0)$，则

$$u(t_0)=\lim_{\Delta t\to 0}\frac{\Delta s}{\Delta t}$$

2. 平面曲线的切线

定义 1 设 M 是平面曲线 C 上的定点，点 N 是曲线 C 上的动点，当点 N 沿曲线 C 无限趋近点 M 时，如果割线 MN 存在极限位置 MT，则称直线 MT 为曲线 C 在 M 处的切线，如图 2 - 1 所示。

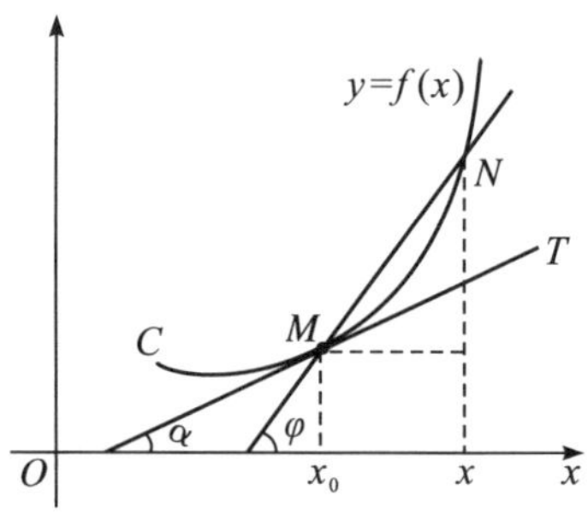

图 2 - 1

设曲线 C 的方程为 $y=f(x)$，在 C 上点 $M(x_0,y_0)$ 的邻近任取点 $N(x,y)$，设 $x=x_0+\Delta x$，则 $y_0=f(x_0)$，$y=f(x_0+\Delta x)$，且割线 MN 的斜率是

$$\tan\varphi=\frac{y-y_0}{x-x_0}=\frac{f(x_0+\Delta x)-f(x_0)}{\Delta x}=\frac{\Delta y}{\Delta x}$$

其中 φ 为割线 MN 的倾角，当点 N 沿曲线 C 无限趋近点 M 即 $\Delta x\to 0$ 时，如果割线 MN 的极限位置 MT 的倾角为 α，则 MT 的斜率为

$$\tan\alpha=\lim_{N\to M}\tan\varphi=\lim_{\Delta x\to 0}\frac{\Delta y}{\Delta x}=\lim_{\Delta x\to 0}\frac{f(x_0+\Delta x)-f(x_0)}{\Delta x}$$

3. **电流强度**

已知通过导体横截面的电量 Q 与时间 t 的关系为 $Q=Q(t)$，t 从 t_0 变化到 $t_0+\Delta t$ 时，流过截面的电量 $\Delta Q=Q(t_0+\Delta t)-Q(t_0)$，这段时间内的平均电流强度 $\bar{i}=\frac{\Delta Q}{\Delta t}$。对稳恒电流，$\bar{i}$ 就是各个时刻的电流强度，对非稳恒电流，$|\Delta t|$很小时，$\bar{i}$ 可近似表达 t_0 时的电流强度，$|\Delta t|$越小，精确程度越高，如果 $\lim\limits_{\Delta t\to 0}\frac{\Delta Q}{\Delta t}$存在，则该极限就是 t_0 时的电流强度 $i(t_0)$，即

$$i(t_0)=\lim_{\Delta t\to 0}\frac{\Delta Q}{\Delta t}=\lim_{\Delta t\to 0}\frac{Q(t_0+\Delta t)-Q(t_0)}{\Delta t}$$

二、导数的定义及其几何意义

以上三个实例，分别属于运动学、几何学和电学，但从数量关系看，它们都是求已知函数在某点的变化率，如 $y=f(x)$关于自变量在一点(如 x_0)的函数增量的比的极限$\left(\lim\limits_{\Delta x\to 0}\frac{\Delta y}{\Delta x}\right)$，此极限通常称为函数$f(x)$在 x_0 处的变化率。

在自然科学和工程技术领域中还有许多关于变化率的问题，现在从这些实例在数量关系上的共性抽象出函数的导数概念。

定义 2　设函数 $y=f(x)$在 x_0 的某个邻域 $N(x_0,\delta)$内有定义，自变量在 x_0 处有增量 Δx，相应的函数增量 $\Delta y=f(x_0+\Delta x)-f(x_0)$，如果 $\Delta x\to 0$ 时增量的比$\frac{\Delta y}{\Delta x}$的极限存在，则称函数 $y=f(x)$在 x_0 处可导，并称此极限值为函数 y 在 x_0 处的导数，记作

$$f'(x_0)\ 或\ y'\big|_{x=x_0}或\ \frac{\mathrm{d}y}{\mathrm{d}x}\bigg|_{x=x_0}或\ \frac{\mathrm{d}f}{\mathrm{d}x}\bigg|_{x=x_0}$$

即

$$f'(x_0)=\lim_{\Delta x\to 0}\frac{\Delta y}{\Delta x}=\lim_{\Delta x\to 0}\frac{f(x_0+\Delta x)-f(x_0)}{\Delta x}\tag{1}$$

当极限式(1)不存在时，则称函数 $f(x)$ 在 x_0 处不可导。

在定义 2 中，若记 $x=x_0+\Delta x$，则式(1)可写成

$$f'(x_0)=\lim_{x\to x_0}\frac{f(x)-f(x_0)}{x-x_0} \tag{2}$$

由定义 2，前面三个实例的结果可分别表示为：

(1) 变速直线运动在 t_0 时的瞬时速度 $v(t_0)=s'(t_0)$。

(2) 曲线 $y=f(x)$ 上点 P_0 处切线的斜率 $\tan\alpha=f'(x_0)$，它反映导数的几何意义。

(3) 通过导体的电流在 t_0 时电流强度 $i(t_0)=Q'(t_0)$。

还要指出，如果极限

$$\lim_{\Delta x\to 0^+}\frac{\Delta y}{\Delta x}\left(=\lim_{\Delta x\to 0^+}\frac{f(x_0+\Delta x)-f(x_0)}{\Delta x}\right)$$

存在，则称此极限为函数 y 在 x_0 处的右导数，并记为 $f'_+(x_0)$，即

$$f'_+(x_0)=\lim_{\Delta x\to 0^+}\frac{f(x_0+\Delta x)-f(x_0)}{\Delta x}$$

类似地，定义函数 y 在 x_0 处的左导数

$$f'_-(x_0)=\lim_{\Delta x\to 0^-}\frac{f(x_0+\Delta x)-f(x_0)}{\Delta x}$$

由第一章极限的知识可得，函数 $y=f(x)$ 在 x_0 处可导的充要条件为 y 在 x_0 处的左、右极限存在且相等。

如果函数 $y=f(x)$ 在开区间 I 内的每一个点都可导，则称函数 y 在 I 内可导。这时，任意 $x\in I$ 都有一个确定的导数值与之对应，得到 I 内的一个函数，并称为函数 $y=f(x)$ 的导数(也简称导数)，记作

$$y' \text{或} f'(x) \text{ 或 } \frac{\mathrm{d}y}{\mathrm{d}x} \text{ 或 } \frac{\mathrm{d}f}{\mathrm{d}x}$$

在式(1)中将 x_0 换成 x，得到导函数的定义式

$$f'(x)=\lim_{\Delta x\to 0}\frac{f(x+\Delta x)-f(x)}{\Delta x} \tag{3}$$

必须指出，式(3)中尽管 x 可以取区间 I 内的任何数值，但作为极限来说，Δx 是变量，x 是区间 I 内任意一个取定值，应视为常数。

由式(1)和式(3)可见，函数 $f(x)$ 在 x_0 处的导数 $f'(x_0)$ 就是导函数 $f'(x)$ 在 $x=x_0$ 处的函数值，即 $f'(x_0)=f'(x)\Big|_{x=x_0}$。

例 1 求函数 $f(x)=\sin x$ 的导函数 $f'(x)$ 和在 $x=\dfrac{\pi}{6}$ 处的导数。

解：任意 $x \in \mathbf{R}$，x 有增量 Δx，可依以下三个步骤求解：

（1）求增量　$\Delta y = \sin(x+\Delta x) - \sin x = 2\sin\dfrac{\Delta x}{2}\cos\left(x+\dfrac{\Delta x}{2}\right)$；

（2）定比值　$\dfrac{\Delta y}{\Delta x} = \dfrac{\sin\dfrac{\Delta x}{2}}{\dfrac{\Delta x}{2}}\cos\left(x+\dfrac{\Delta x}{2}\right)$；

（3）取极限　$\lim\limits_{\Delta x\to 0}\dfrac{\Delta y}{\Delta x} = \cos x$。

因此，任意 $x \in \mathbf{R}$，$f'(x) = (\sin x)' = \cos x$；$f'\left(\dfrac{\pi}{6}\right) = \cos\dfrac{\pi}{6} = \dfrac{\sqrt{3}}{2}$。

类似地，可得任意 $x \in \mathbf{R}$，$(\cos x)' = -\sin x$。

用导数的定义求导数，都可按例 1 的三个步骤进行，熟练了以后，这三个步骤可以合在一起写。

例 2　求函数 $\ln x$ 的导数。

解：任意 $x \in (0, +\infty)$，有

$$
\begin{aligned}
(\ln x)' &= \lim_{\Delta x\to 0}\frac{\ln(x+\Delta x) - \ln x}{\Delta x} \\
&= \lim_{\Delta x\to 0}\frac{\ln\left(1+\dfrac{\Delta x}{x}\right)}{\Delta x} = \lim_{\Delta x\to 0}\frac{1}{x}\cdot\frac{x}{\Delta x}\ln\left(1+\frac{\Delta x}{x}\right) \\
&= \lim_{\Delta x\to 0}\frac{1}{x}\ln\left(1+\frac{\Delta x}{x}\right)^{\frac{x}{\Delta x}} = \frac{1}{x}
\end{aligned}
$$

当 $x>0$，$(\ln x)' = \dfrac{1}{x}$。

例 3　求曲线 $y = \sin x$ 在点 $\left(\dfrac{\pi}{6}, \dfrac{1}{2}\right)$ 处的切线和法线方程。

解：由例 1 和导数几何意义得切线斜率　$k = (\sin x)'\Big|_{x=\frac{\pi}{6}} = \dfrac{\sqrt{3}}{2}$，故有

切线方程　$y - \dfrac{1}{2} = \dfrac{\sqrt{3}}{2}\left(x - \dfrac{\pi}{6}\right)$；

法线方程　$y - \dfrac{1}{2} = -\dfrac{2\sqrt{3}}{3}\left(x - \dfrac{\pi}{6}\right)$。

例 4　求曲线 $y = \ln x$ 平行于直线 $y = 2x$ 的切线方程。

解：设切点为 $M(x_0, y_0)$，则曲线在点 M 处的切线斜率为 $k = y'$，再由例

2，有 $k=y'(x_0)=\frac{1}{x_0}$。因为切线平行于直线 $y=2x$，所以

$$\frac{1}{x_0}=2,\ x_0=\frac{1}{2},\ y_0=-\ln 2$$

所求的切线方程为

$$y+\ln 2=2\left(x-\frac{1}{2}\right)$$

现在通过实例来说明连续函数 $y=f(x)$ 在 x_0 不可导时，曲线 $y=f(x)$ 在点 $M_0[x_0, f(x_0)]$ 处或者没有切线，或者有垂直于 x 轴的切线。

对函数 $y=\sqrt[3]{x}$，容易验证它在 $x=0$ 处不可导。该函数的图象如图 2－2 所示，它在原点(0,0)处有切线，为 y 轴。

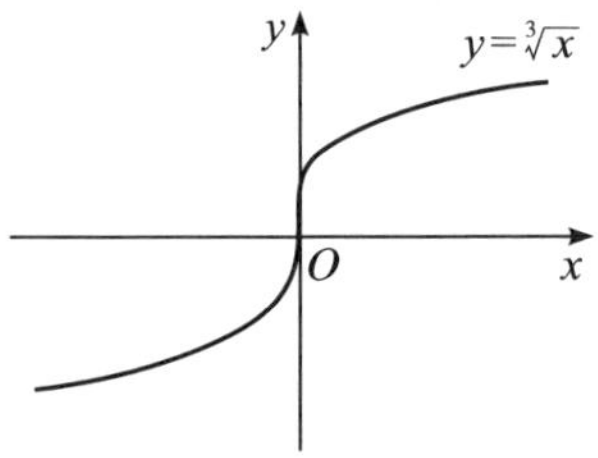

图 2－2

三、可导与连续的关系

必须指出，函数 $f(x)$ 在 x_0 处连续，但未必在 x_0 处可导。如函数 $y=|x|$ 在 $x=0$ 处连续而不可导，反过来有下面定理。

定理 如果函数 $f(x)$ 在 x_0 处可导，则 $f(x)$ 在 x_0 处连续。

证：由于 $\lim\limits_{\Delta x\to 0}\frac{\Delta y}{\Delta x}=f'(x_0)$，因此

$$\lim_{\Delta x\to 0}\Delta y=\lim_{\Delta x\to 0}\left(\frac{\Delta y}{\Delta x}\cdot\Delta x\right)=f'(x_0)\left(\lim_{\Delta x\to 0}\Delta x\right)=0$$

从而证明了函数 $f(x)$ 在 $x=0$ 处的连续性。

例 5 设函数 $f(x)=\begin{cases}x^2\ (x\geqslant 0)\\ x+1\ \ (x<0)\end{cases}$，讨论函数 $f(x)$ 在 $x=0$ 处的连续性与可导性。

解：因为

$$f(0^-)=\lim_{x\to 0^-}(x+1)=1\neq f(0)$$

所以，$f(x)$在 $x=0$ 处不连续；由以上定理，$f(x)$在 $x=0$ 处不可导。

例 6　设函数 $f(x)=\begin{cases} x\sin\dfrac{1}{x} & (x\neq 0) \\ 0 & (x=0) \end{cases}$，讨论函数 $f(x)$在 $x=0$ 处的连续性与可导性。

解：因为

$$\lim_{x\to 0}f(x)=\lim_{x\to 0}x\sin\frac{1}{x}=0=f(0)$$

所以函数 $f(x)$在 $x=0$ 处连续。由于 $x=0$ 与 $x\neq 0$ 时函数的表达式不同，因此要用导数的定义讨论 $f(x)$在 $x=0$ 处的可导性。因为

$$\lim_{\Delta x\to 0}\frac{f(0+\Delta x)-f(0)}{\Delta x}=\lim_{\Delta x\to 0}\frac{\Delta x\sin\dfrac{1}{\Delta x}-0}{\Delta x}=\lim_{\Delta x\to 0}\sin\frac{1}{\Delta x}$$

不存在，因此函数 $f(x)$在 $x=0$ 处不可导。

习题 2－1

1. 质量为 1g 的某种金属从 0 ℃加热到 T ℃所吸收的热量为 $Q=F(T)$，它从 T ℃升温到$(T+\Delta T)$℃所需的热量为 ΔQ，$\dfrac{\Delta Q}{\Delta T}$称为这种金属从 T ℃到$(T+\Delta T)$ ℃的平均比热，用导数表示该金属在 T ℃时的比热。

2. 某质点做直线运动，在时间 t 的速度为 $v(t)$，用导数表示质点在时刻 t 的加速度。

3. 如果函数 $f(x)$在 x_0 处可导，求：

(1) $\lim\limits_{\Delta x\to 0}\dfrac{f(x_0-\Delta x)-f(x_0)}{\Delta x}$　　(2) $\lim\limits_{x\to x_0}\dfrac{f(x)-f(x_0)}{\sqrt{x}-\sqrt{x_0}}$ $(x_0>0)$

4. 求下列曲线满足给定条件的切线方程和法线方程：

(1) $y=\ln x$ 在点$(\mathrm{e},1)$；

(2) $y=\cos x$ $(0<x<2\pi)$，切线垂直于直线$\sqrt{2}x+y=1$。

第二节　导数公式与函数的和差积商的导数

二维码 2－2
扫一扫，获取本节资源

上一节以实际问题为背景给出了函数的导数概念，并用导数的定义求得正弦函数、对数函数的导数。对于其他函数，用定义求导数显得烦琐。本节建立一系列的求导公式、法则和方法，以上一节得到的几个函数的导数为基础，推得基本初等函数的导数并作为求导的基本公式，再利用求导法则和方法就可以方便地求初等函数的导数。因此，求初等函数的导数必须做到：第一，熟记基本初等函数的导数公式；第二，熟练掌握求导法则和求导方法。

一、常数和基本初等函数的导数公式

(1) $C'=0$（C 为常数）

(2) $(x^n)'=nx^{n-1}(n\in\mathbf{R})$

(3) $(\sin x)'=\cos x$

(4) $(\cos x)'=-\sin x$

(5) $(\tan x)'=\sec^2 x$

(6) $(\cot x)'=-\csc^2 x$

(7) $(\sec x)'=\sec x\tan x$

(8) $(\csc x)'=-\csc x\cot x$

(9) $(\arcsin x)'=\dfrac{1}{\sqrt{1-x^2}}$

(10) $(\arccos x)'=-\dfrac{1}{\sqrt{1-x^2}}$

(11) $(\arctan x)'=\dfrac{1}{1+x^2}$

(12) $(\text{arccot}\, x)'=-\dfrac{1}{1+x^2}$

(13) $(\ln x)'=\dfrac{1}{x}$

(14) $(\log_a{}^x)'=\dfrac{1}{x\ln^a}$ $(a>0,\ a\neq 1)$

(15) $(e^x)'=e^x$

(16) $(a^x)'=a^x\ln^a(a>0,\ a\neq 1)$

二、函数的和差积商的导数运算法则

求导法则Ⅰ　设函数 $u=u(x)$，$v=v(x)$ 都在 x 处可导，则 $u\pm v$ 在 x 处可导且 $(u\pm v)'=u'\pm v'$。

求导法则Ⅱ　设函数 $u=u(x)$，$v=v(x)$ 都在 x 处可导，则 $u\cdot v$ 在 x 处也可导且 $(u\cdot v)'=u'v+uv'$。

求导法则Ⅲ　设函数 $u=u(x)$，$v=v(x)$ 都在 x 处可导且 $u(x)\neq 0$，则 $\dfrac{v(x)}{u(x)}$ 在 x 处也可导且 $\left(\dfrac{v}{u}\right)'=\dfrac{v'u-vu'}{u^2}$。

必须注意：$(u\cdot v)'\neq u'v'$；$\left(\frac{v}{u}\right)'\neq\frac{v'}{u'}$。

由于常数的导数为零，因此由法则Ⅱ，有以下推论。

推论 1　函数 $u=u(x)$ 在 x 处可导，c 为常数，则 $(cu)'=cu'$，即常数因子可以提到导数符号的外面。

法则Ⅰ和法则Ⅱ都可以归纳推广到有限多个可导函数的和(差)积的情形，有以下推论。

推论 2　设 $u=u(x)$，$v=v(x)$，$w=w(x)$ 都在 x 处可导，则

$$(uvw)'=u'vw\pm uv'w+uvw'$$

例 1　已知 $y=(\sin x-2\cos x)\ln x$，求 y'。

解：

$$y'=(\sin x-2\cos x)'\ln x+(\sin x-2\cos x)(\ln x)'$$

$$=(\cos x+2\sin x)\ln x+\frac{1}{x}(\sin x-2\cos x)$$

例 2　已知 $y=\frac{1+\tan x}{\tan x}-2\log_2^x+x\sqrt{x}$，求 y'。

解：由于 $y=\cot x+1-2\log_2^x+x^{\frac{3}{2}}$，因此

$$y'=-\csc^2x-\frac{2}{x\ln 2}+\frac{3}{2}\sqrt{x}$$

例 3　已知 $g(x)=\frac{(x^2-1)^2}{x^2}$，求 $g'(x)$。

解：由于 $g(x)=x^2-2+x^{-2}$，因此

$$g'(x)=2x-2x^{-3}=\frac{2}{x^3}(x^4-1)$$

例 4　$f(x)=\frac{\arctan x}{1+\sin x}$，求 $f'(x)$。

解：

$$f'(x)=\frac{(1+\sin x)-(1+x^2)\arctan x\cos x}{(1+x^2)(1+\sin x)^2}$$

例 5　已知 $y=2^x\arccos x$，求 y'。

解：

$$y'=2^x(\ln 2)\arccos x-\frac{2^x}{\sqrt{1-x^2}}$$

以上求导数的运算规律有：先用加减乘除的法则，后使用公式。

请根据运算法则，导出以上基本初等函数的导数公式(5)至公式(8)。

习题 2－2

1. 求下列函数的导数：

(1) $y=4x-\frac{2}{x^2}+\sin 1$　　(2) $y=\sqrt{x\sqrt{x\sqrt{x}}}$

(3) $y=x^3\cos x$　　(4) $y=\tan x\sec x$

(5) $y=\theta e^{\theta}\cot\theta$　　(6) $y=\frac{1-\cos t}{1+\sin t}$

(7) $y=2\sqrt{x}-\frac{1}{x}+3^x$　　(8) $y=(x^2-3x+1)\ln x$

(9) $y=\sqrt{x}\ln x$　　(10) $y=\frac{\cot x}{1+\sqrt{x}}$

2. 在括号内填入适当的函数：

(1) $(\qquad)'=6x^2$　　(2) $(\qquad)'=3+x$

(3) $(\qquad)'=\frac{\sin x}{\cos^2 x}$　　(4) $(\qquad)'=\frac{1}{x\ln 3}$

(5) $(\qquad)'=\sqrt{x}-\frac{1}{x}$　　(6) $(\qquad)'=2^x\ln 8$

3. 求曲线 $y=x^2+x-2$ 的切线方程，使该切线平行于直线 $x+y-3=0$。

4. 求曲线 $y=2^x$ 上的一点 M，使曲线在点 M 处的切线与直线 $y=(2\ln 2)x+3$ 平行。

第三节　反函数和复合函数的导数

二维码 2－3

扫一扫，获取本节资源

本节首先讨论反函数的导数，从而由三角函数和对数函数的求导公式，得到反三角函数和指数函数的求导公式，最后讨论非常重要的复合函数的导数，从而得到一般幂函数的求导公式。最后解决一般初等函数的求导方法。

一、反函数的导数

求导法则Ⅳ　已知原函数 $y=f(x)$，其反函数 $x=\varphi(y)$ 是单调连续函数，在点 y 可导，且 $\varphi'(y)\neq 0$，则 $x=\varphi(y)$ 的反函数 $y=f(x)$ 在对应点 x 处可导，且

$$f'(x)=\frac{1}{\varphi'(y)} \text{ 或 } \frac{\mathrm{d}y}{\mathrm{d}x}=\frac{1}{\frac{\mathrm{d}x}{\mathrm{d}y}}$$

例 1　函数 $y=a^x(a>0,\ a\neq 1)$，求：$y'=a^x\ln a$［基本初等函数的导数公式(16)］。

解：$y=a^x=f(x)$ 的反函数 $x=\log_a y=\varphi(y)$ 在 $(0,+\infty)$ 内单调，任意 $x\in\mathbf{R}$，相应的 $y=a^x\in(0,+\infty)$，且 $\frac{\mathrm{d}x}{\mathrm{d}y}=\frac{1}{y\ln a}\neq 0$，由求导法则Ⅳ，则有

$$(a^x)'=\frac{1}{(\log_a y)'}=a^x\ln a$$

特别地，$a=\mathrm{e}$ 时，有

$$(\mathrm{e}^x)'=\mathrm{e}^x \text{［基本初等函数的导数公式(15)］}$$

例 2　设函数 $y=\arcsin x\ (|x|<1)$，求证 $y'=\frac{1}{\sqrt{1-x^2}}$。

证：已知 $y=\arcsin x=f(x)\ (|x|<1)$，则其反函数 $x=\sin y=\varphi(y)$ 在 $\left(-\frac{\pi}{2},\frac{\pi}{2}\right)$ 内单调连续，任意 $x\in(-1,1)$，相应地，$y=\arcsin x$ 的 $x\in\left(-\frac{\pi}{2},\frac{\pi}{2}\right)$，且 $\frac{\mathrm{d}x}{\mathrm{d}y}=\cos y>0$，由求导法则Ⅳ，得

$$(\arcsin x)'=\frac{1}{(\sin y)'}=\frac{1}{\cos y}=\frac{1}{\sqrt{1-\sin^2 y}}=\frac{1}{\sqrt{1-x^2}}$$

［基本初等函数的导数公式(9)］

同理可得以下反三角导数公式[基本初等函数的导数公式(10)至公式(12)]：

$$(\arccos x)' = -\frac{1}{\sqrt{1-x^2}}$$

$$(\arctan x)' = \frac{1}{1+x^2}$$

$$(\text{arccot} x)' = -\frac{1}{1+x^2}$$

二、复合函数的导数

求导法则Ⅴ 设函数 $u=\varphi(x)$ 在 x 处可导，函数 $y=f(u)$ 在相应的点 u 处可导，则复合函数 $y=f[\varphi(x)]$ 在 x 处可导，且

$$(f[\varphi(x)])' = f'(u)\varphi'(x) \text{ 或 } \frac{dy}{dx}=\frac{dy}{du}\cdot\frac{du}{dx} \text{ 或 } y'_x = y'_u \cdot u'_x$$

由此，求导法则Ⅴ可归纳地推广为有限多个复合函数的开形式，如 $y=f(u)$，$u=g(v)$，$v=\varphi(x)$ 满足类似法则Ⅴ的条件，则

$$\frac{dy}{dx}=\frac{dy}{du}\cdot\frac{du}{dv}\cdot\frac{dv}{dx}$$

例 3 设函数 $y=\sin 5x$，求 y'。

解：函数 $\sin 5x$ 不是基本初等函数，不能直接用基本初等函数的导数公式求导，而 $y=\sin 5x$ 是 $y=\sin u$，$u=5x$ 的复合函数，由分层法则得到

$$y'=(\sin 5x)'=(\sin u)'\cdot(5x)'=5\cos u=5\cos 5x$$

例 4 设函数 $y=(2x-\tan x)^2$，求 y'。

解：函数 $y=(2x-\tan x)^2$ 是 $y=u^2$，$u=2x-\tan x$ 的复合函数，由分层法得到

$$y'=(u^2)'(2x-\tan x)'=2(2x-\tan x)(2-\sec^2 x)$$

求复合函数的导数熟练后可不写出中间变量，如本例中把 $2x-\tan x$ 看作中间变量，可简化中间变量的代号，有

$$\begin{aligned} y' &= [(2x-\tan x)^2]' = 2(2x-\tan x)(2x-\tan x)' \\ &= 2(2x-\tan x)(2-\sec^2 x) \end{aligned}$$

例 5 设函数 $y=e^{\sin\frac{1}{x}}$，求 y'。

解：先将 $\sin\dfrac{1}{x}$ 看作中间变量，有

$$y' = (e^{\sin\frac{1}{x}})' = e^{\sin\frac{1}{x}}\left(\sin\frac{1}{x}\right)'$$

求$\left(\sin\frac{1}{x}\right)'$时，再将$\frac{1}{x}$看作中间变量，于是

$$y' = e^{\sin\frac{1}{x}}\cos\frac{1}{x}\left(\frac{1}{x}\right)' = -\frac{1}{x^2}e^{\sin\frac{1}{x}}\cos\frac{1}{x}$$

在本例中的函数$y = e^{\sin\frac{1}{x}}$，实际上是$y = e^u$，$u = \sin v$，$v = \frac{1}{x}$的复合，求导数时，为了简单明了，并不写以上的复合过程，只要对$y = e^v$，$v = \sin\frac{1}{x}$按分层法则求导，将求导部分$(e^{\sin\frac{1}{x}})'$转化成了较简单的$\left(\sin\frac{1}{x}\right)'$，对$\left(\sin\frac{1}{x}\right)'$再用分层法则将求导部分转化成更简单的$\left(\frac{1}{x}\right)'$。这种求导方式，特别对多复合的函数简单有效。

例 6　设函数$y = \ln|x|$，求y'。

解：因为$\ln|x| = \begin{cases}\ln x & (x>0)\\ \ln(-x) & (x<0)\end{cases}$，所以

$x>0$时，$(\ln|x|)' = (\ln x)' = \frac{1}{x}$

$x<0$时，$(\ln|x|)' = [\ln(-x)]' = \frac{1}{-x}(-x)' = \frac{1}{x}$

综合以上结果，得到

$$(\ln|x|)' = \frac{1}{x} \tag{1}$$

本题说明原函数族(或绝对值函数)的导数是唯一的。

例 7　设函数$f(x) = \sin nx\cos^n x\ (n\in\mathbf{R})$，求$f'(x)$。

解：首先注意函数$f(x)$是$\sin nx$与$\cos^n x$的乘积。求$f'(x)$时先用积的求导法则；在求$(\sin nx)'$时用分层法则。

$$\begin{aligned}f'(x) &= (\sin nx)'\cos^n x + \sin nx\,(\cos^n x)'\\ &= (\cos nx)(nx)'\cos^n x + (\sin nx)n\cos^{n-1}x\,(\cos x)'\\ &= n\cos^{n-1}x[\cos nx\cos x - \sin nx\sin x]\\ &= n\cos^{n-1}x\cos(n+1)x\end{aligned}$$

例 8　$f(x)$是可导函数，设$y = \ln|f(x)|$，求y'。

解：这里$f(x)$是已知的可导数，$f'(x)$视为已知。由本章式(3)得，

$$y' = (\ln|f(x)|)' = \frac{1}{f(x)}f'(x)$$

例 9 设函数 $y = \ln|\sec x + \tan x|$，求 y'。

解：由本章式(3)，得

$$y' = \frac{1}{\sec x + \tan x}(\sec x + \tan x)' = \frac{\sec x\tan x + \sec^2 x}{\sec x + \tan x} = \sec x$$

例 10 $f(u)$，$g(v)$都是可导函数，设 $y = f(\sin^2 x) + g(\cos^2 x)$，求 y'。

解：$y_1 = f(\sin^2 x)$是 $y_1 = f(u)$，$u = \sin^2 x$ 的复合函数，于是

$$[f(\sin^2 x)]' = f'(\sin^2 x)(\sin^2 x)'$$
$$= f(\sin^2 x)\cdot 2\sin x\ (\sin x)' = \sin 2x f'(\sin^2 x)$$

类似地，有

$$[g(\cos^2 x)]' = -\sin 2x g'(\cos^2 x)$$

因此，得

$$y' = \sin 2x[f'(\sin^2 x) - g'(\cos^2 x)]$$

以上复合函数求导数体现如下的规律：复合函数之间的导数可以看作层与层之间的导数是层积的运算关系；运算规律是先外层函数、后内层函数(先整体后局部)。

习题 2 - 3

1. 在以下括弧内填入适当的函数：

(1) $(e^{-\cos x})' = e^{-\cos x}(\qquad)' = (\qquad)$

(2) $(\ln|\csc x - \cot x|)' = (\qquad)(\csc x - \cot x)' = (\qquad)$

(3) $(\qquad)' = 3\sin^2 2x\ (\sin 2x)' = (\qquad)$

(4) $f(u)$可导，则$(\qquad)' = 2f'(\tan x)(\tan x)'$

2. 求下列函数的导数：

(1) $y = \cos\left(2x + \frac{\pi}{5}\right)$　　(2) $y = (x^2 - 2x - 1)^5$

(3) $y = e^{-x}\tan 3x$　　(4) $y = \ln(1 + 2^x)$

(5) $y = \sin^2(2x - 1)$　　(6) $y = \sqrt{1 - x^2}$

(7) $y = \ln\sqrt{\frac{x}{1 + x^2}}$　　(8) $u = \frac{x}{\sqrt{x^2 - 1}}$

(9) $y = \tan(x^2 + 1)\sec 2x$　　(10) $y = e^{\tan\frac{1}{x}}$

(11) $y = \sqrt[3]{1 + x^3}$　　(12) $y = (\ln x^2)^3$

(13) $y=\sin^n x\cos nx$　　(14) $y=\ln\left|\tan\frac{x}{2}\right|$

(15) $y=3^{\sin x}$　　(16) $y=5\tan\frac{x}{5}+\tan\frac{\pi}{8}$

3. 求下列函数在指定点的导数值：

(1) $y=\cos2x+x\tan3x$，$x=\frac{\pi}{4}$　　(2) $y=\cot\sqrt{1+x^2}$，$x=0$

4. 设$f(x)$是可导函数，$f(x)>0$，求下列导数：

(1) $y=\ln f(2x)$　　(2) $y=f^2(e^x)$

第四节　隐函数和参数式函数的导数

二维码 2－4

扫一扫，获取本节资源

在高中，已学得隐函数、参数式函数是表示函数的重要形式。隐函数未必能显化，参数式函数未必能消去参数，因此仅用前面的求导法不一定能求出它们的导数，所以本节将学习隐函数和参数式函数的导数。

一、隐函数的导数

一般地，显函数是 $y=f(x)$ 形式；隐函数的形式是 $F(x,y)=0$。由于隐函数两个变量同时求导，因此学员要明确谁是函数、谁是自变量。其隐函数导数形式分为 x'_y 和 y'_x。隐函数的求导规则是：对自变量的项直接求导；对函数项求导后再乘上导数的标记。下面通过例题说明隐函数的求导方法。

例 1　求由方程 $x^2-y^2=1$ 确定的隐函数的导数 y'。

解：方程两端分别对 x 求导（注意 y 是 x 的函数），则有

$$(x^2-y^2)'=0\Rightarrow 2x-2yy'=0$$

所以　$y'=\dfrac{x}{y}$。

例 2　求曲线 $4x^2-xy+y^2=6$ 在点 $(1,-1)$ 处的切线方程。

解：方程的两边分别对 x 求导，有

$$8x-(y+xy')+2yy'=0$$

将 $x=1$，$y=-1$ 代入上式，得 $y'|_{(1,-1)}=3$。所求切线方程为

$$y+1=3(x-1)\text{，即 }3x-y-4=0$$

由以上两例可以看到，隐函数求导的方法是：

设方程 $F(x,y)=0$ 确定了可导函数 $y=f(x)$，在方程 $F(x,y)=0$ 的两端分别对 x 求导（注意 y 是 x 的函数），最后解出 y'。

利用隐函数求导方法，对函数出现 $y=u(x)^{v(x)}$ $[u(x)>0]$ 或由几个含有变量的式子的乘、除、乘方、开方构成的函数，很难用前面的方法求导。下面介绍的取对数求导法，可以得到以下的简便算法：

设函数 $y=f(x)$ 是适用对数求导法的函数，在 $y=f(x)$ 的两边取绝对值后再取对数，得到方程 $\ln|y|=\ln|f(x)|$。对等式的右端用对数的性质进行化简，然后用隐函数的求导方法求 y'。

例 3　设 $y=(3x-1)^{\frac{5}{3}}\sqrt{\dfrac{x-1}{x-2}}$，求 y'。

解：在等式两边取对数，化简有

$$\ln|y| = \frac{5}{3}\ln|3x-1| + \frac{1}{2}\ln|x-1| - \frac{1}{2}\ln|x-2|$$

等式两边求导，根据隐函数的求导规则有

$$\frac{y'}{y} = \frac{5}{3}\cdot\frac{3}{3x-1} + \frac{1}{2}\cdot\frac{1}{x-1} - \frac{1}{2}\cdot\frac{1}{x-2}$$

所以 $$y' = (3x-1)^{\frac{5}{3}}\sqrt{\frac{x-1}{x-2}}\left[\frac{5}{3x-1} + \frac{1}{2(x-1)} - \frac{1}{2(x-2)}\right]$$

容易验证，以上例3的解法中，省略取绝对值一步所得的结果不变，因此习惯上使用对数求导法时，常略去取绝对值的步骤。

例 4 设 $y = x^{\cos 2x}\ (x>0)$，求 y'。

解：等式两边取对数后化简 $\ln y = (\cos 2x)\ln x$，再求导，有

$$\frac{y'}{y} = -2(\sin 2x)\ln x + \frac{\cos 2x}{x}$$

于是 $$y' = x^{\cos 2x}\left[\frac{\cos 2x}{x} - 2(\sin 2x)\ln x\right]$$

二、参数式函数的导数

求导法则Ⅵ 设参数方程 $\begin{cases} x=\varphi(t) \\ y=\psi(t) \end{cases}$ $[t\in(\alpha,\beta)]$ 确定的函数为 $y=f(x)$，其中函数 $\varphi(t)$，$\psi(t)$ 可导且 $\varphi'(t)\neq 0$，则函数 $y=f(x)$ 可导且

$$y' = \frac{\mathrm{d}y}{\mathrm{d}x} = \frac{\psi'(t)}{\varphi'(t)}\ [t\in(\alpha,\beta)]$$

例 5 求摆线 $\begin{cases} x=a(t-\sin t) \\ y=a(1-\cos t) \end{cases}$ （a 为常数）在 $t=\frac{\pi}{2}$ 时的切线方程。

解：摆线上 $t=\frac{\pi}{2}$ 的点 M_0 为 $\left(\frac{(\pi-2)a}{2},\ a\right)$，又

$$\frac{\mathrm{d}y}{\mathrm{d}x} = \frac{[a(1-\cos t)]'_t}{[a(1-\sin t)]'_t} = \frac{\sin t}{1-\cos t} = \cot\frac{t}{2}$$

故摆线在 M_0 处的切线斜率 $y'\Big|_{t=\frac{\pi}{2}} = 1$。所求的切线方程为

$$y-a = x-\frac{(\pi-2)a}{2}，\text{即 } x-y+\frac{(4-\pi)a}{2} = 0$$

例 6 设炮弹从地平线上某点射出，初速的大小为 v_0，方向与地平线成 α 角。如果不计空气阻力，求：

(1) 炮弹在时刻 t 的速度;

(2) 如果中弹点 A 也在地平线上，求炮弹的射程。

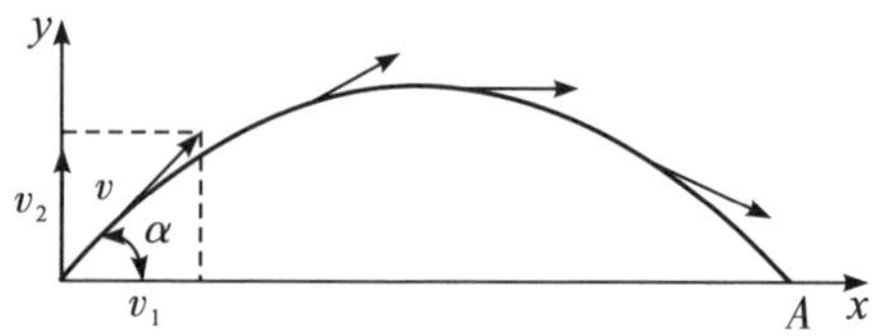

图 2－3

解：以发射点为原点，地平线为 x 轴，如图 2－3 所示坐标系。设时刻 t 炮弹所在位置为$(x(t),\ y(t))$，则

$$\begin{cases} x(t)=v_0t\cos\alpha \\ y(t)=v_0t\sin\alpha-\dfrac{1}{2}gt^2 \end{cases}$$

(1) 炮弹的运动是变速的曲线运动，它在时刻 t 的速度可由水平分速度 $v_2(t)$表示。而

$$v_1(t)=x'(t)=v_0\cos\alpha,\ v_2(t)=y'(t)=v_0\sin\alpha-gt$$

因此炮弹在时刻 t 的速度大小

$$|v|=\sqrt{v_1^2+v_2^2}=\sqrt{v_0^2-2v_0(\sin\alpha)gt+g^2t^2}$$

速度的方向(与 x 轴的夹角记为 θ)满足

$$\tan\theta=\frac{\mathrm{d}y}{\mathrm{d}x}=\frac{y'(t)}{x'(t)}=\frac{v_0\sin\alpha-gt}{v_0\cos\alpha}$$

(2) 中弹点 A 在 x 轴上，$y=0$，即

$$v_0t\sin\alpha-\frac{1}{2}gt^2=0$$

解此方程得中弹点 A 对应的时刻 $t_0=\dfrac{2v_0\sin\alpha}{g}$，故射程 $x(t_0)=\dfrac{v_0^2}{g}\sin2\alpha$

习题 2－4

1. 求下列方程确定的隐函数的导数 y'或在指定点的导数：

(1) $\sqrt{x}+\sqrt{y}=\sqrt{a}$ ($a>0$ 的常数)　　(2) $\arctan\dfrac{y}{x}=\ln\sqrt{x^2+y^2}$

(3) $x^2-y^2=1$　　(4) $x^2+2xy-y^2=2x$，在点$(2,\ 0)$

(5) $xy=x+\ln y$　　(6) $\cos(xy)=y$

2. 求曲线$\frac{x^2}{9}+\frac{y^2}{16}=1$在点$(-1,-1)$处的切线方程。

3. 用对数求导法求下列函数的导数：

（1）$y=(1+\cos x)^{\frac{1}{x}}$　　（2）$y=(x-1)\sqrt[3]{\frac{(x-2)^2}{x-3}}$

4. 求下列参数式函数的导数$\frac{\mathrm{d}y}{\mathrm{d}x}$或在指定点的导数：

（1）$\begin{cases}x=t\cos t\\ y=t\sin t\end{cases}$　　（2）$\begin{cases}x=t-\arctan t\\ y=\ln(1+t^2)\end{cases}$，$\left.\frac{\mathrm{d}y}{\mathrm{d}x}\right|_{t=1}$

（3）$\begin{cases}x=a\cos^3 t\\ y=b\sin^3 t\end{cases}$（$a$、$b$是正常数）

第五节　高阶导数

二维码 2－5

扫一扫，获取本节资源

本章第一节讨论变速直线运动时，速度函数在 $v(t)$ 是位置函数在 $s(t)$ 对在 t 的导数，即 $v(t)=s'(t)$。

加速度函数 $a(t)$ 是速度函数 $v(t)$ 对 t 的导数，即 $a(t)=v'(t)=[s'(t)]'$。因此，加速度函数 $a(t)$ 是位置函数 $s(t)$ 对 t 的导数，称为函数 $s(t)$ 的二阶导数。

一般地，函数 $y=f(x)$ 的导数仍是 x 的可导函数时，则称 $y'=f'(x)$ 为一阶导数。依次类推，有 $(y')'$ 为函数 $y=f(x)$ 的二阶导数，记作 y''，$f''(x)$ 或 $\frac{d^2y}{dx^2}$，$\frac{d^2f}{dx^2}$。

类似地，函数 $y=f(x)$ 的二阶导数的导数称为 $f(x)$ 的三阶导数，记作 y'''，$f'''(x)$ 或 $\frac{d^3y}{dx^3}$，$\frac{d^3f}{dx^3}$。一般地，$f(x)$ 的 $n-1$ 阶导数的导数称为函数 $f(x)$ 的 n 阶导数，记作 $y^{(n)}$，$f^{(n)}(x)$ 或 $\frac{d^ny}{dx^n}$，$\frac{d^ny}{dx^n}$。二阶以上的导数称为高阶导数。

在实际问题以及研究函数和曲线时，高阶导数有重要应用，下一章将学习这方面的内容。求高阶导数就是接连多次求导，因此可用函数的求导方法计算高阶导数，但一般函数的高阶导数的表达式是相当烦琐的。这里只介绍常用函数的高阶导数。

例 1　设函数 $y=2x^3-x^2+3$，求 $y^{(n)}$。

解：　$y'=6x^2-2x$，$y''=12-2$，$y'''=12$，…，$y^{(n)}=0\ (n\geqslant 4)$

例 2　设函数 $y=\sin x$，求 $y^{(n)}$。

解：

$$y'=\cos x=\sin\left(x+\frac{\pi}{2}\right),$$

$$y''=\cos\left[\cos\left(x+\frac{\pi}{2}\right)\right]\cdot\left(x+\frac{\pi}{2}\right)'=\sin\left(x+2\cdot\frac{\pi}{2}\right)$$

$$y'''=\cos\left(x+2\cdot\frac{\pi}{2}\right)=\sin\left(x+3\cdot\frac{\pi}{2}\right)$$

一般地，$y^{(n)}=\sin\left(x+n\cdot\frac{\pi}{2}\right)$，即

$$(\sin x)^{(n)}=\sin\left(x+n\cdot\frac{\pi}{2}\right)$$

类似可得

$$(\cos x)^{(n)}=\cos\left(x+n\cdot\frac{\pi}{2}\right)$$

例 3　设函数 $y=\ln(1+x)$，求 $y^{(n)}$。

解：$y'=\frac{1}{1+x}=(1+x)^{-1}$

$$y^{(n)}=[(1+x)^{-1}]^{(n-1)}$$
$$=(-1)(-2)\cdot\cdots\cdot[-1-(n-1)+1](1+x)^{-1-(n-1)}$$
$$=(-1)^{n-1}\frac{(n-1)!}{(1+x)^n}$$

例 4　设函数 $y=xe^x$，求 $y^{(n)}$。

解：由于 $y'=(xe^x)'=(x+1)e^x$，有 $y''=[(x+1)e^x]'=(x+2)e^x$，下面用归纳法证明

$$(xe^x)^{(n)}=(x+n)e^x$$

(1) $n=1$ 时，上式成立；

(2) 设 $n=k$ 时，$(xe^x)^{(k)}=(x+k)e^x$；当 $n=k+1$ 时，有

$$(xe^x)^{(k+1)}=[(xe^x)^{(k)}]'=[(x+k)e^x]'=(x+k+1)e^x$$

故结论成立。

由以上①②两部分的证明，可得 $(xe^x)^{(n)}=(x+n)e^x$，即

$$y^{(n)}=(x+n)e^x$$

习题 2－5

1. 求下列函数的二阶导数：

(1) $y=\frac{1}{x}+2^x$　　(2) $y=\sqrt{a^2-x^2}$（a 是常数）

(3) $y=e^{-t}\cos 2t$　　(4) $y=xe^{x^2}$

(5) $y=\ln\sqrt{1-x^2}$　　(6) $y=(\arccos x)^2$

2. 求下列函数的 n 阶导数：

(1) $y=\sin^2 x$　　(2) $y=\frac{1-x}{1+x}$

(3) $y=x\ln x$　　(4) $y=xe^{-x}$

第六节 微分及其应用

二维码 2-6

扫一扫，获取本节资源

前几节学习了函数的导数概念及一系列求导法则，现在讨论微分学中另一个基本概念——微分。实际问题中，分析运动过程时可以通过微小的局部运动状态的变化进而研究运动本身的变化量大小。这就需要考察变量的微小改变量的关系。对自变量的微小改变量的函数增量的研究，微分提供了表达这种增量的一种简便精确的计算方法。

一、微分的概念

先考察一个实例。

例 1 一块正方形金属薄片加热后，其边长由 x_0 变化为 $x_0+\Delta x$，此时薄片的面积改变了多少？

解：设此薄片的边长为 x、面积为 A，则 $A=x^2$。当自变量 x 有增量 Δx 时，相应的面积函数的增量为 ΔA，则

$$\Delta A=(x_0+\Delta x)^2-x_0^2=2x_0\Delta x+(\Delta x)^2$$

式中，ΔA 由两部分组成，一部分是 Δx 的线性函数 $2x_0\Delta x$，即图 2-4 中带有斜阴影线的两个矩形面积之和，即 $2(x_0\Delta x)$；另一部分是 $(\Delta x)^2$，即图中带有交叉斜线的小正方形的面积。只要 $|\Delta x|$ 很小，则 $2x_0\Delta x$ 是 ΔA 的主要部分，即 $\Delta A\approx 2x_0\Delta x$。特别是当 $\Delta x\to 0$ 时，$(\Delta x)^2$ 是 Δx 的高阶无穷小。

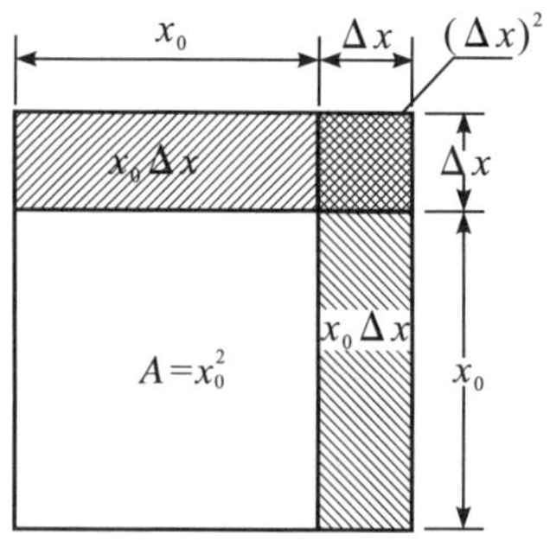

图 2-4

下面给出函数的微分的定义。

定义 设函数 $y=f(x)$ 的自变量 x 在 x_0 的某个邻域 $N(x_0,\delta)$ 内有定义，任意的 $x_0+\Delta x\in \mathbf{N}(x_0,\delta)$，相应的函数增量 $\Delta y[=f(x_0+\Delta x)-f(x_0)]$ 可表示为

$$\Delta y=A\cdot\Delta x+0(\Delta x),\tag{1}$$

其中 A 是与 Δx 无关的量，则称函数 $y=f(x)$ 在 x_0 处可微，且称 $A\cdot\Delta x$ 是 $f(x)$ 在 x_0 处的微分，记作 $\mathrm{d}y$。即

$$\mathrm{d}y=A\cdot\Delta x$$

当 $A\neq 0$ 时，$A\cdot\Delta x$ 是 Δy 的主要部分$(\Delta x\to 0)$。由于 $A\cdot\Delta x$ 是 Δx 的线性式，因此微分 $\mathrm{d}y(=A\cdot\Delta x)$ 称为 Δy 的线性主部$(\Delta x\to 0)$；且当 $|\Delta x|$ 很小时，有 $\Delta y\approx\mathrm{d}y$。同理得 $\Delta x\approx\mathrm{d}x$。

关于函数在某点可微的等价条件和 A 的简便计算方法，有下面的定理。

定理 1 函数 $y=f(x)$ 在 x_0 处可微的充要条件是 $f(x)$ 在 x_0 处可导且 $A=f'(x_0)$。

由定理 1 可见，函数 $y=f(x)$ 在 x_0 处的微分 $\mathrm{d}y=f'(x_0)\Delta x$，用可导来计算微分就很方便了。

由于函数 $y=x$ 的微分 $\mathrm{d}y=1\cdot\Delta x$，即 $\Delta x\approx\mathrm{d}x$，因此 $\mathrm{d}x$ 又称为自变量的微分。通常把函数 $y=f(x)$ 在 x 处的微分写成

$$\mathrm{d}y=f'(x)\mathrm{d}x\tag{2}$$

如函数 $y=\sin x$ 的微分 $\mathrm{d}y=\cos x\mathrm{d}x$，函数 $y=\ln x$ 的微分 $\mathrm{d}y=\frac{1}{x}\mathrm{d}x$ 等。

由本章第一节式(2)知 $f'(x)=\frac{\mathrm{d}y}{\mathrm{d}x}$。原来的 $y'=\frac{\mathrm{d}y}{\mathrm{d}x}$ 是一个完整的记号，表示函数 y 对 x 的导数，现在可看成函数的微分与自变量的微分之商，所以导数又叫微商。微分的几何意义说明，函数微小的改变量是可以计算的。

例 2 求函数 $y=x^2$ 在 $x=1$ 处且 Δx 分别为 0.1 和 0.01 时的增量与微分。

解：$\Delta x=0.1$ 时，$\Delta y=(1+0.1)^2-1^2=0.21$，$\mathrm{d}y=y'(1)\Delta x=0.2$

$\Delta x=0.01$ 时，$\Delta y=(1+0.01)^2-1^2=0.0201$，$\mathrm{d}y=y'(1)\Delta x=0.02$

例 3 将摆长 l 由 100 cm 增长 1 cm，求周期 T 的增量与微分。

解：因为周期 T 与摆长 l 的函数关系是 $T=2\pi\sqrt{\frac{l}{g}}$，$\frac{\mathrm{d}T}{\mathrm{d}l}=\frac{\pi}{\sqrt{gl}}$，于是

$$\Delta T=2\pi\sqrt{\frac{101}{g}}-2\pi\sqrt{\frac{100}{g}}\approx 0.010010$$

$$\mathrm{d}T=T'(100)\Delta l=\frac{\pi}{10\sqrt{g}}\approx 0.010035$$

这里的 ΔT 与 dT 很接近，但 dT 计算简便。

例 4 求函数 $y=x\ln x$ 的微分。

解：先求导数 $(x\ln x)'=1+\ln x$，再使用微分定义，有

$$dy=(1+\ln x)dx$$

为了直观理解函数的微分，下面说明微分的几何意义。

设函数 $y=f(x)$ 的图象如图 2－5 所示，曲线上有点 $M(x_0,y_0)$，$N(x_0+\Delta x, y_0+\Delta y)$，则有向线段 $MQ=\Delta x$，$QN=\Delta y$。过点 M 作曲线的切线 MT 交 QN 于点 P，MT 的倾角为 α，则有向线段

$$QP=MQ\cdot\tan\alpha=\Delta x\cdot f'(x_0)=dy$$

即微分 dy 是曲线在 M 处的切线上的纵坐标相应于 Δx 的增量。当 $|\Delta x|$ 很小，（即切点 M 的临近），曲线 $y=f(x)$ 与它在 M 处的切线非常贴近。因此，由微分的几何意义又可看出，当 $f'(x_0)\neq 0$ 时，只要 $|\Delta x|$ 很小，则有 $\Delta x\approx dx$；也有 $\Delta y\approx dy$。这就明确了任何微小的变化都是可以计算的。

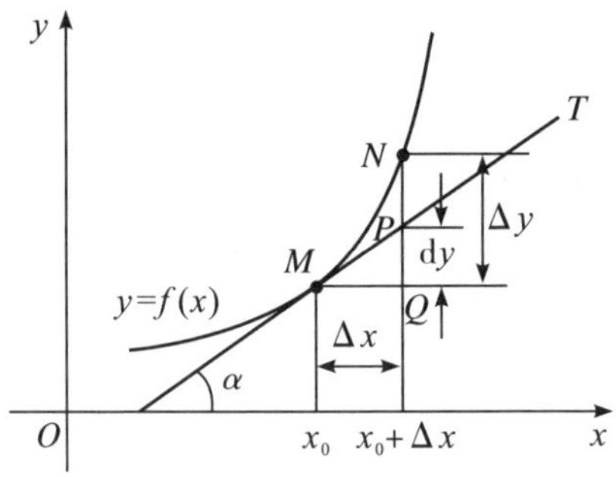

图 2－5

二、常数和基本初等函数的微分公式与微分运算法则

虽然微分可以通过导数来计算，但在微分的应用中，特别是在积分计算中，需要微分的基本公式和运算法则。下面在导数公式的基础上，由微分定义写出微分公式。

1. 常数和基本初等函数的微分公式

由基本初等函数的导数公式、导数与微分的关系，得到基本初等函数的微分公式：

（1）$dc=o$（c 为常数）　　（2）$d(x^n)=nx^{n-1}dx$（$n\in\mathbf{R}$）

（3）$d\sin x=\cos x dx$　　（4）$d\cos x=-\sin x dx$

(5) $\mathrm{d}\tan x=\sec^2 x\mathrm{d}x$　　(6) $\mathrm{d}\cot x=-\csc^2 x\mathrm{d}x$

(7) $\mathrm{d}\sec x=\sec x\tan x\mathrm{d}x$　　(8) $\mathrm{d}\csc x=-\csc x\cot x\mathrm{d}x$

(9) $\mathrm{d}\arcsin x=\dfrac{\mathrm{d}x}{\sqrt{1-x^2}}$　　(10) $\mathrm{d}\arccos x=-\dfrac{\mathrm{d}x}{\sqrt{1-x^2}}$

(11) $\mathrm{d}\arctan x=\dfrac{\mathrm{d}x}{1+x^2}$　　(12) $\mathrm{d}\mathrm{arccot}x=-\dfrac{\mathrm{d}x}{1+x^2}$

(13) $\mathrm{d}\ln|x|=\dfrac{\mathrm{d}x}{x}$　　(14) $\mathrm{d}\log_a x=\dfrac{\mathrm{d}x}{x\ln a}$ $(a>0,\ a\neq 1)$

(15) $\mathrm{d}e^x=e^x\mathrm{d}x$　　(16) $\mathrm{d}(a^x)=a^x\ln a\mathrm{d}x$ $(a>0,\ a\neq 1)$

2. 函数的和差积商的微分法则

由函数的和差积商的求导法则、导数与微分的关系，便得函数的和差积商的微分法则。

设函数 $u=u(x)$，$v=v(x)$可微，则

(1)　$\mathrm{d}(u\pm v)=\mathrm{d}u\pm\mathrm{d}v$

(2)　$\mathrm{d}(u\cdot v)=v\mathrm{d}u+u\mathrm{d}v$

(3)　$\mathrm{d}(cu)=c\mathrm{d}u$（$c$ 为常数）

(4)　$\mathrm{d}\left(\dfrac{u}{v}\right)=\dfrac{v\mathrm{d}u-u\mathrm{d}v}{v^2}$ $(v\neq 0)$

3. 复合函数的微分法则

定理 2　设函数 $y=f(u)$可导，无论 u 是自变量还是另一个变量的可导函数，微分 $\mathrm{d}y=f'(u)\mathrm{d}u$ 总成立。这个法则称为一阶导数形式的不变性(或一阶微分形式的不变性)。

例 5　函数 $y=\cos^2 2x$，求 $\mathrm{d}y$。

解法 1　把$\cos^2 2x$ 看成中间变量，由一阶微分形式不变性，有

$$\mathrm{d}y=\mathrm{d}(\cos^2 2x)=2\cos 2x\mathrm{d}(\cos 2x)$$

求 $\mathrm{d}(\cos 2x)$时，再把 $2x$ 看成中间变量，有

$$\mathrm{d}y=2\cos 2x(-\sin 2x)\mathrm{d}(2x)=-2\sin 4x\mathrm{d}x$$

解法 2　由于$\cos^2 2x=\dfrac{1}{2}(1+\cos 4x)$，因此

$$\begin{aligned}\mathrm{d}y&=\mathrm{d}\left[\frac{1}{2}(1+\cos 4x)\right]\\&=\frac{1}{2}\mathrm{d}(\cos 4x)=\frac{1}{2}(-\sin 4x)\mathrm{d}(4x)\\&=-2\sin 4x\mathrm{d}x\end{aligned}$$

此题还有两种以上解法，请思考。

例 6 用一阶微分形式的不变性法则求本章第三节例 5 中的函数 $y=e^{\sin\frac{1}{x}}$ 的导数。

解：
$$d(e^{\sin\frac{1}{x}})=e^{\sin\frac{1}{x}}d\left(\sin\frac{1}{x}\right)=e^{\sin\frac{1}{x}}\cos\frac{1}{x}d\left(\frac{1}{x}\right)$$
$$=-\frac{1}{x^2}e^{\sin\frac{1}{x}}\cos\frac{1}{x}dx$$

从而
$$y'=-\frac{1}{x^2}e^{\sin\frac{1}{x}}\cos\frac{1}{x}$$

例 7 证明参数式函数的求导公式 $\frac{dy}{dx}=\frac{dy/dt}{dx/dt}\left(\frac{dx}{dt}\neq 0\right)$。

证： 设参数方程 $x=\varphi(t)$，$y=\psi(t)$，确定函数 $y=y(x)$，$\varphi(t)$，$\psi(t)$ 可导且 $\varphi'(t)\neq 0$。

由导数与微分的关系和一阶微分形式不变性，有
$$\frac{dy}{dx}=\frac{y'dt}{x'dt}=\frac{\psi'(t)}{\varphi'(t)}$$
这正是本章第四节的求导法则Ⅵ。

例 8 用微分求由方程 $\begin{cases}x=a(t-\sin t)\\y=a(1-\cos t)\end{cases}$（$a$ 为常数，$t\neq 2n\pi$，$n\in\mathbf{Z}$）确定的函数的导数 $\frac{dy}{dx}$。

解：
$$\frac{dy}{dx}=\frac{d[a(1-\cos t)]}{d[a(t-\sin t)]}$$
$$=\frac{a\sin t dt}{a(1-\cos t)dt}=\cot\frac{t}{2}\ (t\neq 2n\pi,\ n\in\mathbf{Z})$$

读者可练习用微分求 $\frac{d^2y}{dx^2}$。

例 9 用微分求由方程 $4x^2-xy-y^2=6$ 的确定的隐函数 $y=y(x)$ 的微分与导数 $(x+2y\neq 0)$。

解： 方程两端分别求微分，有
$$8xdx-(ydx+xdy)-2ydy=0$$
故 $(x+2y)dy=(8x-y)dx$。当 $x+2y\neq 0$ 时
$$dy=\frac{8x-y}{x+2y}dx\quad y'=\frac{8x-y}{x+2y}$$

这个题也可以先进行隐函数的求导，再定义微分。

例 10 求一个函数微分的应用$f(x)$，使其微分等于$\frac{\mathrm{d}x}{x\cos^2(\ln x)}$。

解：此题是已知函数$f(x)$的微分，求$f(x)$。与前面求已知函数的微分是相反的问题，解题的思路也相反。

由于
$$\frac{\mathrm{d}x}{x\cos^2(\ln x)}=\frac{\mathrm{d}(\ln x)}{\cos^2(\ln x)}=\sec^2(\ln x)\mathrm{d}(\ln x)$$
$$=\mathrm{d}(\tan\ln x)$$

因此可取
$$f(x)=\tan(\ln x)+c\ (c\text{ 为常数})$$

三、微分在近似计算中的应用

当$f'(x_0)\neq0$，$|\Delta x|$很小时，$\Delta y\approx\mathrm{d}y$，即
$$\Delta y=f(x_0+\Delta x)-f(x_0)\approx f'(x_0)\Delta x \tag{3}$$
记$x_0+\Delta x=x$，由式(3)可得
$$f(x)\approx f(x_0)+f'(x_0)(x-x_0)=f(x_0)+f'(x_0)\Delta x \tag{4}$$
式(3)、式(4)分别表示了用微分近似计算函数增量与函数值的公式。

在式(4)中令$x_0=0$，有
$$f(x)\approx f(0)+f'(0)x \tag{5}$$

应用式(5)可得方程上常用的近似公式。当$|x|$很小时，有：

(Ⅰ) $\sqrt[n]{1+x}\approx1+\frac{x}{n}$ (Ⅱ) $\sin x\approx x$ (x 以弧度为单位)

(Ⅲ) $\ln(1+x)\approx x$ (Ⅳ) $\tan x\approx x$ (x 以弧度为单位)

(Ⅴ) $\ln(1+x)\approx x$

证：现在验证(Ⅰ)，其余 4 个式子可类似证明。

取$f(x)=\sqrt[n]{1+x}$，于是
$$f'(x)=\frac{1}{n}(1+n)^{\frac{1}{n}-1}$$

由$f'(0)=\frac{1}{n}$，代入式(5)，有
$$\sqrt[n]{1+x}\approx1+\frac{x}{n}$$

例 11 计算$\sqrt[6]{65}$的近似值。

解法 1：因用近似公式(Ⅰ)要求$|x|$很小，所以先做恒等变形再用公式(Ⅰ)，有

$$\sqrt[6]{65}=\sqrt[6]{1+2^6}=2\cdot\sqrt[6]{1+\frac{1}{64}}\approx 2\left(1+\frac{1}{6}\times\frac{1}{64}\right)=2.0052$$

对使用微分近似公式，分四步：明确函数；求导；计算特殊点函数和导数的值；求任意函数值。

解法2：上式中的函数是$f(x)=\sqrt[6]{x}$，而导数$f'(x)=\frac{1}{6}x^{-\frac{5}{6}}$，特殊点和改变量分别为$x_0=64$，$\Delta x=1$。用$f(x)\approx f(x_0)+f'(x_0)\Delta x$，即

$$f(x)\approx f(x_0)+f'(x_0)\Delta x\Rightarrow\sqrt[6]{65}\approx\sqrt[6]{64}+\frac{1}{6}(64)^{-\frac{5}{6}}\cdot 1=2.0052$$

注意：在所有导数和微分计算中，学习者都必须遵循的计算规律是先化简后求导、先法则后公式的计算原则。

习题2－6

1. 设函数$y=x^3$，计算在$x=2$处，Δx分别等于-0.1、0.01时的增量Δy及微分dy。

2. 求下列函数的微分dy：

(1) $y=\frac{x}{1-x}$　　(2) $y=\ln\left(\sin\frac{x}{2}\right)$

(3) $y=\arcsin\sqrt{1-x^2}$　　(4) $y=e^{-x}\cos(3-x)$

(5) $y^2+\ln y=x^4$　　(6) $y=\sin^2u$，$u=\ln(3x+1)$

3. 将适当的函数填入括号内使等式成立：

(1) $x\mathrm{d}x=\mathrm{d}(\quad)$　　(2) $\frac{\mathrm{d}x}{1+x}=\mathrm{d}(\quad)$

(3) $\sin 2x\mathrm{d}x=\mathrm{d}(\quad)$　　(4) $e^{-3x}\mathrm{d}x=\mathrm{d}(\quad)$

(5) $\mathrm{d}(\arctan e^{2x})=(\quad)\mathrm{d}e^{2x}=(\quad)\mathrm{d}x$

(6) $\mathrm{d}[\sin(\cos x)]=(\quad)\mathrm{d}\cos x=(\quad)\mathrm{d}x$

(7) $x^2\cos(1-x^3)\mathrm{d}x=(\quad)\mathrm{d}(1-x^3)=\mathrm{d}(\quad)$

4. 用微分求由方程$x+y=\arctan(x-y)$确定的函数$y=y(x)$的微分与导数。

5. 利用微分或近似公式求近似值：

(1) $\tan 46°$　　(2) $e^{1.01}$　　(3) $\sqrt[3]{996}$

(4) $\ln 1.001$　　(5) $\arctan 1.02$

6. 已知单摆的振动周期 $T=2\pi\sqrt{\frac{l}{g}}$，其中 $g=980\ \text{cm/s}^2$，l 为摆长(单位为 cm)，设原摆长为 20 cm，为使周期 T 增大 0.05 s，摆长约需加长多少？

7. 设扇形的圆心角 $\alpha=60°$，半径 $R=100$ cm，如果 R 不变，α 减少 $30'$，问扇形面积大约改变多少？又如果 α 不变，R 增加 1 cm，问扇形的面积大约改变多少？

第三章　中值定理和导数的应用

上一章以实际问题的变化率为背景，抽象出函数的导数概念，讨论了导数的计算方法。这一章将用导数来研究函数性质。由于函数在一点的导数仅反映函数在这点邻近的局部性态，因此要用导数研究函数的整体性态。首先必须在函数的定义区间内寻求与之联系的因变量、自变量和导数之间的数量关系式，这就是本章的中值定理。然后，在中值定理的基础上讨论用导数研究函数的单调性、极值和最值，其图象的绘图规律，以及求未定式极限的方法。

第一节　中值定理和函数的单调性

二维码 3－1
扫一扫，获取
第一、二节资源

引理　若函数 $y=f(x)$ 在区间 I 内的 x_0 处可导且取得最值，则 $f'(x_0)=0$。

下面以引理为基础建立两个微分中值定理。

一、罗尔定理

定理 1［罗尔(Rolle)定理］　若函数 $f(x)$ 满足：

(1) 在闭区间 $[a,b]$ 上连续；

(2) 在开区间 (a,b) 内可导；

(3) $f(a)=f(b)$。

则在 (a,b) 内至少存在一点 ξ，使得

$$f'(\xi)=0$$

罗尔定理的几何意义如图 3－1 所示。

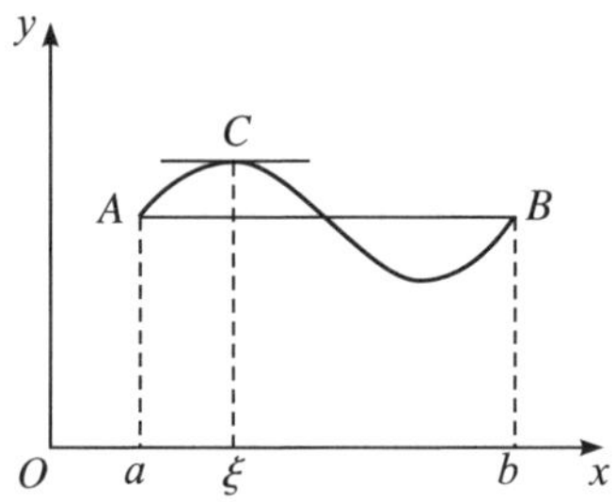

图 3－1

二、拉格朗日定理

定理 2［拉格朗日(Lagrange)定理］　函数 $f(x)$ 满足：

(1) 在闭区间 $[a,b]$ 上连续；

(2) 在开区间 (a,b) 内可导。

则在 (a,b) 内至少存在一点 ξ，使

$$f(b)-f(a)=f'(\xi)(b-a)$$

拉格朗日定理的几何意义如图 3－2 所示。

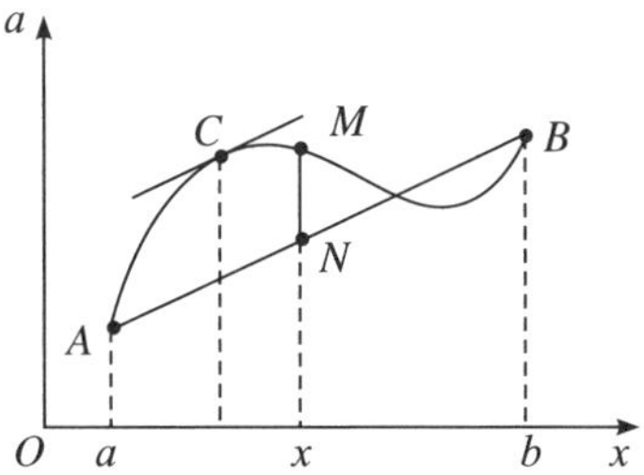

图 3-2

推论 1　函数 $f(x) \approx f(0) + f'(0)x$ 在闭区间 $[a,b]$ 上连续，在开区间 (a, b) 内 $f'(x) \equiv 0$，则 $f(x) \equiv C$（C 为常数），$x \in [a,b]$。

推论 2　在区间 (a,b) 内 $f'(x) = g'(x)$，则 $f(x) = g(x) + C$（C 为常数），$x \in (a,b)$。

三、函数的单调性

函数的单调性是函数的主要性质之一，由拉格朗日定理可得(用导数)判断函数单调性的重要定理。

定理 3　设函数 $f(x)$ 在闭区间 $[a,b]$ 上连续，在开区间 (a,b) 内可导且 $f'(x) > 0$（<0），则函数 $f(x)$ 在闭区间 $[a,b]$ 上单调增加(减少)，如图 3-3 所示。

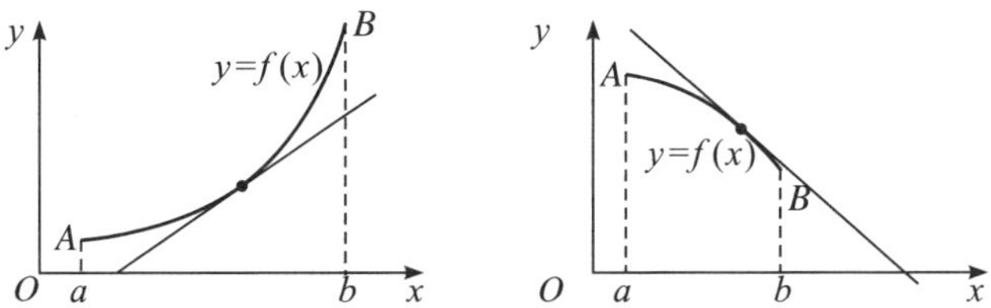

（a）单调增加　　（b）单调减少

图 3-3

必须说明：定理 3 中的条件“在开区间 (a,b) 内 $f'(x) > 0$（<0）”可以降低为“在开区间 (a,b) 内除个别点导数不存在或导数为零外，都有 $f'(x) > 0$（<0）”。其他条件不变，则原来的结论仍成立。定理 3 中的区间换成其他各种区间，结论也成立。证明方法类似，其导数几何意义不变。

例 1　证明函数 $f(x) = x^5 + x - 1$ 在 $\mathbf{R}$ 上单调增加。

证：任意 $x \in \mathbf{R}$，$f'(x) = 5x^4 + 1 > 0$。由定理 3 可知，$f(x)$ 在 $\mathbf{R}$ 上单调

增加。

用定理 3 求一般函数的单调区间时，可在函数的定义域内用导数为零点和导数不存在的点划分函数的定义域，使$f'(x)$在各个部分区间内保持固定的符号，最后确定函数的单调区间。

例 2 求函数$y=\dfrac{(x-2)^3}{x}$的单调区间。

解：函数的定义域为$(-\infty,0)\cup(0,+\infty)$。

任意$x\neq0$，$y'=\dfrac{2(x-2)^2(x+1)}{x^2}$，令$y'=0$，解得$x_1=2$，$x_2=-1$。

在区间$(-\infty,-1)$内，$y'<0$。由定理 3 可知，$(-\infty,-1)$是函数y的单调减少区间。

在区间$(-1,0)$，$(0,2)$，$(2,+\infty)$内，$y'>0$。由于函数y在$x=0$处无定义，而在$x=2$处连续，所以区间$(-1,0)$，$(0,+\infty)$是函数y的单调增加区间。

为了简明、直观地求函数的单调区间，在定义域内求得函数的导数为零的点和导数不存在的点以后，可用表格表示。如例 2 可列表如下：

x	$(-\infty,-1)$	-1	$(-1,0)$	$(0,2)$	2	$(2,+\infty)$
y'	$-$	0	$+$	$+$	0	$+$
y	↘		↗	↗		↗

表中第一行是函数的定义域被导数为零的点和导数不存在的点分割成的各个部分(0 不在定义域内，所以不列在表中)；第二行是对应着第一行的各部分导数的符号，如在定义域内的某个点导数不存在，则在第二行的对应位置用“×”表示；第三行是对应着第一行函数定义域各部分的函数值增、减情形，并分别用箭头“↗”“↘”表示。

由以上表格可见，$(-\infty,-1)$是函数的单调减少区间，$(-1,0)$，$(0,+\infty)$是函数的单调增加区间。

例 3 求函数$y=(2x-5)x^{\frac{2}{3}}$的单调区间。

解：函数y的定义域为$(-\infty,+\infty)$。

$$y'=(2x^{\frac{5}{3}}-5x^{\frac{2}{3}})'=\frac{10}{3}x^{\frac{2}{3}}-\frac{10}{3}x^{-\frac{1}{3}}=\frac{10(x-1)}{3x^{\frac{1}{3}}}$$

函数y在$x=0$处不可导，$y'(1)=0$。列表如下：

x	$(-\infty,0)$	0	$(0,1)$	1	$(1,+\infty)$
y'	+	×	−	0	+
y	↗		↘		↗

由以上表格可见，$(-\infty,0)$，$(1,\infty)$是函数的单调增加区间；$(0,1)$是函数的单调减少区间。

习题 3－1

求下列函数的单调区间：

(1) $y=x^3-3x^2$　　(2) $y=2-(x-1)^{\frac{2}{3}}$

(3) $y=(x-1)(x+1)^3$　　(4) $y=x^2e^{-x}$

(5) $y=x-e^x$　　(6) $y=x-2\sin x$，$x\in[0,2\pi]$

第二节 函数的极值与最值

在生产和科学实验中，要求优质、高产、低消耗，反映在数学上就是优化问题，其中最基本的是求函数的最大(小)值问题。因此，讨论函数的最值有重要的应用价值。函数的最值与极值有密切的关系，而且极值也是函数的重要性质之一。由本章第一节罗尔定理可知，函数的导数为零的点一定存在极值点。这一节先用导数研究函数的极值，再利用极值讨论函数的最值。

一、函数的极值

定义 设函数 $f(x)$ 在 x_0 的某邻域 $N(x_0,\delta)$ 内有定义，$x\in N(\hat{x}_0,\delta)$ 时，有 $f(x)<f(x_0)$ $[f(x)>f(x_0)]$，则称 $f(x_0)$ 为函数 $f(x)$ 的一个极大(小)值。函数的极大值与极小值统称为函数的极值，使函数取得极值的点称为函数的极值点，一阶导数左右变号的点一定是函数的极值点。

必须指出：

(1) 函数的极值是局部概念，未必是整个定义域上的最值，且极值点不能是定义区间的端点；而函数的最值是整体概念，是整个定义域上的最大(小)值，且最值点可以是定义区间的端点。

(2) 取得极值的点一定是一阶导数左右变号的点。

下面讨论连续函数的极值点的求法。

在极值点处函数的导数为零，通常使函数的导数为零的点称为函数的驻点。关于函数的极值点有下面的必要条件。

定理1(必要条件) 若点 x_0 是函数 $y=f(x)$ 的极值点，则 x_0 是 $f(x)$ 的驻点或导数不存在的点。

必须指出：定理1的逆命题是不成立的。如函数 $y=x^3$ 的驻点 $x=0$ 不是它的极值点，如图3-4所示。对于导数不存在的点，但不是函数的极值点的反例请自证。

综上所述，函数的极值点是它的驻点或导数不存在的点；反之，函数的驻点和导数不存在的点未必是它的极值点。通常把函数在定义域内的驻点和导数不存在的点称为函数的可能极值点。

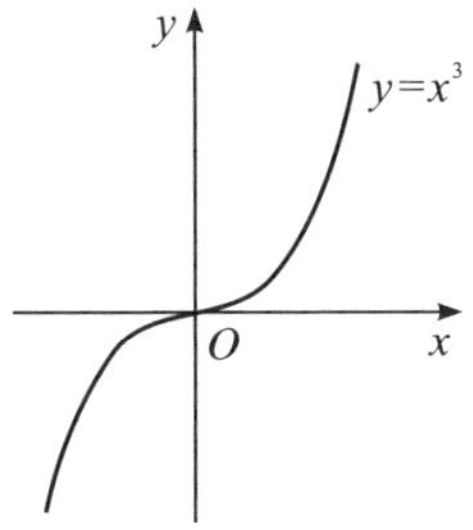

图 3－4

观察图 3－4 中的极值点可见，极值点是函数的单调增加与单调减少区间的分界点。由单调性的判定定理立刻可得极值点的第一判定定理。

定理 2（第一充分条件）　设函数 $f(x)$ 在 x_0 处连续且在 x_0 的某个去心邻域内可导，则

（1）在去心邻域内，如果 $x<x_0$ 时有 $f'(x)>0$（<0），而 $x>x_0$ 时有 $f'(x)<0$（>0），那么 x_0 为 $f(x)$ 的极大（小）值点。

（2）若 $f'(x)$ 在 x_0 的左右同号，那么 x_0 不是 $f(x)$ 的极值点。

函数 $f(x)$ 的极大点、极小点和非极值点如图 3－5 所示。

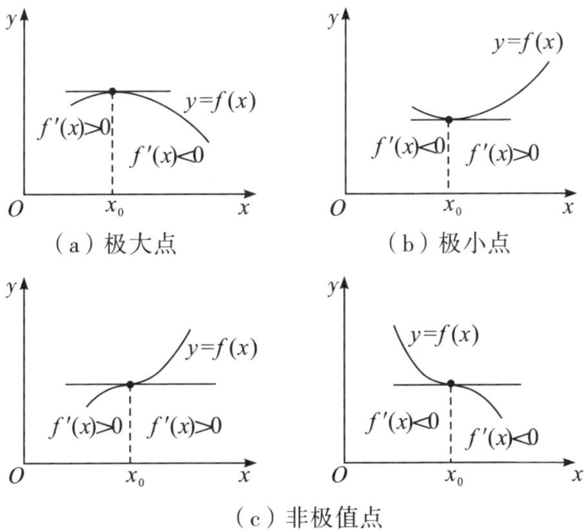

图 3－5

使用定理 2 求函数的极值时，可采用类似上一节求单调区间时的列表法：在定义域内确定函数的单调增加与单调减少区间的分界点，即得函数的

极值点。

如果函数存在二阶导数且易于计算，则可直接在函数的驻点处求二阶导数来进行判断。这也是利用二阶导数求极值的方法。一般无须考察函数在驻点左右一阶导数的符号。

定理3（第二充分条件） 设 x_0 是函数 $f(x)$ 的驻点，且 $f''(x_0)\neq 0$，如果 $f''(x_0)>0$（<0），则 x_0 是原函数 $f(x)$ 的极小（大）值点。

必须指出：

（1）在应用定理3时，注意检验"x_0 是 $f(x)$ 的驻点"；

（2）若 $f''(x_0)=0$，这时 x_0 可能是极大值点，也可能是极小值点，还可能不是极值点。

如 $x=0$ 对函数 $y_1=-x^4$，$y_2=x^4$，$y_3=x^3$ 就分别属于如图3－5（a）、（b）、（c）所示的三种情形，这时必须用定理2（第一充分条件）判断。

例1 求函数 $y=(2x-5)x^{\frac{2}{3}}$ 的极值。

解：由本章第一节例3知，y' 在 $x=0$ 处的左、右区间变号，且左增右减，所以 $y(0)=0$ 是函数的极大值；y' 在 $x=1$ 处的左、右区间变号，且左减右增，所以 $y(1)=-3$ 是函数的极小值。此题是用一阶导数计算函数极值。

例2 求函数 $y=2x^3-3x^2-12x+25$ 的极值。

解：由于多项式函数易于求二阶导数，因此用定理3求。

（1）$y'=6x^2-6x-12=6(x+1)(x-2)$，$y$ 有驻点 $x_1=-1$，$x_2=2$。

（2）$y''=12x-6=6(2x-1)$。

（3）$y''(-1)=-18<0$，故 y 有极大值 $y(-1)=32$。

$y''(2)=18>0$，故 y 有极小值 $y(2)=5$。

例3 求函数 $f(x)=(x^2-1)^3+1$ 的极值。

解：由于 $f(x)$ 是偶函数，因此先讨论 $x\geq 0$ 的情形。

（1）$f'(x)=6x(x^2-1)^2$，$f(x)$ 有驻点 $x_1=0$，$x_2=1$。

（2）$f''(x)=6(x^2-1)(5x^2-1)$。

（3）$f''(0)=6>0$，故 $f(x)$ 有极小值 $f(0)=0$。

$f''(1)=0$ 不能用定理3判断，由于在 $x=1$ 左右邻近 $f'(x)>0$，由定理2，$x=1$ 不是 $f(x)$ 的极值点。

综上所述，函数 $f(x)$ 只有一个极小值 $f(0)=0$。

二、函数的最值

随着函数定义域的不同，函数最值的情况有很大的差别：第一章的最值定理，说明了闭区间上的连续函数一定有最大值和最小值；而对于开区间，情形就复杂多了，但不管什么情形，函数的最值点如果位于定义区间的内部，则最值点总是函数的可能极值点。下面就几种主要的，也是常用的简单情形讨论如下：

(1) 函数$f(x)$在闭区间$[a,b]$上连续且至多存在有限多个可能极值点。这时，函数$f(x)$的最值点可能是区间的端点也可能是区间内的驻点可能极值点。求法如下：

在开区间(a,b)内求函数$f(x)$的所有可能极值点，设为x_1，x_2，…，x_n，记

$$M=\max\{f(x_1),\ \cdots,\ f(x_n),\ f(a),\ f(b)\}$$

$$m=\min\{f(x_1),\ \cdots,\ f(x_n),\ f(a),\ f(b)\}$$

则M，m分别是$f(x)$在$[a,b]$上的最大值、最小值。

(2) 函数$f(x)$在一般区间(包括无穷区间)上连续，且有唯一的可能极值点(设为x_0)，若x_0是函数$f(x)$的极大(小)值点，可以知道：这时x_0也是$f(x)$的最大(小)值点。

(3) 如根据实际问题的性质，可断定连续的目标函数$f(x)$在定义区间内一定取得最大(小)值，而在定义区间内$f(x)$有唯一的可能极值点x_0，则可直接断定x_0就是函数$f(x)$的最大(小)值点。

例 4　求函数$y=(2x-5)x^{\frac{2}{3}}$在区间$[-1,2]$上的最大值和最小值。

解：函数y在$[-1,2]$上连续，由于$y'=\dfrac{10(x-1)}{3x^{\frac{1}{3}}}$，$y'(1)=0$，$y$在$x=0$不可导，故

$$y_{\max}=\max\{y(-1),\ y(2),\ y(0),\ y(1)\}$$

$$=\max\{-7,-2^{\frac{2}{3}},0,-3\}=0$$

$$y_{\min}=\min\{-7,-2^{\frac{2}{3}},0,-3\}=-7$$

例 5　某厂上午班(8:00—12:00)工人的工作效率的研究表明，一个中等技术水平的工人早上8点开始工作，t小时后共生产$Q(t)=-t^3+6t^2+45t$个产品，问在早上几点钟这个工人工作效率最高?

解：这个工人的工作效率就是生产的产品率，即$Q(t)$的导数。设$R(t)=Q'(t)$，则这个工人工作效率最高的时间(上班以后的工作时间)即函数$R(t)$的最大值点。由于

$R'(t) = -3t^2 + 12t + 45,\ t \in [0,4]$

$R''(t) = -6t + 12$，$t = 2$ 时 $R''(t) = 0$

$\max\{R'(0), R'(4), R'(2)\} = \max\{45, 45, 57\} = 57$

所以，当 $t = 2$，即上午 10 点，这个工人的工作效率最高。

例 6 将边长为 a 的正方形铁皮于四角处剪去相同的小正方块，然后折起各边焊成一个容积最大的无盖盒，问剪去的小正方块的边长为多少？

解：设剪掉的小正方形的边长为 x，则盒的底边长为 $a-2x$，高为 x，则盒的容积

$$V = x(a-2x)^2 \quad (0 < x < \frac{a}{2})$$

由于
$$V' = (a-2x)^2 - 4x(a-2x) = (a-2x)(a-6x)$$

因此，在$\left(0,\ \frac{a}{2}\right)$内，函数 V 只有一个可能极值点 $x = \frac{a}{6}$；又

$$V'' = 24x - 8a,\ V''(\frac{a}{6}) = -4a < 0$$

从而 $x = \frac{a}{6}$是函数 V 的极大值点，即 $x = \frac{a}{6}$时有最大容积 $V = \frac{2a^3}{27}$。

例 7 一盏灯悬挂在半径为 r 的圆桌中心的上方，问悬挂的高度为多少时，桌子边缘有最强的照度(照度与光线入射角 a 的余弦成正比，与离光源的距离的平方成反比)？

解：设灯与桌面的距离为 h，与桌面边缘的距离为 R，则桌面边缘的照度

$$A = k \cdot \frac{\cos a}{R^2} = \frac{kh}{R^3} = k\frac{h}{(r^2+h^2)^{\frac{3}{2}}} \quad (h > 0)$$

$$A' = k\frac{r^2 - 2h^2}{(r^2+h^2)^{\frac{5}{2}}}$$

A 有唯一的可能极值点 $h = \frac{\sqrt{2}r}{2}$。由于灯泡一定存在一个悬吊的高度使桌面边缘的照度最强，因此高度 $h = \frac{\sqrt{2}r}{2}$。

习题 3-2

1. 求下列函数的极值点与极值：

(1) $y = 2x^3 + 3x^2 - 12x + 5$ (2) $y = x - 1 + \frac{1}{x-1}$

(3) $y=x\ln x$　　　　　　(4) $y=x-\arctan x$

2. 设函数 $f(x)=a\ln x+bx^2+x$ 在 $x_1=1$，$x_2=2$ 处都取得极值，求 a，b 的值，并讨论 $f(x)$ 在 x_1，x_2 处取得极大值还是极小值。

3. 求下列函数的最值点和最值：

(1) $f(x)=\sqrt{5-4x}$，$x\in[-1,1]$；

(2) $f(x)=x^4-8x^2+2$，$x\in[-1,3]$；

(3) $f(x)=1+\dfrac{36x}{(x+3)^2}$，$x\in[0,4]$；

(4) $y=\sin 2x-x$，$x\in\left[-\dfrac{\pi}{2},\dfrac{\pi}{2}\right]$。

4. 半径为 R 的圆形薄片中剪去一个扇形(见图 3－6)，问留下的扇形的中心角 φ 多大时，使卷起所得的圆锥形容器具有最大容积。

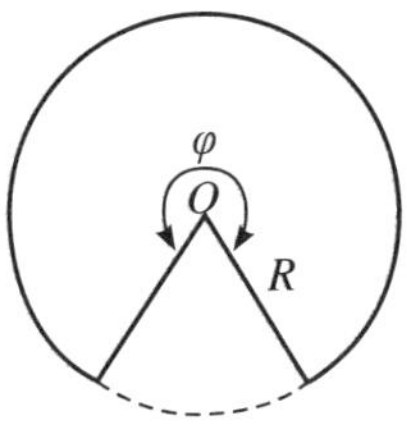

图 3－6

5. 在基本电路中，若只有电源电动势 E 和内阻 r(E，r 均为常数)，问负载电阻多大时输出功率 P 最大，并求输出功率的最大值。

6. 设水平面上有质量 m 为 5 kg 的物体，受力 F 的作用开始移动(见图 3－7)，R 为摩擦力，摩擦系数 $\mu=0.25$。问力与水平线的夹角 α 为多少时才可使力 F 的大小为最小?

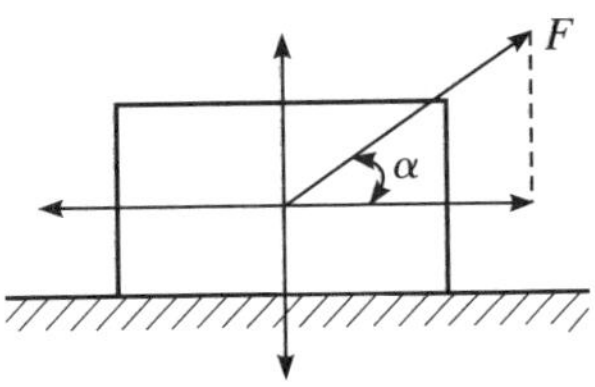

图 3－7

7. 制造容积 V 为 $16\pi\ \text{m}^3$ 的有盖圆柱形容器，问半径 r 与高 h 各为多少时可使用料最省。

第三节　曲线弧的性质与函数的分析作图法

二维码 3-2

扫一扫，获取本节资源

在讨论曲线运动和描绘函数的图形时，仅有函数的单调性、极值和最值还不够，因此需要讨论曲线的弯曲方向。另外，对于范围无限的曲线，如果有渐近线，则可以了解曲线无限伸展时的性态，这对于描绘曲线是很有帮助的。因此，有必要讨论曲线的渐近线，并在此基础上讨论函数的分析作图法。

一、曲线的凹凸与拐点

比较图 3-8 和图 3-9 所示的光滑曲线(曲线在每一点处都有切线，且曲线上的点连续变动时，相应的切线的倾角也连续变化。这样的曲线称为光滑曲线)，可以发现以下差别，下面以这种明显的几何特征定义曲线的弯曲方向。

定义　若在某区间内，曲线 $y=f(x)$ 位于其上每点的切线的上(下)方，则称此曲线在该区间内是凹(凸)的。该区间称为曲线的凹(凸)区间。连续曲线上凹凸的分界点称为该曲线的拐点。

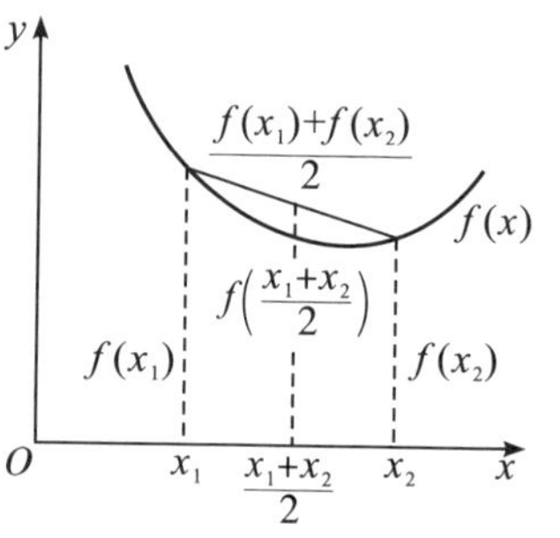

图 3-8

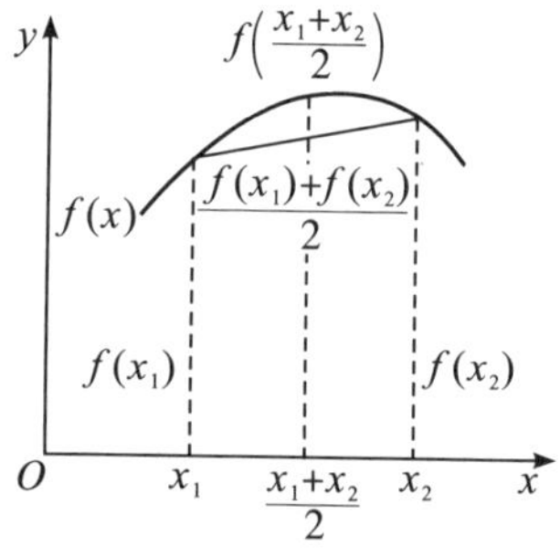

图 3-9

由定义可见，图 3-8 中的曲线 $y=f(x)$ 都是凹曲线，图 3-9 中的曲线 $y=g(x)$ 都是凸曲线。必须注意：拐点是曲线上的点，由其横坐标和纵坐标确定，不能仅用横坐标。如何确定函数的图象在哪一段是凹的，又在哪一段是凸的呢？观察图 3-8 和图 3-9 可以看出，图 3-8 曲线 $y=f(x)$ 的切线斜率随 x 的减小而增大，即 $f'(x)$ 是先负后正，它就是凹曲线；图 3-9 的曲线

$f(x)$的切线斜率随 x 的增大而变小，即 $f'(x)$ 是先正后负，它就是凸曲线。可见，这能够用二阶导数 $f''(x)$ 的符号来刻画。

定理　设函数 $y=f(x)$ 在闭区间 $[a,b]$ 上连续，在开区间 (a,b) 内二阶可导且 $f''(x)$ 恒大(小)于零，则曲线 $y=f(x)$ 在 $[a,b]$ 上是凹(凸)的。

必须指出：

(1) 定理中的条件"在开区间 (a,b) 内二阶可导且 $f''(x)$ 恒大(小)于零"，可以改为"在开区间 (a,b) 内除个别二阶导数为零或不存在(但一阶导数存在)外，都有 $f''(x)>0\ (<0)$"，而其他条件不变，则原来的结论仍然成立。

(2) 定理中的区间可换为其他各种区间，结论也成立。

由定理求曲线 $y=f(x)$ 的凹凸区间和拐点，可按以下步骤进行：

(1) 确定函数的定义域。

(2) 求二阶导数。在定义域内求 $f''(x)=0$ 和 $f''(x)$ 不存在的点。

(3) 用上面求得的点划分函数的定义域为若干个小区间，在每个小区间内由 $f''(x)$ 的符号确定曲线的凹凸区间；当 $f''(x)$ 在某点左右变号的点即为曲线的拐点(当然，不能变号的不是拐点)。

下面求曲线的凹凸区间和拐点。

步骤(3)也可像确定函数的单调区间和极值点那样，用表格进行。

例 1　求曲线 $y=(x-2)^{\frac{5}{3}}-\frac{5}{9}x^2$ 的凹凸区间和拐点。

解：(1) 函数的定义域为 $\mathbf{R}$。

(2)
$$y'=\frac{5}{3}(x-2)^{\frac{2}{3}}-\frac{10}{9}x$$

$$y''=\frac{10\left[1-(x-2)^{\frac{1}{3}}\right]}{9(x-2)^{\frac{1}{3}}}$$

当 $x_1=3$ 时，$y''=0$；当 $x_1=2$ 时，y'' 不存在。

列表如下：

x	$(-\infty, 2)$	2	$(2, 3)$	3	$(3, \infty)$
y''	$-$	×	+	0	$-$
$f(x)$	凸的	拐点$(2, f(2))$	凹的	拐点$(3, f(3))$	凸的

例 2 求曲线 $y=x^4$ 的凹凸区间和拐点。

解：(1)函数的定义域为 $\mathbf{R}$。

(2) $y''=12x^2$，函数 y 上没有 y''不存在的点，仅在 $x=0$ 处 $y''=0$，在其余点 $y''>0$。由定理可得，曲线 $y=x^4$ 在定义域为 $\mathbf{R}$ 时是凹的，没有拐点。

二、曲线的渐近线

在中学时，我们知道反比例函数 $y=\dfrac{k}{x}$（k 为常数）的图象有两条渐近线：$x=0$ 为垂直渐近线；$y=0$ 为水平渐近线。对一般的曲线也可以讨论这两种渐近线。

对于渐近线的定义，可以由极限的观点得到诠释：

(1) 直线 $x=x_0$ 是曲线 $y=f(x)$的垂直渐近线的充要条件是

$$\lim_{x\to x_0^+} f(x)=\infty \text{ 或 } \lim_{x\to x_0^-} f(x)=\infty$$

即 x_0 是函数 $y=f(x)$的无穷间断点，也是函数定义域不存在的点。

(2) 直线 $y=y_0$ 是曲线 $y=f(x)$的水平渐近线的充要条件是

$$\lim_{x\to+\infty} f(x)=y=y_0 \text{或} \lim_{x\to-\infty} f(x)=y_0$$

就是函数在 $x\to\infty$ 时的极限值。

例 3 求曲线 $y=\dfrac{x^2}{x^2-4}$的渐近线。

解：因为 $\lim\limits_{x\to\infty}\dfrac{x^2}{x^2-4}=1$，所以 $y=1$ 是曲线的水平渐近线。

因为 $\lim\limits_{x\to\pm2}\dfrac{x^2}{x^2-4}=\infty$，又函数 y 是偶函数，所以 $x=\pm2$ 是曲线的两条垂直渐近线。

三、函数的分析作图法

要比较确定来描绘一般函数的基本图象，只用描点法是不行的。首先要利用函数的一阶、二阶导数知识，分析其曲线整体性态，然后再作图。一般步骤如下：

(1) 确定函数的定义域、渐近线、奇偶性。

(2) 讨论曲线有无渐近线和奇偶性，并作出曲线与坐标轴的交点等辅助点。

(3) 求函数的一、二阶导数，并令其为零，分别求曲线驻点和拐点。

（4）在列表划分所得的每个小区间内观察：第一，由一阶导数的符号确定函数的单调区间，若一阶导数在某点左、右变号的点为函数的极值点；第二，由二阶导数的符号确定函数图象的凹凸区间，若二阶导数在某点左、右变号的点为函数的拐点。

（5）根据以上四点规律描点作图。

例 4　画出函数$f(x)=1+\frac{36x}{(x+3)^2}$的图象。

解：（1）函数的定义域：$(-\infty,-3)\cup(-3,\infty)$

$$f'(x)=\frac{36(3-x)}{(x+3)^3},\ f''(x)=\frac{72(x-6)}{(x+3)^4}$$

（2）令$f'(x)=\frac{36(3-x)}{(x+3)^3}=0$，则$x_1=3$。

令$f''(x)=\frac{72(x-6)}{(x+3)^4}=0$，则$x=6$。

划分得的区间为$(-\infty,-3)\cup(-3,3)\cup(3,6)\cup(6,+\infty)$。

x	$(-\infty,-3)$		$(-3,3)$	3	$(3,6)$	6	$(6,\infty)$
$f'(x)$	−		+		−		−
$f''(x)$	−		−		−		+
$f(x)$	凸减		凸增	极大	凸减	拐点	凹减

（3）计算特殊值：$x=3$，$x=6$ 处的函数值分别为

$$f(3)=1+\frac{36\cdot 3}{(3+3)^2}=4,\ f(6)=1+\frac{36\cdot 6}{(6+3)^2}=\frac{11}{3}$$

从而得到图象上的两个点 $M_1(3,\ 4)$，$M_2\left(6,\ \frac{11}{3}\right)$。

在 $x=0$，-1，-9，-15 处的函数值为 $f(0)=1$，$f(-1)=-8$，$f(-9)=-8$，$f(-15)=-\frac{11}{4}$，又得到图象上的四个点 $M_3(0,1)$，$M_4(-1,-8)$，$M_5(-9,-8)$，$M_6\left(-15,-\frac{11}{4}\right)$。

（4）因为 $\lim\limits_{x\to\infty}f(x)=1$ 和 $\lim\limits_{x\to-3}f(x)=-\infty$，所以图象有一条水平渐近线 $y=1$ 和一条垂直渐近线 $x=-3$。

（5）结合上述结果，绘图如图 3－10 所示。

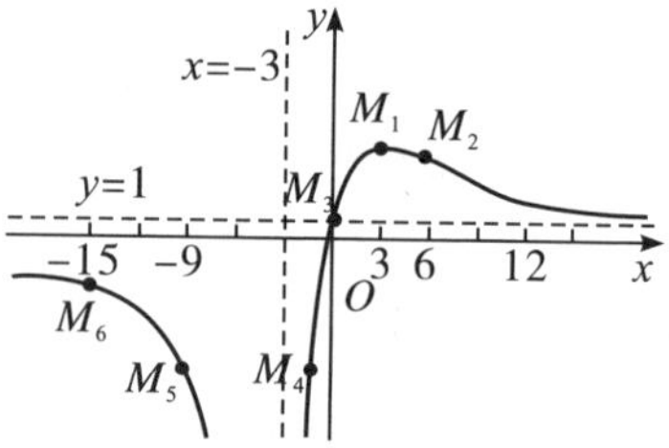

图 3－10

例 5 利用函数的分析作图法作 $y=\frac{1}{\sqrt{2\pi}}e^{-\frac{x^2}{2}}$的图象。

解：(1)函数的定义域为 **R**，且是偶函数，因此只要在$[0,+\infty)$作出该函数的图象，利用对称性便可得整个图象。

(2)
$$y'=-\frac{1}{\sqrt{2\pi}}xe^{-\frac{x^2}{2}},\quad y''=\frac{x^2-1}{\sqrt{2\pi}}e^{-\frac{x^2}{2}}$$

在$[0,+\infty)$，函数 y 有二阶导数，并有驻点 $x_1=0$；二阶导数为零的点，$x_2=1$。

(3) 列表如下。

x	0	(0,1)	1	$(1,+\infty)$
y'	0	−	−	−
y''	−	−	0	+
曲线 $y=f(x)$	极大值点	↷	拐点$(1,f(1))$	↪

又 $\lim\limits_{x\to+\infty}f(x)=0$，所以 $y=0$ 为函数图象的水平渐近线。

由 $$y(0)=\frac{1}{\sqrt{2\pi}}=0.399\qquad y(1)=\frac{1}{\sqrt{2\pi e}}=0.242$$
$$y(2)=\frac{1}{\sqrt{2\pi e^2}}=0.054$$

得到图象上的点 $M_1(0,0.399)$，$M_2(1,0.242)$，$M_3(2,0.054)$，结合以上表格，描出函数在$[0,+\infty)$上的图象，再作其关于 y 轴的对称图象，如图 3－11 所示。

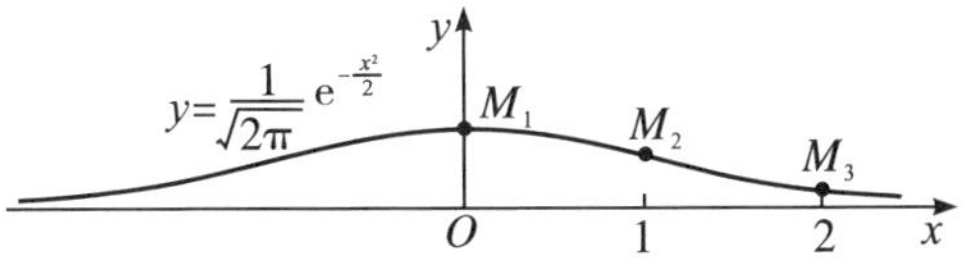

图 3－11

所以，函数 $y=\frac{1}{\sqrt{2\pi}}e^{-\frac{x^2}{2}}$ 的图象是概率统计中有重要应用的标准正态分布曲线。

例 6　作函数 $y=\frac{x}{\sqrt[3]{x^2-1}}$ 的图象。

解：(1) 函数的定义域为 $x\neq\pm1$ 的一切实数，所以该函数是奇函数，以下先讨论 $x\geqslant0$ 部分的图象。

(2)　　$y'=\frac{x^2-3}{3(x^2-1)^{\frac{4}{3}}}$　　$y''=\frac{2x(9-x^2)}{9(x^2-1)^{\frac{7}{3}}}$

在 $[0,1)\cup(1,+\infty)$，函数有一阶、二阶导数，驻点有 $x_1=\sqrt{3}$，$y''=0$ 的点有 $x_2=0$，$x_3=3$。

(3) 列表如下。

x	0	$(0,1)$	$(1,\sqrt{3})$	$\sqrt{3}$	$(\sqrt{3},3)$	3	$(3,+\infty)$
y'	－	－	－	0	＋	＋	＋
y''	0	－	＋	＋	＋	0	－
曲线 $y=f(x)$	拐点			极小值点		拐点 $(3,f(3))$	

又 $\lim\limits_{x\to1}y=\infty$，所以 $x=\pm1$ 为图象的垂直渐近线。

得到图上 3 个点，结合渐近线和以上的表格，在 $[0,1)$ 和 $(1,+\infty)$ 上描出函数的图象，最后作出关于原点 O 的对称图象，得到函数的整个图象。请同学们自行画图。

四、曲线弧的微分

通常曲线弧的弧长有明显的几何意义。如果函数 $y=f(x)$ 在区间 (a,b) 内

有连续的导数 $f'(x)$，则曲线 $y=f(x)$ 是光滑曲线。理论上可以证明，光滑曲线弧是可以求长的。下面讨论光滑曲线弧的微分。

先建立光滑曲线的弧函数 $s(x)$。在曲线 $y=f(x)$ 上取定一点 $M_0(x_0,y_0)$ 作为度量曲线弧长的基点，如图 3－12 所示，并规定沿 x 增加的方向为曲线的正向。对曲线上任一点 $M(x,y)$，对应着有向弧段 $\overset{\frown}{M_0M}$ 的值 s（s 的绝对值等于弧 $\overset{\frown}{M_0M}$ 的长度。当有向弧段 $\overset{\frown}{M_0M}$ 的方向与曲线的正向一致时，$s>0$；相反时 $s<0$）。这样得到一个定义在区间 (a,b) 内的弧函数 $s(x)$，显然 $s(x)$ 是 x 的单调增加函数。

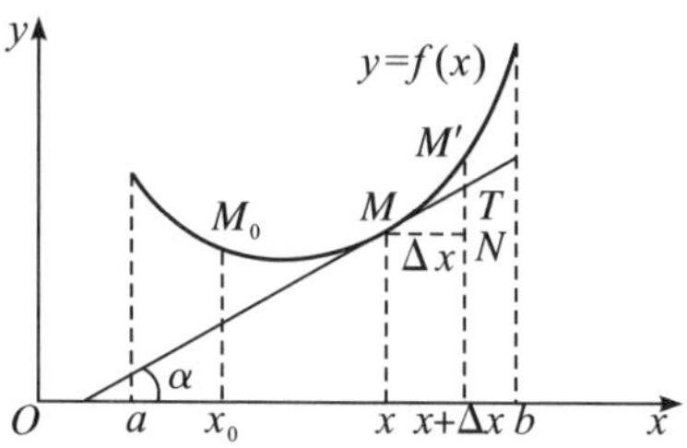

图 3－12

设 x 为区间 (a,b) 内的一点，x 有增量 Δx，曲线上有相应的点 $M(x, f(x))$，$M'(x+\Delta x, f(x+\Delta x))$。函数 $y=f(x)$ 的相应增量是 Δy，弧函数 $s=s(x)$ 的相应增量 $\Delta s=\overset{\frown}{MM'}$。由于 $s(x)$ 是 x 的单调增加函数，因此

$$\frac{\Delta s}{\Delta x}=\left|\frac{\Delta s}{\Delta x}\right|=\left|\frac{\overset{\frown}{MM'}}{\Delta x}\right|=\frac{|\overset{\frown}{MM'}|}{|MM'|}\cdot\frac{|MM'|}{\Delta x}=\frac{|\overset{\frown}{MM'}|}{|MM'|}\sqrt{1+\left(\frac{\Delta y}{\Delta x}\right)^2} \qquad (1)$$

令 $\Delta x\to 0$，则 $M'\to M$。

由于 $\lim\limits_{M'\to M}\frac{|\overset{\frown}{MM'}|}{|MM'|}=1$，因此由式(1)

$$\frac{\mathrm{d}s}{\mathrm{d}x}=\lim_{\Delta x\to 0}\frac{\Delta s}{\Delta x}=\lim_{\Delta x\to 0}\sqrt{1+(\frac{\Delta y}{\Delta x})^2}=\sqrt{1+(y')^2}$$

$$\mathrm{d}s=\sqrt{1+(y')^2}\,\mathrm{d}x$$

它是积分法求曲线弧长必要的基础知识。

例 7 求曲线 $y=x^2$ 弧微分。

解：因为 $y'=2x$，所以

$$\mathrm{d}s=\sqrt{1+(y')^2}\,\mathrm{d}x=\sqrt{1+4x^2}\,\mathrm{d}x$$

习题 3-3

1. 求下列曲线的凹凸区间和拐点：

(1) $y=x^3-6x^2+12x+4$　　(2) $y=x^2\ln x$

(3) $y=\dfrac{x^3}{x^2+12}$　　(4) $y=\dfrac{1}{x+3}$

2. a，b 为何值时，点$(1,-2)$为曲线 $y=ax^3+bx^2$ 的拐点？

3. 求下列曲线的渐近线：

(1) $y=\left(\dfrac{1+x}{1-x}\right)^4$　　(2) $y=\dfrac{x}{x^2-1}$

4. 描绘下列函数的图象：

(1) $y=x^3-3x^2$　　(2) $y=1+\dfrac{36x}{(x+3)^2}$

(3) $y=\dfrac{x}{x^2-1}$　　(4) $y=\dfrac{x^2}{x^2-4}$

5. 求下列曲线的弧微分：

(1) 悬链线 $y=\dfrac{a}{2}(e^{\frac{x}{a}}+e^{-\frac{x}{a}})$ $(a>0)$；

(2) 旋轮线 $x=a(t-\sin t)$，$y=a(1-\cos t)$ $(a>0)$。

第四节 柯西定理与洛必达法则

二维码 3－3

扫一扫，获取本节资源

极限的计算是高等数学中最基本的运算，在前面已经讨论了求极限的多种方法。但是，不定式的极限计算一般是比较困难的，如不定式的两种基本情形“$\frac{0}{0}$”与“$\frac{\infty}{\infty}$”都不能用商的极限运算法则或前面学过的方法直接解决。本节将以柯西(Cauchy)定理为基础，以洛必达法(L. Hospital)则为准则，学习利用导数求极限的新方法。

一、柯西定理

定理 1 若函数 $f(x)$ 和 $F(x)$ 在闭区间 $[a,b]$ 上连续，在开区间 (a,b) 内可导，且 $F'(x)$ 在 (a,b) 内处处不为零，则至少有一点 $\xi\in(a,b)$ 使

$$\frac{f(b)-f(a)}{F(b)-F(a)}=\frac{f'(\xi)}{F'(\xi)}$$

柯西定理与罗尔定理、拉格朗日定理有类似的几何意义。以 x 为参数，方程

$$\begin{cases}X=F(x)\\Y=f(x)\end{cases}\ (a\leqslant x\leqslant b)$$

的图象是 XOY 面上的曲线弧 $\overset{\frown}{AB}$，如图 3－13 所示。比值

$$\frac{f(b)-f(a)}{F(b)-F(a)}$$

是弦 AB 的斜率，而 $\frac{f'(\xi)}{F'(\xi)}=\left.\frac{\mathrm{d}Y}{\mathrm{d}X}\right|_{x=\xi}$ 即 $\frac{f'(\xi)}{F'(\xi)}$ 是曲线弧 $\overset{\frown}{AB}$ 上的一点 $C(F(\xi),f(\xi))$ 处切线的斜率。所以，柯西定理的几何意义是参数方程

$$X=F(x),\ Y=f(x)\ (a\leqslant x\leqslant b)$$

确定的曲线弧 $\overset{\frown}{AB}$ 上至少有一点 C，曲线在 C 点处的切线平行于弦 AB。

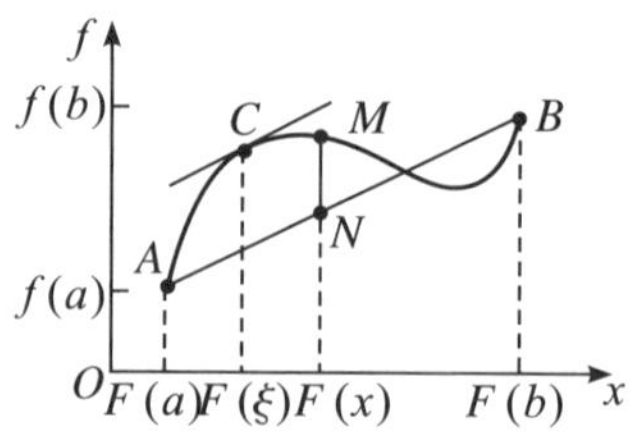

图 3－13

柯西定理可用证明拉格朗日定理类似的方法进行证明。

必须指出：

(1) 在柯西定理中$f'(\xi)$，$F'(\xi)$是在同一点ξ处$f(x)$，$F(x)$的导数值；

(2) 若$F(x)\equiv x$，则柯西定理即拉格朗日定理，因此柯西定理是拉格朗日定理的推广。

罗尔定理、拉格朗日定理、柯西定理都涉及函数在开区间(a,b)内一点ξ的导数值，因此这三个定理统称为微分中值定理。

柯西定理把两个函数的增量之比转成两个函数的导数值之比，由此可得有重要应用的洛必达法则。

二、洛必达法则

我们先给出两个无穷小之比的极限的洛必达法则。

定理2　设：

(1) $\lim\limits_{x\to x_0}f(x)=\lim\limits_{x\to x_0}F(x)=0$；

(2) 在x_0的某个去心邻域内，$f'(x)$，$F'(x)$存在且$F'(x)\neq 0$；

(3) $\lim\limits_{x\to x_0}\dfrac{f'(x)}{F'(x)}=A$($A$可为常数，也可为无穷大)，

则
$$\lim_{x\to x_0}\frac{f(x)}{F(x)}=\lim_{x\to x_0}\frac{f'(x)}{F'(x)}(=A)。$$

必须指出：

(1) 定理2对于$x\to\infty$时的“$\dfrac{0}{0}$”仍然成立，但必须把“$x\to x_0$”换成“$x\to\infty$”，把“在x_0的某个去邻域内”换成“有某个正数X，当$|x|>X$时”。此外“$x\to x_0$”换成“$x\to x_0^+$”或“$x\to x_0^-$”，“$x\to\infty$”换成“$x\to+\infty$”或“$x\to-\infty$”，结论仍成立。

(2) 对于两个无穷大的比的极限“$\dfrac{\infty}{\infty}$”，有类似于定理2的洛必达法则，但必须把所设的条件“(1)”换成“$\lim f(x)=\lim F(x)=\infty$”，其中自变量的变化过程可以是$x\to x_0$，$x\to x_0^+$，$x\to x_0^-$或$x\to\infty$，$x\to+\infty$，$x\to-\infty$等情形中的一种。

下面通过例题说明洛必达法则的应用。

例 1 计算 $\lim\limits_{x\to\pi}\dfrac{\sin5x}{\sin3x}$。

解：所求极限为“$\dfrac{0}{0}$”型不定式，运用洛必达法则，有

$$\lim_{x\to\pi}\frac{\sin5x}{\sin3x}=\lim_{x\to\pi}\frac{(\sin5x)'}{(\sin3x)'}=\lim_{x\to\pi}\frac{5\cos5x}{3\cos3x}=\frac{5}{3}\times\frac{\cos5\pi}{\cos3\pi}=\frac{5}{3}$$

由例 1 看出，用洛必达法则求一些“$\dfrac{0}{0}$”的极值比过去的方法简便得多。下面指出使用洛必达法则的注意点：

（1）不是不定式的极限决不能用洛必达法则。如上式中的 $\lim\limits_{x\to\pi}\dfrac{5}{3}\times\dfrac{\cos5x}{\cos3x}$ 已不是不定式了，若再用洛必达法则就要导致错误。为了书写的方便，只要把检验极限类型的结果标在用洛必达法则那一步等号的上方。

（2）使用一次洛必达法则后仍是不定式时，可连续使用洛必达法则，但连续使用前应注意化简极限的式子，若式中有极限值为非零常数的因式，则可先行求出。

（3）对数列极限的不定式，由于只能对连续变量才能求导数，因此要将 n 换成连续变量 x，$n\to\infty$ 换成 $x\to+\infty$ 后才能用洛必达法则求其极限，得到原数列极限的不定式的值。

（4）与其他求极值的方法综合运用，注意选择简便的解法。

（5）洛必达法则的条件是充分而不必要的，若 $\lim\limits_{x\to x_0}\dfrac{f'(x)}{F'(x)}$ 不存在时，不能断定 $\lim\limits_{x\to x_0}\dfrac{f(x)}{F(x)}$ 不存在，这时应使用其他方法求解。

以上五条注意点，下面通过例题具体说明。

例 2 计算 $\lim\limits_{x\to0}\dfrac{x-\sin x}{x^3}$。

解：$\lim\limits_{x\to0}\dfrac{x-\sin x}{x^3}=\lim\limits_{x\to0}\dfrac{1-\cos x}{3x^2}=\lim\limits_{x\to0}\dfrac{\sin x}{6x}=\dfrac{1}{6}$

例 3 求 $\lim\limits_{x\to+\infty}\dfrac{\ln x}{x^a}$。

解：$\lim\limits_{x\to+\infty}\dfrac{\ln^x}{x^\alpha}=\lim\limits_{x\to+\infty}\dfrac{\frac{1}{x}}{\alpha x^\alpha}=\lim\limits_{x\to+\infty}\dfrac{1}{\alpha x^\alpha}=0$

例 4 求 $\lim\limits_{x\to+\infty}\dfrac{x^n}{e^{\lambda x}}$（$n\in\mathbf{N}_+$，常数 $\lambda>0$）。

解：

$$\lim_{x\to+\infty}\frac{x^n}{e^{\lambda x}}=\lim_{x\to\infty}\frac{nx^{n-1}}{\lambda e^{\lambda x}}=\lim_{x\to\infty}\frac{n(n-1)x^{n-2}}{\lambda^2 e^{\lambda x}}=\cdots$$

$$=\lim_{x\to\infty}\frac{n!}{\lambda^n e^{\lambda x}}=0$$

由例4可见，$x\to+\infty$ 时，对数函数 $\ln x$、幂函数 $x^a(a>0)$、指数函数 $e^{\lambda x}(\lambda>0)$都是无穷大，但 $e^{\lambda x}$增大快于 $\ln x$（$a>0$，$\lambda>0$）。

例5　求 $\lim\limits_{n\to\infty}\dfrac{\ln n}{n}$。

解：这是数列极限的不定式$\left(\dfrac{\infty}{\infty}\right)$，由例4可知 $\lim\limits_{n\to\infty}\dfrac{\ln x}{x}=0$，因此

$$\lim_{n\to\infty}\frac{\ln n}{n}=0$$

例6　求 $\lim\limits_{n\to\frac{\pi}{2}}(\sec x-\tan x)$。

解：$\lim\limits_{n\to\frac{\pi}{2}}(\sec x-\tan x)=\lim\limits_{x\to\frac{\pi}{2}}\left(\dfrac{1-\sin x}{\cos x}\right)=\lim\limits_{x\to\frac{\pi}{2}}\dfrac{\cos x}{\sin x}=0$

例7　计算 $\lim\limits_{x\to\infty}\dfrac{x+\cos x}{x}$，并说明不能用洛必达法则求此极限的原因。

解：

$$\lim_{x\to\infty}\frac{x+\cos x}{x}=\lim_{x\to\infty}\left(1+\frac{1}{x}\cos x\right)=1+0=1$$

由于 $\lim\limits_{x\to\infty}\dfrac{(x+\cos x)'}{x'}=\lim\limits_{x\to\infty}(1-\sin x)$不存在，不满足洛必达法则的条件[上述使用洛必达法则的注意点(3)]，所以不能用洛必达法则求此极限。

不定式的极限除了基本情形“$\dfrac{0}{0}$”“$\dfrac{\infty}{\infty}$”外，还有“$0\cdot\infty$”“$\infty-\infty$”“1^{∞}”“∞^0”“0^0”等非基本情形，它们可以通过恒等变形化为基本情形，这里不再一一讨论。

习题3－4

求下列极限：

(1) $\lim\limits_{x\to\pi}\dfrac{\sin 3x}{\tan 5x}$　　(2) $\lim\limits_{x\to a}\dfrac{\sin x-\sin a}{x^2-a^2}$ $(a\neq 0)$

(3) $\lim\limits_{x\to 0}\dfrac{e^x-2^x}{x}$　　(4) $\lim\limits_{x\to 0}\dfrac{\cos\alpha x-\cos\beta x}{x^2}$ $(\alpha,\ \beta\neq 0)$

(5) $\lim\limits_{x\to a}\dfrac{x^m-a^m}{x^n-a^n}$ $(a\neq 0,\ n\neq 0)$　　(6) $\lim\limits_{x\to 1}(1-x)\tan\dfrac{\pi x}{2}$

(7) $\lim\limits_{x \to +\infty} \dfrac{\ln\left(1+\dfrac{1}{x}\right)}{\operatorname{arccot} x}$ (8) $\lim\limits_{x \to 0} \dfrac{1-\cos(x^2)}{\sin(x^2)\tan^2 x}$

(9) $\lim\limits_{x \to 1} \left(\dfrac{x}{x-1} - \dfrac{1}{\ln x}\right)$ (10) $\lim\limits_{x \to \frac{\pi}{2}} \dfrac{\ln \sin x}{(\pi - 2x)^2}$

(11) $\lim\limits_{x \to 1} \left(\dfrac{2}{x^2-1} - \dfrac{1}{x-1}\right)$ (12) $\lim\limits_{x \to 0} \left(\dfrac{1}{x \sin x} - \dfrac{1}{x^2}\right)$

第四章　不 定 积 分

第一节 原函数与不定积分

二维码 4－1

扫一扫，获取本节资源

德国的莱布尼茨是一个博学多才的学者，在 1684 年，他发表了现在世界上最早的微积分文献，是他创造了微积分符号。微积分符号的出现极大地推动了数学的发展，过去对初等数学束手无策的问题，只要运用微积分就迎刃而解。

在本书第二章我们学了如何求一个函数的导函数问题，本章将讨论它的反问题，即要寻求一个导函数的原函数问题。这是积分学的基本问题之二。

一、原函数与不定积分的定义

定义 1 设 $f(x)$ 为定义在区间 I 内的已知函数，若函数 $F(x)$ 满足 $F'(x)=f(x)$ $(x\in I)$，则称 $F(x)$ 为 $f(x)$ 在 I 内的一个原函数。曲线 $y=F(x)+C$ 称为函数 $f(x)$ 的原函数曲线，也叫积分的曲线。

任意 $x\in\mathbf{R}$，$(\sin x)'=\cos x$，因此 $\sin x$ 是 $\cos x$ 在 $\mathbf{R}$ 内的一个原函数，不仅如此，$\sin x+C$（C 为任意常数）也是 $\cos x$ 在 $\mathbf{R}$ 内的所有原函数。

关于函数的原函数，要强调说明两点：

（1）如果函数 $f(x)$ 在区间 I 内连续，则 $f(x)$ 在 I 内存在原函数。

（2）如果函数 $f(x)$ 在区间 I 内有原函数 $F(x)$，则 $f(x)$ 的所有原函数可表示为 $F(x)+C$（其中 C 为任意常数）。

定义 2 求导数 $f(x)$ 在区间 I 内的一切原函数 $F(x)+C$（C 为任意常数）的过程，称为 $f(x)$ 在 I 内的不定积分，记作 $\int f(x)\mathrm{d}x$，即

$$\int f(x)\mathrm{d}x = F(x) + C$$

其中符号 $\int$ 为积分号，$f(x)$ 称为被积函数，$f(x)\mathrm{d}x$ 为被积表达式，x 称为积分变量，C 称为任意常数。

由不定积分的定义，函数 $f(x)$ 的不定积分是一个函数族，$y=F(x)+C$ 是函数 $f(x)$ 的积分曲线族。例如导函数是 $2x$，其原函数有 x^2，$x^2\pm1$，$x^2\pm\frac{1}{2}$，$x^2\pm10$，…如图 4－1 所示。

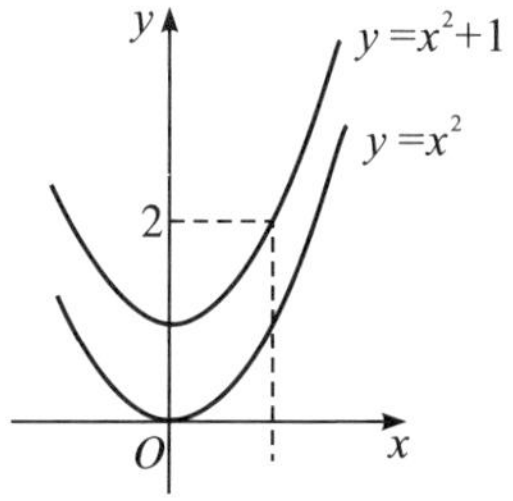

图 4 - 1

由不定积分的定义，任一个函数 $f(x)$ 的不定积分是一个原函数族，$F(x)+C$ 是函数 $f(x)$ 的积分曲线族，且有：

(1) $\frac{\mathrm{d}}{\mathrm{d}x}\left[\int f(x)\mathrm{d}x\right]=f(x)$ 或 $\mathrm{d}\left[\int f(x)\mathrm{d}x\right]=f(x)\mathrm{d}x$；

(2) $\int F'(x)\mathrm{d}x=F(x)+C$ 或 $\int \mathrm{d}F(x)=F(x)+C$。

由此可见，求导数运算与不定积分的运算是互逆的，从而可通过求导检验每个不定积分式是否正确。

二、基本积分公式

由不定积分的定义可写出相应的基本积分公式[下面的式(1)至(13)]。现在可通过求导来验证结果的正确性，另外还有六个常用的积分公式[下面的式(14)至(19)]，可通过以后复合函数的积分方法产生，在第二节中将推导这些公式。

(1) $\int k\mathrm{d}x=kx+C$ (k 是常数)　　(2) $\int x^{\mu}\mathrm{d}x=\frac{x^{\mu+1}}{\mu+1}+C$ ($\mu\neq-1$)

(3) $\int\frac{\mathrm{d}x}{x}=\ln|x|+C$　　(4) $\int a^{x}\mathrm{d}x=\frac{a^{x}}{\ln a}+C$

(5) $\int \mathrm{e}^{x}\mathrm{d}x=\mathrm{e}^{x}+C$　　(6) $\int\cos x\mathrm{d}x=\sin x+C$

(7) $\int\sin x\mathrm{d}x=-\cos x+C$　　(8) $\int\sec^{2}x\mathrm{d}x=\tan x+C$

(9) $\int\csc^{2}x\mathrm{d}x=-\cot x+C$　　(10) $\int\sec x\tan x\mathrm{d}x=\sec x+C$

(11) $\int\csc x\cot x\mathrm{d}x=-\csc x+C$

(12) $\int\frac{\mathrm{d}x}{\sqrt{1-x^{2}}}=\arcsin x+C=-\arccos x+C_{1}$

(13) $\int \frac{dx}{1+x^2} = \arctan x + C = -\operatorname{arccot} x + C_1$

(14) $\int \tan x dx = -\ln|\cos x| + C$

(15) $\int \cot x dx = \ln|\sin x| + C$

(16) $\int \sec x dx = \ln|\sec x + \tan x| + C$

(17) $\int \csc x dx = \ln|\csc x - \cot x| + C$

(18) $\int \frac{dx}{\sqrt{a^2 - x^2}} = \arcsin \frac{x}{a} + C$ ($a > 0$ 且 $a \neq 1$)

(19) $\int \frac{dx}{a^2 + x^2} = \frac{1}{a}\arctan \frac{x}{a} + C$ ($a > 0$ 且 $a \neq 1$)

三、不定积分的运算性质

由不定积分的定义可产生它的性质如下。

性质 1 若函数 $f(x)$，$g(x)$ 都有原函数，则

$$\int [f(x) \pm g(x)] dx = \int f(x) dx \pm \int g(x) dx$$

性质 1 可以推广有限多个函数的情形。

性质 2 若函数 $f(x)$ 有原函数，$k \in \mathbf{R}$，则

$$\int kf(x) dx = k \int f(x) dx$$

现在用不定积分的性质和基本积分公式求函数的不定积分。

例 1 求 $\int \frac{(1-x)^3}{x^2} dx$。

解：该不定积分不能直接用基本积分公式，需要对被积函数恒等变形，化为幂函数的代数和的形式再逐项积分。

$$\begin{aligned}\int \frac{(1-x)^3}{x^2} dx &= \int \left(\frac{1}{x^2} - \frac{3}{x} + 3 - x\right) dx \\ &= \int x^{-2} dx - 3\int \frac{dx}{x} + 3\int dx - \int x dx \\ &= -\frac{1}{x} - 3\ln|x| + 3x - \frac{x^2}{2} + C\end{aligned}$$

注：几个任意常数相加，只写一个任意常数。

例 2 求 $\int \sqrt{x\sqrt{x\sqrt{x}}}\,dx$。

解：对被积函数恒等变形，化为基本积分公式中的情形：

$$\int \sqrt{x\sqrt{x\sqrt{x}}}\,dx = \int x^{\frac{7}{8}}dx = \frac{8}{15}x^{\frac{15}{8}} + C$$

例 3 求 $\int \tan^2 x dx$。

解：用同角三角函数的平方公式把被积函数化为和的积分式，再用基本积分公式得到相应的积分式的情形：

$$\int \tan^2 x dx = \int (\sec^2 x - 1)dx$$

$$= \int \sec^2 x dx - x + C = \tan x - x + C$$

例 4 求 $\int \frac{dx}{\sin^2 x \cos^2 x}$。

解：

$$\int \frac{dx}{\sin^2 x \cos^2 x} = \int \frac{\sin^2 x + \cos^2 x}{\sin^2 x \cos^2 x}dx$$

$$= \int \frac{dx}{\cos^2 x} + \int \frac{dx}{\sin^2 x} = \tan x - \cot x + C$$

本题用同角三角函数的平方公式和同角三角函数的积的关系式，把被积函数化为和的积分式，再用基本积分公式得到相应的积分式的情形。

例 5 求 $\int \frac{dx}{x^2(x^2+1)}$。

解：对于被积函数是分式有理函数时，常常将它拆成分子与分母有约分的项，再变为多项式除单项式的形式，先进入积分性质再进入积分公式进行积分。

$$\int \frac{dx}{x^2(x^2+1)} = \int \frac{(x^2+1) - x^2}{x^2(x^2+1)}dx = \int \frac{dx}{x^2} - \int \frac{dx}{x^2+1}$$

$$= \int x^{-2}dx - \int \frac{1}{1+x^2}dx = -\frac{1}{x} - \arctan x + C$$

从以上的几个例子可以看到，求不定积分时常常要对被积函数做恒等变形，先使用积分性质，然后再应用本节前述的相应基本积分公式对被积函数进行积分。其运算法有较大的灵活性，这就需要在熟记基本积分公式的基础上通过做一定数量的练习，总结经验，才能逐渐掌握求原函数的基本积分运算技巧，更好理解不定积分的概念产生、公式和性质的运用及解题方法。

习题 4－1

求下列不定积分：

(1) $\int\left(\frac{2}{x}+\frac{x}{3}\right)^2 dx$

(2) $\int \frac{dx}{x^2\sqrt{x}}$

(3) $\int \frac{x^4}{1+x^2}dx$

(4) $\int \cos^2\frac{x}{2}dx$

(5) $\int \cot^2 x dx$

(6) $\int \frac{1+\cos^2 x}{1+\cos 2x}dx$

(7) $\int 3^x \cdot e^x dx$

(8) $\int \sec x(\sec x-\tan x)dx$

(9) $\int \sqrt{1-\sin 2x}\,dx \left(0<x<\frac{\pi}{4}\right)$

(10) $\int \frac{e^{2x}-1}{e^x+1}dx$

(11) $\int \frac{dh}{\sqrt{2gh}}$

(12) $\int \frac{\sqrt{x}-x^3e^x+x^2}{x^3}dx$

(13) $\int \frac{x^2-2\sqrt{2}x+2}{x-\sqrt{2}}dx$

(14) $\int \frac{\sqrt{1+x^2}}{\sqrt{1-x^4}}dx$

(15) $\int \frac{1+2x^2}{x^2(1+x^2)}dx$

(16) $\int \frac{2\cdot 3^x-5\cdot 2^x}{3^x}dx$

(17) $\int \frac{\cos 2x}{\cos^2 x\sin^2 x}dx$

(18) $\int \frac{\cos 2x}{\cos x-\sin x}dx$

第二节　不定积分的第一类换元法

二维码 4－2

扫一扫，获取本节资源

在本章第一节已经看到不定积分的运算与求导数运算是互逆的。这里先回顾复合函数的求导数法则：

$$\frac{\mathrm{d}}{\mathrm{d}x}F[\varphi(x)]=F'[\varphi(x)]\cdot\varphi'(x) \tag{1}$$

由原函数与不定积分的定义，从式(1)有

$$\int F'[\varphi(x)]\varphi'(x)\mathrm{d}x = F[\varphi(x)] + C$$

如果设 $F'(u)=f(u)$，$u=\varphi(x)$，则 $F'[\varphi(x)]=f[\varphi(x)]$。由此得到不定积分的第一换元法“凑微分”。

定理　设 $\int f(u)\mathrm{d}u = F(u) + C$，$u = \varphi(x)$ 可导，则

$$\int f'[\varphi(x)]\varphi'(x)\mathrm{d}x = F[\varphi(x)] + C\left[= \int f(u)\ \mathrm{d}u\big|_{u=\varphi(x)}\right] \tag{2}$$

对以上不定积分的第一换元法，必须指出以下三点：

(1) 从第一换元“凑微分法”定理 1 的公式(2)可见，换 $\varphi(x)=u$ 时，可以认为这个被积表达式 $\int g(x)\mathrm{d}x$ 的出现就是复合函数“$f[\varphi(x)]\varphi'(x)\mathrm{d}x$”积分的出现。因此，可理解为复合函数“$f[\varphi(x)]$”与它的下一层函数的导数 $\varphi'(x)$ 的乘积的积分或微分 $\varphi'(x)\mathrm{d}x$ 的乘积的积分形式。复合函数的积分概括为以下步骤进行：

$$\begin{aligned}\int g(x)\mathrm{d}x &= \int f[\varphi(x)]\varphi'(x)\mathrm{d}x = \int f[\varphi(x)]\mathrm{d}\varphi(x)\\ &= \int f(u)\mathrm{d}u\ \big|_{u=\varphi(x)} = F(u)\ \big|_{u=\varphi(x)} + C = F[\varphi(x)] + C\end{aligned}$$

在上面的恒等变形中，要将被积表达式分解出 $\varphi'(x)\mathrm{d}x$ 凑成微分 $\mathrm{d}\varphi(x)$，因此不定积分的第一换元法又称凑微分法(或进微分法)。根据微分运算的基本规律，凑微分就是凑微分变量与积分变量相同，达到使用基本积分公式的目的。因此，第一换元法是复合函数的积分法。

(2) 凑微分时，要考虑不定积分 $\int f(u)\mathrm{d}u$ 可求。

(3) 设 $\int f(u)\mathrm{d}u = F(u) + C$ 是某一个基本积分公式。

以上复合函数积分步骤表达式中

$$\int f[\varphi(x)]\varphi'(x)\mathrm{d}x = \int f[\varphi(x)]\mathrm{d}\varphi(x) = F[\varphi(x)] + C$$

表明了基本积分公式中的积分变量换成任一个可导函数，公式仍成立。这就大大扩充了基本积分公式的使用范围。

例 1 求 $\int \sin3x\mathrm{d}x$。

解：

$$\int \sin3x\mathrm{d}x = \frac{1}{3}\int \sin3x\mathrm{d}(3x) = -\frac{1}{3}\cos3x + C$$

比较例 1，请读者想一想 $\cos2x\mathrm{d}x$，$\int \tan3x\mathrm{d}x$ 应如何求解？

例 2 求 $\int x\sqrt{4-x^2}\,\mathrm{d}x$。

解：令 $u=4-x^2$，则 $x\mathrm{d}x = -\frac{1}{2}\mathrm{d}(4-x^2) = -\frac{1}{2}\mathrm{d}u$。于是

$$\int x\sqrt{4-x^2}\,\mathrm{d}x = -\frac{1}{2}\int u^{\frac{1}{2}}\mathrm{d}u = -\frac{1}{2}\cdot\frac{2}{3}u^{\frac{3}{2}} + C = -\frac{1}{3}(4-x^2)^{\frac{3}{2}} + C$$

比较例 2，请读者想一想 $\int \frac{x}{\sqrt{1+x^2}}\mathrm{d}x$ 应如何求解？

例 3 求 $\int \frac{\mathrm{d}x}{\cos^2x(1+\tan x)}$。

解：第一换元积分法使用熟练后，常常简化写出新的积分变量过程，本例的解可写为

$$\int \frac{\mathrm{d}x}{\cos^2x(1+\tan x)} = \int \frac{\mathrm{d}\tan x}{1+\tan x} = \int \frac{\mathrm{d}(1+\tan x)}{1+\tan x} = \ln|1+\tan x| + C$$

例 4 求 $\int \frac{\mathrm{d}x}{x(2+3\ln x)}$。

解：$\int \frac{\mathrm{d}x}{x(2+3\ln x)} = \frac{1}{3}\int \frac{\mathrm{d}(2+3\ln x)}{2+3\ln x} = \frac{1}{3}\ln|2+3\ln x| + C$

以上几例是利用改变微分变量系数的方法求积分，这里叫“凑微分”法。下面介绍一些凑微分的等式供参考(以下各式中 a，b 为常数，$a\neq0$)：

①$\mathrm{d}x = \frac{1}{a}\mathrm{d}(ax+b)$

②$x\mathrm{d}x = \frac{1}{2}\mathrm{d}(x^2) = \frac{1}{2a}\mathrm{d}(ax^2+b)$

③$\frac{\mathrm{d}x}{x} = \frac{1}{a}\mathrm{d}(a\ln|x|+b)$

④$\frac{dx}{\sqrt{x}}=2d(\sqrt{x})=\frac{2}{a}d(a\sqrt{x}+b)$

⑤$\frac{dx}{x^2}=-d(\frac{1}{x})$

⑥$e^x dx=d(e^x)$

⑦$\cos x dx=d(\sin x)$

⑧$\sin x dx=-d(\cos x)$

⑨$\sec^2 x dx=d(\tan x)$

⑩$\sec x\tan x dx=d\sec x$

⑪$\frac{dx}{\sqrt{1-x^2}}=d(\arcsin x)$

⑫$\frac{dx}{1+x^2}=d(\arctan x)$

例 5　求$\int\sec^4 x dx$。

解：

$$\int\sec^4 x dx=\int\sec^2 x d(\tan x)$$

$$=\int(\tan^2 x+1)d(\tan x)=\frac{1}{3}\tan^3 x+\tan x+C$$

例 6　求$\int\sin^2 3x dx$。

解：此题由降幂三角倍角公式，得

$$\int\sin^2 3x dx=\frac{1}{2}\int(1-\cos 6x)dx=\frac{x}{2}-\frac{1}{12}\sin 6x+C$$

例 7　求$\int\sin^3 x dx$。

解：由于被积函数$\sin^3 x$是奇次幂，故

$$\sin^3 x dx=\sin^2 x\cdot\sin x dx=(\cos^2 x-1)d\cos x$$

于是

$$\int\sin^3 x dx=\int(\cos^2 x-1)d\cos x=\frac{1}{3}\cos^3 x-\cos x+C$$

比较例 6、例 7，请读者想一想$\int\cos^2 2x dx$，$\int\cos^3 x dx$应如何求解？

本章第一节列出的基本积分公式中的式(14)至式(19)，除了可用求导运算验证外，还可用第一换元法验证其正确性(请自证)。

例 8 求$\int \frac{dx}{x(x+2)}$。

解：被积函数是一个真分式的有理函数，可用简化分母的方法求解。即把$\frac{1}{x(x+2)}$拆成$\frac{1}{2}(\frac{1}{x}-\frac{1}{x+2})$的形式，利用通分原理化简被积函数，先进入积分性质，然后再利用相应积分公式进行积分。

因为
$$\frac{1}{x(x+2)}=\frac{1}{2}\left(\frac{1}{x}-\frac{1}{x+2}\right)$$

所以
$$\int \frac{dx}{x(x+2)}=\frac{1}{2}\int \frac{dx}{x}-\frac{1}{2}\int \frac{dx}{x+2}=\frac{1}{2}\ln|x|-\frac{1}{2}\int \frac{d(x+2)}{x+2}$$
$$=\frac{1}{2}\ln|x|-\frac{1}{2}\ln|x+2|+C=\frac{1}{2}\ln\left|\frac{x}{x+2}\right|+C$$

例 9 求$\int \frac{4x-1}{(2x-1)^{100}}dx$。

解：与例 5 的方法相同。

分子拆项的目的是使分子与分母有约分的项，其分子$4x-1=2(2x-1)+1$，所以

$$\int \frac{4x-1}{(2x-1)^{100}}dx=2\int \frac{dx}{(2x-1)^{99}}+\int \frac{dx}{(2x-1)^{100}}$$
$$=\int \frac{d(2x-1)}{(2x-1)^{99}}+\frac{1}{2}\int \frac{d(2x-1)}{(2x-1)^{100}}$$
$$=-\frac{1}{98}\cdot\frac{1}{(2x-1)^{98}}-\frac{1}{198}\cdot\frac{1}{(2x-1)^{99}}+C$$

请总结、归纳第一类换元法凑微分法（或叫进微分法）的一般规律。

习题 4－2

求下列不定积分：

(1) $\int (2x-3)^{100}dx$　　(2) $\int \frac{3}{(1-2x)^2}dx$

(3) $\int \frac{dx}{\sqrt[3]{3-2x}}$　　(4) $\int \frac{dx}{3x-5}$

(5) $\int (a+bx)^k dx$ $(b\neq 0)$　　(6) $\int \cos(\alpha-\beta x)dx$ $(\beta\neq 0)$

(7) $\int \tan 6x dx$　　(8) $\int 10^{2x}dx$

(9) $\int \frac{dx}{\sin^2\left(2x+\frac{\pi}{4}\right)}$　　(10) $\int \frac{dx}{\sqrt{1-25x^2}}$

(11) $\int \frac{dx}{1+9x^2}$　　(12) $\int \frac{\sqrt{\ln x}}{x}dx$

(13) $\int x^2\sqrt{1+x^3}\,dx$　　(14) $\int (2x-1)\cos(x^2-x+1)dx$

(15) $\int \frac{\arctan x}{1+x^2}dx$　　(16) $\int \frac{dx}{\sqrt{e^{2x}-1}}$

(17) $\int \cos^2 x dx$　　(18) $\int \tan^3 x dx$

(19) $\int \frac{dx}{(x-1)(x+2)}$　　(20) $\int xe^{-x^2}dx$

(21) $\int \frac{e^{\arcsin x}}{\sqrt{1-x^2}}dx$　　(22) $\int \frac{2x+1}{(x-1)^8}dx$

(23) $\int \frac{dx}{x^2+2x+3}$　　(24) $\int \frac{dx}{x(x^6+1)}$

第三节 不定积分的第二类换元法

二维码 4－3

扫一扫，获取本节资源

上一节用不定积分的第一换元法求解了一些简单复合函数积分方法，但有些不定积分，如 $\int\frac{\mathrm{d}x}{\sqrt{x^2+a^2}}\ (a\neq 0)$，$\int\frac{\mathrm{d}x}{1+\sqrt[3]{x}}$ 等，被积函数不去掉根式就不能用前面的积分方法进行积分。下面通过换元变换 $x=\psi(t)$，即第二换元法来求解。关于不定积分的第二换元法有如下定理。

定理 函数 $x=\psi(t)$ 有连续的导数且 $\psi'(t)\neq 0$，又函数 $f[\psi(t)]\psi'(t)$ 有原函数，则

$$\int f(x)\mathrm{d}x = \int f[\psi(t)]\psi'(t)\mathrm{d}t\Big|_{t=\psi^{-1}(x)} \tag{1}$$

设 $F(t)$ 是 $f[\psi(t)]\psi'(t)$ 的一个原函数，由不定积分的定义，只要验证 $\frac{\mathrm{d}}{\mathrm{d}x}F[\psi^{-1}(x)]=f(x)$ 就可证得式(1)。这里就不具体证明了。

对第二类换元法，在使用式(1)时，通过变换 $x=\psi(t)$ 化成 t 为积分变量的积分，使之回到第一类换元法或直接积分法。一定要把 t 代回为 $\psi^{-1}(x)$ 的函数式。

一、三角代换

当被积函数出现含有如下二次根式的形式

$$\sqrt{a^2-x^2},\ \sqrt{x^2+a^2},\ \sqrt{x^2-a^2}\ (a>0)$$

时，对应代换式可分别设

$$x=a\sin t \text{ 或 } x=a\cos t,\quad x=a\tan t \text{ 或 } x=a\cot t,\quad x=a\sec t \text{ 或 } x=a\csc t$$

等，则可分别化去根号。下面举例说明。

例 1 求 $\int\sqrt{a^2-x^2}\,\mathrm{d}x\ (a>0)$。

解：由三角公式 $\sin^2 t+\cos^2 t=1$，令 $x=a\sin t\left(-\frac{\pi}{2}<t<\frac{\pi}{2}\right)$，则

$$\sqrt{a^2-x^2}=\sqrt{a^2-a^2\sin^2 t}=a|\cos t|=a\cos t$$

$$\mathrm{d}x=a\cos t\mathrm{d}t$$

于是

$$\int\sqrt{a^2-x^2}\,dx = a^2\int\cos^2t\,dt = \frac{a^2}{2}\int(1+\cos2t)\,dt$$
$$=\frac{a^2}{2}\left(t+\frac{1}{2}\sin2t\right)+C$$

为了把以上步骤的最后一式还原为 x 的表达式，可以根据 $-\frac{\pi}{2}<t<\frac{\pi}{2}$，$\sin t=\frac{x}{a}$，求 t 的其他三角函数值。由于它们的表达式在一、四象限内相同，故可利用 t 是锐角时有

$$t=\arcsin\frac{x}{a},\ \cos t=\frac{\sqrt{a^2-x^2}}{a}$$

因此

$$\int\sqrt{a^2-x^2}\,dx=\frac{a^2}{2}\arcsin\frac{x}{a}+\frac{x}{2}\sqrt{a^2-x^2}+C$$

例 2 求 $\int\frac{dx}{\sqrt{x^2+a^2}}\ (a>0)$。

解：由三角公式 $\tan^2t+1=\sec^2t$，令 $x=a\tan t\left(-\frac{\pi}{2}<t<\frac{\pi}{2}\right)$，则

$$\sqrt{x^2+a^2}=a\sec t,\ dx=a\sec^2t\,dt$$

于是

$$\int\frac{dx}{\sqrt{x^2+a^2}}=\int\frac{a\sec^2t}{a\sec t}dt=\int\sec t\,dt=\ln|\sec t+\tan t|+C_1$$

根据 $\frac{x}{a}=\tan t$，有 $\sec t=\frac{\sqrt{x^2+a^2}}{a}$，因此

$$\int\frac{dx}{\sqrt{x^2+a^2}}=\ln\frac{x+\sqrt{x^2+a^2}}{a}+C_1=\ln(x+\sqrt{x^2+a^2})+C$$

其中，$C=C_1-\ln a$。

二、第二类换元法中简单根式代换法

当被积函数仅含有根式 $\sqrt{ax\pm b}$ 与 $\sqrt[n]{x}\cdot\sqrt[m]{x}$，且 n，m 同时为奇数或偶数，或一个为奇数而另一个为偶数，则不能用凑微分的方法进行有理化，计算时需要换元，可直接令：$\sqrt{ax\pm b}=t$；当 $\sqrt[m]{x}$ 与 $\sqrt[n]{x}$ 的形式出现时，设 $\sqrt[\partial]{x}=t$（$\partial=m\times n$ 为它们乘积的最小公倍数）。

例3 求$\int \frac{\sqrt{x-1}}{x}\mathrm{d}x$。

解：由于被积函数含有$\sqrt{x-1}$，令$\sqrt{x-1}=t$，则$x=t^2+1$，$\mathrm{d}x=2t\mathrm{d}t$，于是

$$\int \frac{\sqrt{x-1}}{x}\mathrm{d}x = \int \frac{2t^2}{t^2+1}\mathrm{d}t = 2\int \frac{(t^2+1)-1}{t^2+1}\mathrm{d}t = 2\int\left(1-\frac{1}{t^2+1}\right)\mathrm{d}t$$
$$= 2(t-\arctan t)+C = 2(\sqrt{x-1}-\arctan\sqrt{x-1})+C$$

例4 求$\int \frac{\mathrm{d}x}{\sqrt{x}+\sqrt[3]{x}}$。

解：为了同时化去根式$\sqrt{x}$和$\sqrt[3]{x}$，令$\sqrt[6]{x}=t$，则$x=t^6$，$\mathrm{d}x=6t^5\mathrm{d}t$。于是

$$\int \frac{\mathrm{d}x}{\sqrt{x}+\sqrt[3]{x}} = \int \frac{6t^5}{t^3+t^2}\mathrm{d}t = 6\int \frac{t^3}{t+1}\mathrm{d}t = 6\int \frac{(t^3+1)-1}{t+1}\mathrm{d}t$$
$$= 6\int\left(t^2-t+1-\frac{1}{t+1}\right)\mathrm{d}t = 2t^3-3t^2+6t-6\ln|t+1|+C$$
$$= 2\sqrt{x}-3\sqrt[3]{x}+6\sqrt[6]{x}-6\ln(\sqrt[6]{x}+1)+C$$

例5 求$\int \frac{1}{x}\sqrt{\frac{1+x}{x}}\mathrm{d}x\ (x>0)$。

解：为了使根式有理化，令$\sqrt{\frac{x+1}{x}}=t$，则$x=\frac{1}{t^2-1}$，$\mathrm{d}x=-\frac{2t}{(t^2-1)^2}\mathrm{d}t$。

于是

$$\int \frac{1}{x}\sqrt{\frac{1+x}{x}}\mathrm{d}x = -2\int \frac{t^2}{t^2-1}\mathrm{d}t = -2\int\left(1+\frac{1}{t^2-1}\right)\mathrm{d}t$$
$$= -2t-\ln\left|\frac{t-1}{t+1}\right|+C$$
$$= -2t-\ln\frac{(t-1)^2}{|t^2-1|}+C$$
$$= -2\sqrt{\frac{1+x}{x}}-2\ln\left(\sqrt{\frac{1+x}{x}}-1\right)-\ln x+C$$

以上积分使人们明白，第二类积分法被称为去根式积分。它的第一种通过同角三角函数的平方关系式换元去根式，换为第二个参变量再回到第一类换元法积分，然后返代换就得到当前积分变量的原函数；它的第二种直接换元去根式换为第二个参变量再回到第一类换元法或直接积分法积分，然后返代换就得到当前积分变量的原函数。

习题 4 - 3

求下列不定积分：

(1) $\int \frac{\mathrm{d}x}{(x^2+a^2)^{\frac{3}{2}}}$　　(2) $\int \frac{\mathrm{d}x}{x^2\sqrt{x^2-9}}\ (x>3)$

(3) $\int \frac{x^2}{\sqrt{1-x^2}}\mathrm{d}x$　　(4) $\int \frac{\mathrm{d}x}{1+\sqrt{2x}}$

(5) $\int \frac{\sqrt{x^2-9}}{x}\mathrm{d}x\ (x>3)$　　(6) $\int \frac{\mathrm{d}x}{\sqrt{4x^2+9}}$

(7) $\int \frac{\mathrm{d}x}{\sqrt{x}+\sqrt[4]{x}}$　　(8) $\int \frac{\mathrm{d}x}{x\sqrt{x^2-1}}\ (x>1)$

第四节　不定积分的分部积分法

二维码 4－4

扫一扫，获取本节资源

在无线电通信和电工电子技术工程领域，对脉冲函数进行分析，常常要计算被积函数是出现两种函数的乘积形式，如 $\int x\cos x\mathrm{d}x$，$\int x^n \mathrm{e}^{mx}\mathrm{d}x$，$\int \ln^{nx}\mathrm{d}x$，$\int x^n \ln^{mx}\mathrm{d}x$，$\int \arctan nx\mathrm{d}x$，$\int \mathrm{e}^{nx}\sin mx\mathrm{d}x$，或被积函数出现三角高次方或复杂复合函数，用直接积分法、换元积分法是难以积分的。因此，从积分学本身形成另一类积分方法——分部积分法。

分部积分法是建立在导数(或微分)的乘积法则的基础之上的。我们先回顾一下导数乘积的求导法则。

设 $u=u(x)$，$v=v(x)$ 都在某一区间 I 内可导，则

$$(uv)'=u'v+uv',\quad uv'=(uv)'-u'v$$

若 u'，v' 都在 I 内连续，则可对上式关于积分变量 x 两端积分，有分部积分公式

$$\int uv'\mathrm{d}x = uv - \int u'v\mathrm{d}x \tag{1}$$

写成更便于使用的微分形式，式(1)即

$$\int u\mathrm{d}v = uv - \int v\mathrm{d}u \tag{2}$$

式(1)、式(2)都是不定积分的分部积分公式。由式(2)可见，当 $v\mathrm{d}u$ 容易积分，而 $u\mathrm{d}v$ 较难积分，使用式(2)就可以化难为易了。具体来说，用式(2)求不定积分时，必须把所给的不定积分化为式(2)的左端，这部分称为分部积分公式；右端是它的展开式。分别选择它们为 u，$\mathrm{d}v$。选择时，要使 $u\mathrm{d}v$ 简单可积。下面通过例题加以说明。

例 1　求 $\int x\cos x\mathrm{d}x$。

分析：从积分的难度看，x' 比 x 简单，而 $(\cos x)'$ 与 $\cos x$ 差不多，因此选择 $u=x$，$\mathrm{d}v=\cos x\mathrm{d}x=\mathrm{d}\sin x$。

解：取 $u=x$，$\mathrm{d}v=\cos x\mathrm{d}x=\mathrm{d}\sin x$，则 $\mathrm{d}u=\mathrm{d}x$，$v=\sin x$。于是，取幂函数和三角函数乘积，使三角函数进行微分比较简单，即得

$$\int x\cos x\mathrm{d}x = \int x\mathrm{d}\sin x = x\sin x - \int \sin x\mathrm{d}x$$

$$= x\sin x + \cos x + C$$

熟悉了分部积分公式后，可以不明确写出 u，$\mathrm{d}v$，而直接按式(2)求解。如例 1 可写成

$$\int x\cos x\mathrm{d}x = \int x\mathrm{d}\sin x = x\sin x - \int \sin x\mathrm{d}x = x\sin x + \cos x + C$$

即

$$\int x\cos x\mathrm{d}x = \int u\mathrm{d}(v) = (u\cdot v) - \int v\mathrm{d}(u)$$

那么，$\int x^2\cos x\mathrm{d}x$，$\int x\cos^2 x\mathrm{d}x$ 应如何积分？

例 2　$\int x\mathrm{e}^x\mathrm{d}x$。

解：

$$\int x\mathrm{e}^x\mathrm{d}x = \int x\mathrm{d}(\mathrm{e}^x) = x\mathrm{e}^x - \int \mathrm{e}^x\mathrm{d}x = x\mathrm{e}^x - \mathrm{e}^x + C$$

由例 1、例 2 可见，幂函数与这两种函数乘积，进微分的函数是三角函数和指数函数，这样的积分简单明了。

例 3　求 $\int x\mathrm{e}^{-x}\mathrm{d}x$。

解：本题与前一题计算规律一样，取幂函数和指数函数乘积，使指数函数转微分比较简单。

$$\int x\mathrm{e}^{-x}\mathrm{d}x = -\int x\mathrm{d}\mathrm{e}^{-x} = -\left(x\mathrm{e}^{-x} - \int \mathrm{e}^{-x}\mathrm{d}x\right)$$

$$= -x\mathrm{e}^{-x} - \mathrm{e}^{-x} + C = -(x+1)\mathrm{e}^{-x} + C$$

由以上两例可见，如果被积函数是正整指数的幂函数和正(余)弦函数(或指数函数)的乘积，可用分部积分法，并选择三角函数或指数函数进微分。这样，用一次分部积分公式可使幂函数的幂次降低一次。

例 4　求 $\int 2x\arctan x\mathrm{d}x$。

分析：因为 $\int 2x\arctan x\mathrm{d}x = \int \arctan x\mathrm{d}(x^2)$，而 $\int x^2\mathrm{d}\arctan x = \int \frac{x^2}{1+x^2}\mathrm{d}x$ 比 $\int 2x\arctan x\mathrm{d}x$ 容易积分，所以可取

$$u = \arctan x,\quad \mathrm{d}v = 2x\mathrm{d}x = \mathrm{d}(x^2)$$

解：
$$\int 2x\arctan x\mathrm{d}x = \int \arctan x\mathrm{d}(x^2)$$
$$= x^2\arctan x - \int x^2\mathrm{d}\arctan x$$
$$= x^2\arctan x - \int \frac{x^2}{1+x^2}\mathrm{d}x$$
$$= x^2\arctan x - x + \arctan x + C$$

那么，$\int \arcsin x\mathrm{d}x$，$\int \arctan x\mathrm{d}x$ 应该如何积分？

例 5 求 $\int x^2\ln x\mathrm{d}x$。

解：
$$\int x^2\ln x\mathrm{d}x = \frac{1}{3}\int \ln x\mathrm{d}(x^3) = \frac{1}{3}\left(x^3\ln x - \int x^3\mathrm{d}\ln x\right)$$
$$= \frac{x^3}{3}\ln x - \frac{1}{3}\int x^2\mathrm{d}x = \frac{x^3}{3}\ln x - \frac{x^3}{9} + C$$

由例 4、例 5 可见，如果被积函数是常数或幂函数与对数函数(或反三角函数)的乘积，可直接使用分部积分法。先进行微分的函数必须是幂函数，因为幂函数容易进行微分。这种计算和例 1 至例 3 比较，其难点是在于交换微分时要进行微分运算，如 $\mathrm{d}(\ln x) = \frac{1}{x}\mathrm{d}x$。这样，用一次分部积分公式就可以化去被积表达式中的对数函数或反三角函数，达到化简积分的目的。

习题 4－4

求下列不定积分：

(1) $\int x\cos 3x\mathrm{d}x$　　(2) $\int 2xe^{-2x}\mathrm{d}x$

(3) $\int \frac{2x}{\cos^2 x}\mathrm{d}x$　　(4) $\int x\sin^2 x\mathrm{d}x$

(5) $\int \arctan x\mathrm{d}x$　　(6) $\int (x^2 - x + 1)\ln x\mathrm{d}x$

(7) $\int x\tan^2 x\mathrm{d}x$　　(8) $\int xf''(x)\mathrm{d}x$

(9) $\int x^n\ln x\mathrm{d}x\ (n \neq -1)$　　(10) $\int \ln(x+1)\mathrm{d}x$

第五章　定　积　分

本章将讨论积分学的另一个基本问题——定积分问题。“无限求和”就是积分。先从几何、物理运动学问题出发引出定积分定义，讨论定积分的运算性质与计算方法。为了计算定积分的值，在不定积分的概念和基本积分公式和积分方法基础上，进行定积分的计算。

第一节　定积分的概念与性质

二维码 5－1

扫一扫，获取本节资源

一、几个实例

1. 曲边梯形的面积

一般地，由连续曲线 $y=f(x)$ $(\geqslant 0)$、x 轴、直线 $x=a$ 和 $x=b$ $(a<b)$ 围成的曲边梯形(如图 5－1 所示)的面积 A 不能直接用矩形面积公式计算，但如果曲边梯形的底边很窄，则 $f(x)$ 变化很小可以近似地看成不变，从而可以用近似小的矩形面积来计算。

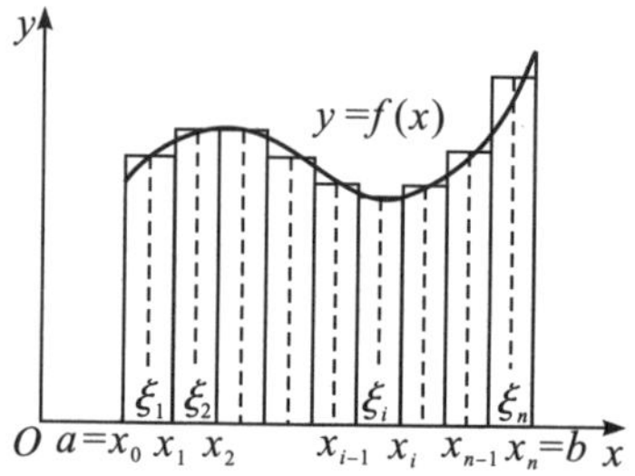

图 5－1

(1) 分割：在区间 $[a,b]$ 内任意插入 $n-1$ 个分点，$a=x_0<x_1<x_2<\cdots<x_{n-1}<x_n=b$，得到 n 个区间

$$[x_0,x_1],\ [x_1,x_2],\ \cdots,\ [x_{n-1},x_n]$$

记 $\Delta x_i=x_i-x_{i-1}$，则 Δx_i 为第 $i(i=1,\ \cdots,\ n)$ 个小区间的长度。过各分点作 x 轴的垂线，把曲边梯形分成 n 个窄小的曲边梯形。

(2) 近似代替：在每个小区间 $[x_{i-1},x_i]$ 上任取一点 ξ_i，则第 i 个窄曲边梯形的面积 ΔA_i 可以用与它同底、高为 $f(\xi_i)$ 的窄小矩形面积近似代替，即

$$\Delta A_i\approx f(\xi_i)\Delta x_i\text{[在 }\Delta x_i\to 0\text{ 时，}f(\xi_i)\Delta x\text{ 是 }\Delta A_i\text{ 的线性主部]}$$

(3) 求和：n 个窄矩形面积的和是所求曲边梯形的面积 A 的近似值，即

$$A\approx\sum_{i=1}^{n}f(\xi_i)\Delta x_i$$

(4) 取极限：为了得到 A 的精确值，必须让每个小区间的长都趋于零。现用 λ 表示 n 个小区间长度的最大值，即

$$\lambda=\max\{\Delta x_i\,|\,i=1,\ \cdots,\ n\}$$

则和式 $\sum_{i=1}^{n} f(\xi_i)\Delta x$ 在 $\lambda \to 0$ 时的极限是面积 A，即

$$A = \lim_{\lambda \to 0}\sum_{i=1}^{n} f(\xi_i)\Delta x_i$$

2. **变速直线运动的路程**

设一个物体做直线运动，已知速度 $v(t)$ 是时间间隔 $[T_1, T_2]$ 上的连续函数，求 T_1 到 T_2 这段时间内物体通过的路程 s。由于物体是做变速运动，因此不能以物体在某一时刻的速度代替 $[T_1, T_2]$ 这段时间内各时刻的速度，但已知速度函数是连续，可以采用处理曲边梯形面积的类似方法。

(1) 分割：在时间区间 $[T_1, T_2]$ 内插入 $n-1$ 个分点

$$T_1 = t_0 < t_1 < t_2 < \cdots < t_{n-1} < t_n = T_2$$

得到 n 个小区间 $[t_{i-1}, t_i]$ $(i = 1, 2, \cdots, n)$，记第 i 个小区间的长为 $\Delta t_i(t_i - t_{i-1})$，这时路程 s 相应地被分为 n 个小路程 Δs_i。

(2) 近似代替：在时间间隔 $[t_{i-1}, t_i]$ 上任取一个时刻 τ_i，用时刻 τ_i 的速度 $v(\tau_i)$ 近似代替在 $[t_{i-1}, t_i]$ 上各时刻的速度，则

$$\Delta s_i \approx v(\tau_i)\Delta t_i$$

(3) 求和：

$$s = \sum_{i=1}^{n}\Delta s_i \approx \sum_{i=1}^{n} v(\tau_i)\Delta t_i$$

(4) 取极限：记 n 个小区间的长度的最大值为 λ，当 $\lambda \to 0$ 时，以上和式的极限，就是变速直线运动的路程，即

$$s = \lim_{\lambda \to 0}\sum_{i=1}^{n} v(\tau_i)\Delta t_i$$

3. **直线运动时的变力做功**

物体沿 x 轴从点 a 运动到点 b，在运动过程中受到沿 x 轴方向的变力 $F(x)$ 的作用。设 $F(x)$ 是 x 的连续函数，求力 $F(x)$ 对物体做的功 W。

由于物体在运动过程中受到的是变力，不能简单地用常力做功的公式，但变力是连续的，如果通过的路程很短，变力可以近似地看作恒力，因此仍然可用处理曲边梯形面积的类似方法来计算变力做功。

(1) 分割：将区间 $[a, b]$ 分成 n 个小区间 $[x_{i-1}, x_i]$（其中 $x_0 = a$，$x_n = b$），记 $\Delta x_i = x_i - x_{i-1}$，功 W 相应地被分成 n 个部分功 $\Delta W_i (i = 1, 2, \cdots, n)$。

(2) 近似代替：在小区间 $[x_{i-1}, x_i]$ 上任取一点 ξ_i，用 ξ_i 处物体受到的力 $F(\xi_i)$ 近似代替在 $[x_{i-1}, x_i]$ 上各点物体受到的力，则

$$\Delta W_i \approx F(\xi_i)\Delta x_i$$

(3) 求和：　　$W = \sum_{i=1}^{n} \Delta W_i \approx \sum_{i=1}^{n} F(\xi_i)\Delta x_i$

(4) 取极：记 $\lambda = \max\{\Delta x_i \mid i=1, 2, \cdots, n\}$，则

$$W = \lim_{\lambda \to 0} \sum_{i=1}^{n} F(\xi_i)\Delta x_i$$

以上三个实例对所求量的解决方法可以概括为：化整为零取近似(局部以直代曲或以常量代变量)，得到其近似值；聚零为整取极限，得到所求量的精确值。

二、定积分的定义及其几何意义

以上的三个实例有不同的实际意义，但计算这些量使用的方法是相同的。抛开这些问题的具体意义，从表达式在数量与函数关系上的共同特性抽象出定积分的概念。

定义　设函数 $f(x)$ 在闭区间 $[a,b]$ 上有界，在 (a,b) 内任意插入 $n-1$ 个分点

$$a = x_0 < x_1 < x_2 < \cdots < x_n = b$$

把 $[a,b]$ 分成了 n 个小区间 $[x_{i-1}, x_i]$，其长度 $\Delta x_i = x_i - x_{i-1}(i=1, 2, \cdots, n)$；在每个小区间 $[x_{i-1}, x_i]$ 上任取一点 ξ_i，作积 $f(\xi_i)\Delta x_i(i=1, 2, \cdots, n)$；作和式

$$\sum_{i=1}^{n} f(\xi_i)\Delta x_i \text{（称为积分和）}$$

记 $\lambda = \max\{\Delta x_i \mid i=1, 2, \cdots, n\}$，若极限 $\lim\limits_{\lambda \to 0} \sum\limits_{i=1}^{n} F(\xi_i)\Delta x_i$ 存在，则称函数 $f(x)$ 在 $[a,b]$ 上可积，并称以上极限值为函数 $f(x)$ 在 $[a,b]$ 上的定积分，记作 $\int_a^b f(x)\,dx$，即

$$\int_a^b f(x)\,dx = \lim_{\lambda \to 0} \sum_{i=1}^{n} F(\xi_i)\Delta x_i$$

称 $f(x)$ 为被积函数，$f(x)\,dx$ 为被积表达式，x 为积分变量，$[a,b]$ 为积分区间。在上式中，a 为积分下限，b 为积分上限，$\int_a^b$ 为定积分号。

由定积分的定义，前面三个实例可分别表达为：

由连续曲线 $y=f(x)$ ($\geqslant 0$)、直线 $x=a$ 和 $x=b$ 及 x 轴围成的曲边梯形面积

$$A = \int_a^b f(x)\,dx$$

以连续的速度 $v(t)$（$\geqslant 0$）做变速直线运动的物体，从时刻 T_1 到 T_2 通过的路程

$$s = \int_{T_1}^{T_2} v(t)\,dt$$

在连续的力 $F(x)$ 作用下，物体沿 x 轴从 $x = a$ 到 $x = b$ 运动，力 $F(x)$ 做功

$$W = \int_a^b F(x)\,dx$$

关于定积分的定义做以下四点说明：

(1) 函数 $f(x)$ 在 $[a,b]$ 上可积有两个充分条件：$f(x)$ 在闭区间 $[a,b]$ 上连续或者在 $[a,b]$ 上除有限个第一类间断点外处处连续。

(2) 极限 $\lim\limits_{\lambda\to 0}\sum\limits_{i=1}^{n} F(\xi_i)\Delta x_i$ 存在，是指对区间 $[a,b]$ 的任意分法，ξ_i 在 $[x_{i-1}, x_i]$ 中的任意取法，只要 $\lambda\to 0$，积分和 $\sum\limits_{i=1}^{n} F(\xi_i)\Delta x_i$ 都趋于同一个值。

因此，如果已知函数 $f(x)$ 在 $[a,b]$ 上可积，用定积分的定义求 $\int_a^b f(x)\,dx$ 时，为了简化计算，对 $[a,b]$ 可采用特殊的分法以及 ξ_i 的特殊取法。

(3) 定积分 $\int_a^b f(x)\,dx$ 是积分和的极限，它是一个数，与函数 $f(x)$、区间 $[a,b]$ 有关，而与积分变量的选择无关。即

$$\int_a^b f(x)\,dx = \int_a^b f(t)\,dt = \int_a^b f(u)\,du$$

(4) 为了讨论的方便，补充规定

$$\int_a^a f(x)\,dx = 0,\ \int_a^b f(x)\,dx = -\int_b^a f(x)\,dx$$

由定积分的定义可得定积分的几何意义：

在闭区间 $[a,b]$ 上，若函数 $f(x)\geqslant 0$，则 $\int_a^b f(x)\,dx$ 在几何上表示由曲线 $y=f(x)$、直线 $x=a$ 和 $x=b$ 及 x 轴围成的曲边梯形的面积代数和。

在 $[a,b]$ 上，若函数 $f(x)\leqslant 0$，则 $\int_a^b f(x)\,dx$ 在几何上表示由曲线 $y=f(x)$、直线 $x=a$ 和 $x=b$ 及 x 轴围成的曲边梯形(在 x 轴的下方)的面积的相反数。

在 $[a,b]$ 上，$f(x)$ 有正有负时，如果我们约定位于 x 轴上方的面积为“正”，下方的面积为“负”，这时，$\int_a^b f(x)\,dx$ 在几何上表示介于 x 轴及直线

$x=a$和$x=b$及曲线$y=f(x)$之间的各部分面积的代数和，如图5－2所示。即

$$\int_a^b f(x)\,\mathrm{d}x = A_1 - A_2 + A_3$$

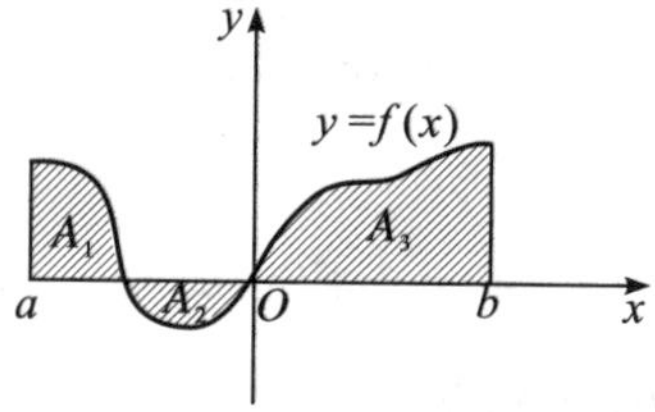

图5－2

三、定积分的性质

下列各性质中的函数都假设在积分区间上可积，积分下限未必小于积分上限。由定积分的定义、极限的性质和运算法则，可得定积分的以下基本性质。

性质1 $$\int_a^b k\,\mathrm{d}x = k(b-a)\ (k\text{为常数})$$

性质2 $$\int_a^b [f(x) \pm g(x)]\,\mathrm{d}x = \int_a^b f(x)\,\mathrm{d}x \pm \int_a^b g(x)\,\mathrm{d}x$$

性质3 任意$k \in \mathbf{R}$，有

$$\int_a^b kf(x)\,\mathrm{d}x = k\int_a^b f(x)\,\mathrm{d}x$$

性质4 a，b，c为常数，存在$a<c<b$，则

$$\int_a^b f(x)\,\mathrm{d}x = \int_a^c f(x)\,\mathrm{d}x + \int_c^b f(x)\,\mathrm{d}x$$

性质5 $$\int_a^b f(x)\,\mathrm{d}x = -\int_b^a f(x)\,\mathrm{d}x$$

习题5－1

利用定积分定义计算下列积分：

(1) $\int_a^b x\,\mathrm{d}x\ (a<b)$　　(2) $\int_0^1 \sqrt{1-x^2}\,\mathrm{d}x$

第二节　微积分基本公式

二维码 5-2

扫一扫，获取本节资源

由上一节知道，物体以速度 $v(t)$ 做变速直线运动，在时间间隔 $[T_1,T_2]$ 内通过的路程

$$s=\int_{T_1}^{T_2}v(t)\mathrm{d}t=s(T_2)-s(T_1)$$

其中 $s(t)$ 为物体在时刻 t 的位置函数，$s'(t)=v(t)$。

本节把这一结果推广到一般情形，得到微积分基本公式，即牛顿(Newton)—莱布尼茨(Leibniz)公式。

一、微积分的基本公式

定理 1(微积分基本公式)　设 $f(x)$ 在 $[a,b]$ 上连续，$F(x)$ 是 $f(x)$ 在 $[a,b]$ 上的一个原函数，则积分值

$$\int_a^b f(x)\mathrm{d}x=F(x)\Big|_a^b=F(b)-F(a)$$

例 1　求 $\int_0^1 x^3\mathrm{d}x$ 的值。

解：由牛顿—莱布尼茨公式，得

$$\int_0^1 x^3\mathrm{d}x=\frac{x^4}{4}\Big|_0^1=\frac{1}{4}$$

例 2　求 $\int_0^{\frac{\pi}{4}}\tan x\mathrm{d}x$ 的值。

解：$\int_0^{\frac{\pi}{4}}\tan x\mathrm{d}x=-(\ln|\cos x|)\Big|_0^{\frac{\pi}{4}}=-\left(\ln\frac{\sqrt{2}}{2}-\ln 1\right)=-\frac{\ln 2}{2}$

例 3　计算 $\int_{-2}^{-1}\frac{\mathrm{d}x}{x}$。

解：$\int_{-2}^{-1}\frac{\mathrm{d}x}{x}=\ln|x|\Big|_{-2}^{-1}=-\ln 2$

例 4　求 $\int_0^2|1-x|\mathrm{d}x$ 的值。

解：被积函数是 $|1-x|$，不能直接用基本积分公式。由于 $0\leqslant x\leqslant 2$，$1-x$ 可正可负，因此由定积分对积分区间的可加性，有

$$\int_0^2 |1-x|\mathrm{d}x = \int_0^1 (1-x)\mathrm{d}x + \int_1^2 (x-1)\mathrm{d}x$$
$$= \left(x-\frac{x^2}{2}\right)\Big|_0^1 + \left(\frac{x^2}{2}-x\right)\Big|_1^2 = 1$$

必须指出：如果函数$f(x)$在区间$[a,b]$上除第一类间断点 c（$a<c<b$）外，在其余点都连续。由定积分的定义，则定积分$\int_a^b f(x)\mathrm{d}x$可按以下方法计算：

$$\int_a^b f(x)\mathrm{d}x = \int_a^c f(x)\mathrm{d}x + \int_c^b f(x)\mathrm{d}x$$

在计算$\int_a^c f(x)\mathrm{d}x$时，视$f(c)=f(c^-)$，在计算$\int_c^b f(x)\mathrm{d}x$时，视$f(c)=f(c^+)$，这样$f(x)$是$[a,c]$，$[c,b]$上的连续函数，分别按牛顿—莱布尼茨公式计算。如果函数$f(x)$在$[a,b]$上有几个第一类间断点，在其余点连续，则可用类似以上的方法计算。

例 5 已知分段函数$f(x)=\begin{cases}x-1 & (x\leqslant 0)\\ x+1 & (x>0)\end{cases}$，求$\int_{-1}^2 f(x)\mathrm{d}x$的值。

解：$f(x)$在$[-1,2]$上除$x=0$是它的第一类间断点外连续，有

$$\int_{-1}^2 f(x)\mathrm{d}x = \int_{-1}^0 f(x)\mathrm{d}x + \int_0^2 f(x)\mathrm{d}x$$
$$= \int_{-1}^0 (x-1)\mathrm{d}x + \int_0^2 (x+1)\mathrm{d}x$$
$$= \left(\frac{x^2}{2}-x\right)\Big|_{-1}^0 + \left(\frac{x^2}{2}+x\right)\Big|_0^2 = \frac{5}{2}$$

例 6 火车以 72 km/h 的速度行驶，在到达某车站前以等加速度 $a=-2.5\ \mathrm{m/s^2}$ 刹车。问火车需要在到站前多少距离时开始刹车，可使火车到站时停稳。

解：首先计算开始刹车到停车所需的时间，即匀减速运动从 $v_0=72$ km/h 到 $v(t)=0$ 所需的时间

$$v_0=\frac{72\times 1000}{3600}=20\ (\mathrm{m/s})$$

由匀减速运动的速度 $v(t)=v_0+at=20-2.5t=0$，得 $t=8$ s。

火车开始刹车的地方到车站的距离应为：

$$\int_0^8 v(t)\mathrm{d}t = \int_0^8 (20-2.5t)\mathrm{d}t = \left(20t-\frac{5}{4}t^2\right)\Big|_0^8 = 80\ (\mathrm{m})$$

二、变上限的定积分及其性质

定义　设函数 $f(t)$ 在 $[a,b]$ 上可积，$x\in[a,b]$，则变动上限的积分 $\int_a^x f(t)\mathrm{d}t$ 是 x 的函数，称为变上限的定积分（也叫积分上限函数），记作 $\varphi(x)$。

必须指出：积分上限函数 $\int_a^x f(t)\mathrm{d}t$ 对取定的 x 有确定的值（定积分的值），与积分变量 t 无关。

定理 2　设函数 $f(x)$ 在 $[a,b]$ 上连续，则积分上限函数 $\varphi(x)=\int_a^x f(t)\mathrm{d}t$ 在 $[a,b]$ 上可导，且

$$\varphi'(x)=\left(\int_a^x f(t)\mathrm{d}t\right)'=f(x)$$

例 7　$\varphi(x)=\int_a^x \mathrm{e}^{t^2}\mathrm{d}t$，求 $\varphi'(0)$。

解：由定理 2，$\varphi'(x)=\mathrm{e}^{x^2}$，所以 $\varphi'(0)=1$。

对变上限的定积分性质的应用，有待于学习者继续练习掌握其表达式的意义。

习题 5－2

1. 计算下列定积分：

(1) $\int_1^2\left(x+\frac{1}{x}\right)^2\mathrm{d}x$　　(2) $\int_1^{\sqrt{3}}\frac{\mathrm{d}x}{1+x^2}$

(3) $\int_0^{\frac{1}{2}}\frac{\mathrm{d}x}{\sqrt{1-x^2}}$　　(4) $\int_{-1}^0\frac{3x^4+3x^2+1}{x^2+1}\mathrm{d}x$

(5) $\int_1^{\sqrt{3}}\frac{\mathrm{d}x}{x^2(x^2+1)}$　　(6) $\int_0^{2\pi}\sqrt{1-\cos 2x}\,\mathrm{d}x$

(7) $\int_0^{\frac{\pi}{4}}\tan^2\theta\mathrm{d}\theta$　　(8) $\int_0^{\frac{\pi}{2}}\cos^2\frac{x}{2}\mathrm{d}x$

(9) $\int_1^4\sqrt{x}(1-\sqrt{x})\mathrm{d}x$　　(10) $\int_0^1\frac{\mathrm{d}x}{\sqrt{4-x^2}}$

(11) $\int_0^{\frac{\pi}{2}}|\sin x-\cos x|\mathrm{d}x$　　(12) $\int_0^{\pi}\sqrt{1+\cos 2x}\,\mathrm{d}x$

(13) $\int_0^{\pi}|\cos x|\mathrm{d}x$　　(14) $\int_1^4|x-2|\mathrm{d}x$

2. 求下列函数对 x 的导数：

(1) $y=\int_0^x\sqrt{1+t^2}\,dt$，求$\left.\frac{dy}{dx}\right|_{x=1}$　(2) $y=\int_{-x}^1\sin(t^2)\,dt$，求$\frac{dy}{dx}$

第三节　定积分的换元法

二维码 5-3

扫一扫，获取本节资源

牛顿—莱布尼茨公式提供了求定积分的简便而有效的方法。但是，有的定积分是复合函数和它的下一层函数的导数的乘积形式，或根式很难开方的被积函数式，如 $\int_0^{\frac{\pi}{2}} 2x\cos(x^2)\,dx$，$\int_{-1}^{1}\sqrt{ax \pm b}\,dx$，$\int_6^9 \sqrt{x^2 - a^2}\,dx$ 等形式的积分，其被积函数无法像上一节那样用基本积分公式直接积分进行计算，因此需要讨论积分计算的常用方法，其中主要有换元法和下一节的分部积分法。本节讨论定积分的换元法。

一、定积分的第一类换元法——“凑微分”

例 1　求 $\int_0^{\frac{\pi}{2}} \cos^3 t \cdot \sin t\,dt$ 的值。

解： $\int_0^{\frac{\pi}{2}} \cos^3 t \cdot \sin t\,dt = -\int_0^{\frac{\pi}{2}} \cos^3 t\,d\cos t = -\left(\frac{\cos^4 t}{4}\right)\Big|_0^{\frac{\pi}{2}} = \frac{1}{4}$

例 2　计算 $\int_{-1}^{\sqrt{7}} 2t \cdot \sqrt[3]{1+t^2}\,dt$。

解：

$$\int_{-1}^{\sqrt{7}} 2t \cdot \sqrt[3]{1+t^2}\,dt = \int_{-1}^{\sqrt{7}} (1+t^2)^{\frac{1}{3}}\,d(1+t^2)$$

$$= \frac{3}{4}(1+t^2)^{\frac{4}{3}}\Big|_{-1}^{\sqrt{7}} = \frac{3}{2}(8 - \sqrt[3]{2})$$

例 3　计算 $\int_{-\frac{\pi}{2}}^{\frac{\pi}{2}} \sqrt{\cos x - \cos^3 x}\,dx$。

解： 由于 $\sqrt{\cos x - \cos^3 x} = \sqrt{\cos x}\,|\sin x|$，$\sin x$ 在 $[-\frac{\pi}{2},\frac{\pi}{2}]$ 上可正可负，于是

$$\int_{-\frac{\pi}{2}}^{\frac{\pi}{2}} \sqrt{\cos x - \cos^3 x}\,dx = \int_{-\frac{\pi}{2}}^{\frac{\pi}{2}} \sqrt{\cos x}\,|\sin x|\,dx$$

$$= \int_{-\frac{\pi}{2}}^{0} \sqrt{\cos x}(-\sin x)\,dx + \int_0^{\frac{\pi}{2}} \sqrt{\cos x}\sin x\,dx$$

$$= \int_{-\frac{\pi}{2}}^{0} (\cos x)^{\frac{1}{2}}\,d\cos x - \int_0^{\frac{\pi}{2}} (\cos x)^{\frac{1}{2}}\,d\cos x$$

$$= \frac{2}{3}(\cos^{\frac{3}{2}} x)\Big|_{-\frac{\pi}{2}}^{0} - \frac{2}{3}(\cos^{\frac{3}{2}} x)\Big|_0^{\frac{\pi}{2}} = \frac{4}{3}$$

二、定积分的第二类换元法

讨论了不定积分的换元法以后，大大提高了求被积函数的原函数的运算能力，使得利用牛顿—莱布尼茨公式计算定积分的范围也扩大了，但理论上需要简化计算，下面介绍定积分的被积函数去根式的第二类换元法。

定理 1 定积分 $\int_a^b f(x)\mathrm{d}x$, $\int_\alpha^\beta f[\varphi(t)]\varphi'(t)\mathrm{d}t$, 满足：

(1) 函数 $\varphi(t)$ 在 $[\alpha,\beta]$（或 $[\beta,\alpha]$）上有连续的导数，$\varphi(\alpha)=a$，$\varphi(\beta)=b$。

(2) 根式函数 $f(x)$ 在 $\varphi(t)$ 的值域上连续，则

$$\int_a^b f(x)\mathrm{d}x = \int_\alpha^\beta f[\varphi(t)]\varphi'(t)\mathrm{d}t \tag{1}$$

式(1)称为定积分的换元公式。定积分 $\int_a^b f(x)\mathrm{d}x$ 本来是一个完整的记号，由式(1)可见，与不定积分出现的被积根式函数一样，被积表达式也可理解为根式函数 $f(x)$ 与微分 $\mathrm{d}x$ 的乘积。

式(1)由左往右用时，与不定积分的第二换元法类似；式(1)由右往左用时，与不定积分的第一换元法类似。在第二换元法，换元要注意的是以下问题：

(1)“换元同时换限”，通过关系式 $x=\varphi(t)$，换元后它的下限不一定小于上限。为了书写简便，换限可表示成：

$$\text{原积分变量的下限}\xrightarrow{\text{对应}}\text{换元后新的下限}$$

$$\text{原积分变量的上限}\xrightarrow{\text{对应}}\text{换元后新的上限}$$

(2) 换元后，无须像不定积分时那样回代到原积分变量，只要对换元后新积分变量直接用牛顿—莱布尼茨公式计算积分值。

例 4 求 $\int_{-2}^{2}\sqrt{4-x^2}\,\mathrm{d}x$。

解法 1：因被积函数是偶函数，所以

$$\int_{-2}^{2}\sqrt{4-x^2}\,\mathrm{d}x = 2\int_0^2\sqrt{4-x^2}\,\mathrm{d}x$$

设首先换元 $x=2\sin t$，$\mathrm{d}x=2\cos t\mathrm{d}t$；再换限 $\begin{cases} x=2\Rightarrow t=\dfrac{\pi}{2} \\ x=0\Rightarrow t=0 \end{cases}$，得

$$\int_{-2}^{2}\sqrt{4-x^2}\,dx = 2\int_0^{\frac{\pi}{2}}\sqrt{4-4\sin^2 t}\cdot 2\cos t dt$$
$$= 4\int_0^{\frac{\pi}{2}}2\cos^2 t dt$$
$$= 4\int_0^{\frac{\pi}{2}}(1+\cos 2t)dt$$
$$= 4t\Big|_0^{\frac{\pi}{2}} + 2\int_0^{\frac{\pi}{2}}\cos 2t d2t = 2\pi$$

解法 2：$y=\sqrt{4-x^2}$（$-2\leqslant x\leqslant 2$）是以原点为圆心、2 为半径的上半圆周，由定积分的几何意义，有

$$\int_{-2}^{2}\sqrt{4-x^2}\,dx = \frac{1}{2}\cdot\pi\cdot 2^2 = 2\pi$$

例 5　求 $\int_1^{10}\frac{\sqrt{x-1}}{x}dx$。

解：令换元 $\sqrt{x-1}=t$，则

$$x=t^2+1\Rightarrow dx=2tdt$$

换限有

$$x=1\Rightarrow t=0;\ x=10\Rightarrow t=3$$

经过换元和换限得

$$\int_0^3\frac{2t^2}{t^2+1}dt = 2\int_0^3\frac{(t^2+1)-1}{t^2+1}dt = 2\int_0^3\left(1-\frac{1}{1+t^2}\right)dt$$
$$= 2t\Big|_0^3 - 2\arctan t\Big|_0^3 = 6-2\arctan 3$$

由以上几例可知，除了积分限的差别以外，定积分的换元法思维就是建立在不定积分换元法的基础上进行的。

三、利用函数的奇偶性可以简化定积分的计算

定义　设被积函数 $f(x)$ 在闭区间 $[-a,a]$ 上连续，当

(1) $f(x)$ 为奇函数时，则 $\int_{-a}^{a}f(x)dx = 0$

(2) $f(x)$ 为偶函数时，则 $\int_{-a}^{a}f(x)dx = 2\int_0^a f(x)dx$

例 6　计算(1) $\int_{-\frac{\pi}{4}}^{\frac{\pi}{4}}\frac{1+x^3}{\cos^2 x}dx$；(2) $\int_{-1}^{1}x^2|x|dx$。

解：(1) 由于 $\frac{1}{\cos^2 x}$，$\frac{x^3}{\cos^2 x}$ 分别是 $[-\frac{\pi}{4},\frac{\pi}{4}]$ 上的偶函数、奇函数，于

是有

$$\int_{-\frac{\pi}{4}}^{\frac{\pi}{4}} \frac{1+x^3}{\cos^2 x}\mathrm{d}x = \int_{-\frac{\pi}{4}}^{\frac{\pi}{4}} \frac{\mathrm{d}x}{\cos^2 x} + \int_{-\frac{\pi}{4}}^{\frac{\pi}{4}} \frac{x^3}{\cos^2 x}\mathrm{d}x$$

$$= 2\int_{0}^{\frac{\pi}{4}} \frac{\mathrm{d}x}{\cos^2 x} = 2(\tan x)\Big|_0^{\frac{\pi}{4}} = 2$$

(2) 由于 $x^2|x|$ 是 $[-1,1]$ 上的偶函数，于是有

$$\int_{-1}^{1} x^2|x|\mathrm{d}x = 2\int_0^1 x^3\mathrm{d}x = 2\cdot\frac{1}{4}x^4\Big|_0^1 = \frac{1}{2}$$

以上的例 3 和例 4 都可以用本例的方法。

例 7 设函数 $\begin{cases} x\mathrm{e}^{-x^2} \ (x\geqslant 0) \\ 1-x \ (x<0) \end{cases}$，求 $\int_1^3 f(x-2)\mathrm{d}x$。

解：令 $x-2=t$，则 $\mathrm{d}x=\mathrm{d}t$，由 x：$1\to 3$，有 t：$-1\to 1$。于是

$$\int_1^3 f(x-2)\mathrm{d}x = \int_{-1}^{1} f(t)\mathrm{d}t = \int_{-1}^{0}(1-t)\mathrm{d}t + \int_0^1 t\mathrm{e}^{-t^2}\mathrm{d}t$$

$$= \left(t-\frac{t^2}{2}\right)\Big|_{-1}^{0} - \frac{1}{2}\mathrm{e}^{-t^2}\Big|_0^1$$

$$= -\left(-1-\frac{1}{2}\right) - \frac{1}{2}(\mathrm{e}^{-1}-1) = 2-\frac{1}{2\mathrm{e}}$$

无论是定积分还是不定积分，根据被积函数选取适当的换元公式是换元积分法的关键，而选取换元公式的思想方法是类似的。不过，定积分特有的一些性质，使定积分在求某些函数的积分时有一些特殊的方法(如例 6 和例 7)。

习题 5-3

1. 计算下列定积分：

(1) $\int_{-2}^{-1} \frac{\mathrm{d}x}{(11+5x)^3}$　　(2) $\int_2^{-13} \frac{\mathrm{d}x}{\sqrt[5]{(3-x)^4}}$

(3) $\int_1^{\mathrm{e}} \frac{1+\ln x}{x}\mathrm{d}x$　　(4) $\int_0^1 \frac{\mathrm{d}x}{\mathrm{e}^x+\mathrm{e}^{-x}}$

(5) $\int_{-2}^{0} \frac{\mathrm{d}x}{x^2+2x+2}$　　(6) $\int_1^{\mathrm{e}^2} \frac{\mathrm{d}x}{x\sqrt{1+\ln x}}$

(7) $\int_{-\frac{\pi}{2}}^{\frac{\pi}{2}} \frac{\mathrm{d}x}{1+\cos x}$　　(8) $\int_0^{16} \frac{\mathrm{d}x}{\sqrt{x+9}-\sqrt{x}}$

(9) $\int_{\frac{1}{\pi}}^{\frac{2}{\pi}} \frac{1}{y^2}\sin\frac{1}{y}dy$　　(10) $\int_{-(e+1)}^{-2} \frac{dx}{x+1}$

(11) $\int_0^1 \frac{x^{\frac{3}{2}}}{1+x}dx$　　(12) $\int_1^{\sqrt{3}} \frac{dx}{x\sqrt{x^2+1}}$

(13) $\int_{-1}^1 \frac{x}{\sqrt{5-4x}}dx$　　(14) $\int_0^{\frac{\pi}{4}} \tan^4\theta d\theta$

(15) $\int_{-1}^1 \sqrt{4-x^2}\,dx$　　(16) $\int_{\sqrt{2}}^2 \frac{dx}{\sqrt{x^2-1}}$

2. 计算下列定积分：

(1) $\int_{-\pi}^{\pi} x\sin^6 x dx$　　(2) $\int_{-1}^1 (1+x^4\tan x)dx$

(3) $\int_{-\frac{\pi}{3}}^{\frac{\pi}{3}} \frac{\cos x}{1+\cos x}dx$　　(4) $\int_{-\frac{\pi}{2}}^{\frac{\pi}{2}} (x+\cos x)\sin^2 x dx$

3. 函数$f(x)=\begin{cases}1+x & (0\leqslant x\leqslant 2)\\ x^2-1 & (2<x\leqslant 4)\end{cases}$，求$\int_3^5 f(x-2)dx$。

二维码 5－4
扫一扫，获取本节资源

第四节 定积分的分部积分法

在前一章学了不定积分的分部积分法，相应地，可类推计算定积分的分部积分法。

一、定积分的分部积分法运算

设函数 $u=u(x)$，$v=v(x)$ 在区间 $[a,b]$ 上有连续的导数，则 $uv'=(uv)'-u'v$，等式两端分别在 $[a,b]$ 上做定积分，由牛顿—莱布尼茨公式有

$$\int_a^b uv'\mathrm{d}x=\int_a^b (uv)'\mathrm{d}x-\int_a^b u'v\mathrm{d}x=(uv)\Big|_a^b-\int_a^b u'v\mathrm{d}x \tag{1}$$

即

$$\int_a^b uv'\mathrm{d}x=\int_a^b u\mathrm{d}v=(uv)\Big|_a^b-\int_a^b v\mathrm{d}u \tag{2}$$

这是定积分的分部积分公式。

定积分的分部积分公式适用的范围，就被积函数而言，与不定积分的分部积分完全一致，u，$\mathrm{d}v$ 的选择也类似，只不过做定积分时不要忘记积分限运算。

例 1 求 $\int_0^1 x\mathrm{e}^{-x}\mathrm{d}x$。

解：可用例 2 的结果和牛顿—莱布尼茨公式计算。现在直接用公式(2)计算。

$$\int_0^1 x\mathrm{e}^{-x}\mathrm{d}x=-\int_0^1 x\mathrm{d}\mathrm{e}^{-x}=-\left[(x\mathrm{e}^{-x})\Big|_0^1-\int_0^1 \mathrm{e}^{-x}\mathrm{d}x\right]$$

$$=-\mathrm{e}^{-1}-\mathrm{e}^{-x}\Big|_0^1=1-\frac{2}{\mathrm{e}}$$

例 2 求 $\int_0^{\frac{\pi}{4}}\frac{x}{\cos^2 x}\mathrm{d}x$。

解：

$$\int_0^{\frac{\pi}{4}}\frac{x}{\cos^2 x}\mathrm{d}x=\int_0^{\frac{\pi}{4}}x\mathrm{d}\tan x=(x\tan x)\Big|_0^{\frac{\pi}{4}}-\int_0^{\frac{\pi}{4}}\tan x\mathrm{d}x$$

$$=\frac{\pi}{4}+(\ln|\cos x|)\Big|_0^{\frac{\pi}{4}}=\frac{\pi}{4}-\frac{1}{2}\ln 2$$

当被积函数出现正、余弦的高次方时，根据被积的正余弦函数奇偶性在定积分中解题的特点，下面介绍一个解这种类型题的特别公式——递推公式。

二、定积分的分部积分法的递推公式

$$\int_0^{\frac{\pi}{2}} \sin^n x\mathrm{d}x = \begin{cases} \dfrac{(2k-2)!!}{(2k-1)!!}, & n = 2k-1 \\ \dfrac{(2k-1)!!}{(2k)!!} \cdot \dfrac{\pi}{2}, & n = 2k \end{cases} \quad (k \in \mathbf{N}_+) \tag{3}$$

公式(3)中，当 n 为奇数时，设 $n=2k-1$ 为奇数；当 n 为偶数时，设 $n=2k$ 为偶数。其中：$(2k-1)!!$ 表示从 1 到 $2k-1$ 连续 k 个奇数的阶乘，即$(2k-1)!!=1\cdot3\cdot5\cdot\cdots\cdot(2k-1)$；$(2k)!!$ 表示从 2 到 $2k$ 连续 k 个偶数的阶乘，即$(2k)!!=2\cdot4\cdot6\cdot\cdots\cdot(2k)$。

注意：$\int_0^{\frac{\pi}{2}} \cos^n x\mathrm{d}x = \int_0^{\frac{\pi}{2}} \sin^n x\mathrm{d}x$ 奇偶函数形式是相同的公式，因此上述公式也适合余弦函数；而对于$\cos^n x$ 的 n 不论是奇数还是偶数，$\cos^n x$ 都是偶函数。

例 3　求$\int_0^{\frac{\pi}{2}} \sin^5 x\mathrm{d}x$。

解：由$\sin^5 x$ 为奇函数，有

$$\int_0^{\frac{\pi}{2}} \sin^5 x\mathrm{d}x = \frac{4\times2}{5\times3\times1} = \frac{8}{15}$$

例 4　求$\int_{-\frac{\pi}{2}}^{\frac{\pi}{2}} \cos^6 x\mathrm{d}x$。

解：由于$\cos^6 x$ 为$[-\frac{\pi}{2},\frac{\pi}{2}]$上的偶函数，有

$$\int_{-\frac{\pi}{2}}^{\frac{\pi}{2}} \cos^6 x\mathrm{d}x = 2\int_0^{\frac{\pi}{2}} \cos^6 x\mathrm{d}x = 2\cdot\frac{5\cdot3\cdot1}{6\cdot4\cdot2}\cdot\frac{\pi}{2} = \frac{5\pi}{16}$$

习题 5-4

1. 求下列定积分的值：

(1) $\int_0^{\frac{\pi}{2}} x\sin x\mathrm{d}x$　　(2) $\int_0^1 x\mathrm{e}^{2x}\mathrm{d}x$

(3) $\int_{\frac{1}{\mathrm{e}}}^{\mathrm{e}} |\ln x|\mathrm{d}x$　　(4) $\int_0^{\sqrt{3}} 2x\arctan x\mathrm{d}x$

2. 求下列定积分的值：

(1) $\int_{-\frac{\pi}{2}}^{\frac{\pi}{2}} \cos^5 x\mathrm{d}x$　　(2) $\int_{-\frac{\pi}{2}}^{\frac{\pi}{2}} (x+\cos^2 x)\sin^4 x\mathrm{d}x$

3. 已知$f(x)$的一个原函数是$(\sin x)\ln x$，求$\int_1^{\pi} xf'(x)\mathrm{d}x$。

第五节　简介反常积分

二维码 5－5

扫一扫，获取本节资源

前面讨论的定积分是以积分区间为有限区间、被积函数有界为前提的，但有些实际问题需要突破这两条限制，需要在这两个方面推广定积分的概念，这就是本节要讨论的反常积分。

一、无穷区间上的反常积分

定义 1　设 a 为常数，对任意的实数 $b>a$，函数 $f(x)$ 在 $[a,b]$ 上连续，则称式子

$$\lim_{b\to+\infty}\int_a^b f(x)\,\mathrm{d}x$$

为函数 $f(x)$ 在无穷区间 $[a,+\infty)$ 上的反常积分，记作 $\int_a^{+\infty}f(x)\,\mathrm{d}x$，即

$$\int_a^{+\infty}f(x)\,\mathrm{d}x=\lim_{b\to+\infty}\int_a^b f(x)\,\mathrm{d}x \tag{1}$$

若式(1)中右式的极限存在，则称反常积分 $\int_a^{+\infty}f(x)\,\mathrm{d}x$ 收敛，极限值称为反常积分 $\int_a^{+\infty}f(x)\,\mathrm{d}x$ 的值；若式(1)中的极限不存在，则称反常积分 $\int_a^{+\infty}f(x)\,\mathrm{d}x$ 发散。

类似地，可定义函数 $f(x)$ 在无穷区间 $(-\infty,b]$ 上的反常积分

$$\int_{-\infty}^b f(x)\,\mathrm{d}x=\lim_{a\to-\infty}\int_a^b f(x)\,\mathrm{d}x \tag{2}$$

以及反常积分 $\int_{-\infty}^b f(x)\,\mathrm{d}x$ 收敛与发散。

设函数 $f(x)$ 在 $(-\infty,+\infty)$ 上连续，用加号连接反常积分 $\int_{-\infty}^a f(x)\,\mathrm{d}x$，$\int_a^{+\infty}f(x)\,\mathrm{d}x$（$a$ 为常数）所成的式子，称为函数 $f(x)$ 在 $(-\infty,+\infty)$ 上的反常积分，记作 $\int_{-\infty}^{+\infty}f(x)\,\mathrm{d}x$，即

$$\int_{-\infty}^{+\infty}f(x)\,\mathrm{d}x=\int_{-\infty}^a f(x)\,\mathrm{d}x+\int_a^{+\infty}f(x)\,\mathrm{d}x\ (a\text{ 为任一取定的实数}) \tag{3}$$

当式(3)右端的两个反常积分同时收敛，则称反常积分 $\int_{-\infty}^{+\infty} f(x)\,\mathrm{d}x$ 收敛，这时 $\int_{-\infty}^{+\infty} f(x)\,\mathrm{d}x$ 有值且为$\int_{-\infty}^{a} f(x)\,\mathrm{d}x$ 与$\int_{a}^{+\infty} f(x)\,\mathrm{d}x$ 的和；当式(3)右端的两个反常积分至少有一个发散，则称反常积分 $\int_{-\infty}^{+\infty} f(x)\,\mathrm{d}x$ 发散。以上三种反常积分[式(1)至式(3)]统称无穷区间上的反常积分，讨论它的敛散性关键是讨论 $\int_{a}^{+\infty} f(x)\,\mathrm{d}x$ 与$\int_{-\infty}^{a} f(x)\,\mathrm{d}x$ 的敛散性，由式(2)和式(3)，只要分别先求定积分，再看相应的极限是否存在，就可以判断它的敛散性。

例 1　讨论反常积分 $\int_{0}^{+\infty} \mathrm{e}^{-x}\mathrm{d}x$ 的敛散性。

解：

$$\int_{0}^{+\infty} \mathrm{e}^{-x}\mathrm{d}x = \lim_{b\to+\infty}\int_{0}^{b} \mathrm{e}^{-x}\mathrm{d}x = \lim_{b\to+\infty}(-\mathrm{e}^{-x})\Big|_{0}^{b}$$

$$= \lim_{b\to+\infty}(1-\mathrm{e}^{-b}) = 1$$

因此 $\int_{0}^{+\infty} \mathrm{e}^{-x}\mathrm{d}x$ 收敛。

例 1 的几何意义，即是由曲线 $y=\mathrm{e}^{-x}$、x 轴、y 轴围成的图形面积为 1。

计算无穷区间上的反常积分时，为了书写方便，实际运算中常常略去极限符号，形式上直接利用牛顿—莱布尼茨公式的计算格式(注意：是形式上)。

设 $F(x)$为连续函数 $f(x)$的一个原函数，记 $F(+\infty)=\lim\limits_{x\to+\infty}F(x)$，$F(-\infty)=\lim\limits_{x\to-\infty}F(x)$，则

$$\int_{a}^{+\infty} f(x)\,\mathrm{d}x = F(x)\Big|_{a}^{+\infty} = F(+\infty)-F(a)$$

$$\int_{-\infty}^{b} f(x)\,\mathrm{d}x = F(x)\Big|_{-\infty}^{b} = F(b)-F(-\infty)$$

$$\int_{-\infty}^{+\infty} f(x)\,\mathrm{d}x = F(x)\Big|_{-\infty}^{+\infty} = F(+\infty)-F(-\infty)$$

以上反常积分的收敛与发散分别取决于极限 $F(+\infty)$，$F(-\infty)$是否存在和是否同时存在。

例 2　计算反常积分：(1) $\int_{-\infty}^{+\infty}\dfrac{\mathrm{d}x}{1+x^2}$；(2) $\int_{\mathrm{e}}^{+\infty}\dfrac{\mathrm{d}x}{x\ln x}$。

解：(1)

$$\int_{-\infty}^{+\infty}\frac{\mathrm{d}x}{1+x^2} = \arctan x\Big|_{-\infty}^{+\infty} = \frac{\pi}{2}-\left(-\frac{\pi}{2}\right) = \pi$$

(2) $$\int_{e}^{+\infty} \frac{dx}{x\ln x} = \int_{e}^{+\infty} \frac{d\ln x}{\ln x} = \ln\ln x \Big|_{e}^{+\infty} = +\infty$$

反常积分$\int_{e}^{+\infty} \frac{dx}{x\ln x}$发散。

二、无界函数的反常积分

定义 2 设函数$f(x)$在$(a,b]$上连续，$\lim\limits_{x\to a^+} f(x) = \infty$，取$\varepsilon > 0$，则称式子$\lim\limits_{\varepsilon\to 0^+}\int_{a+\varepsilon}^{b} f(x)\,dx$为函数$f(x)$在$(a,b]$上的反常积分，记作$\int_{a^+}^{b} f(x)\,dx$[或$\int_{a}^{b} f(x)\,dx$]，即

$$\int_{a^+}^{b} f(x) = \lim_{\varepsilon\to 0^+}\int_{a+\varepsilon}^{b} f(x)\,dx \tag{4}$$

若式(4)中右式的极限存在，则称反常积分$\int_{a^+}^{b} f(x)\,dx$收敛，极限值为反常积分$\int_{a^+}^{b} f(x)\,dx$的值，否则称反常积分$\int_{a^+}^{b} f(x)\,dx$发散。

类似地，设函数$f(x)$在$[a,b)$上连续，$\lim\limits_{x\to b^-} f(x) = \infty$，可以定义函数$f(x)$在$(a,b]$上的反常积分

$$\int_{a}^{b^-} f(x)\,dx = \lim_{\varepsilon\to 0^+}\int_{a}^{b-\varepsilon} f(x)\,dx \tag{5}$$

以及它的收敛与发散。

若函数$f(x)$在闭区间$[a,b]$上除点c $(a < c < b)$外处处连续，c为$f(x)$的无穷间断点，用加号连接反常积分$\int_{a}^{c^-} f(x)\,dx$，$\int_{c^+}^{b} f(x)\,dx$的式子称为$f(x)$在$[a,b]$上的反常积分，记作$\int_{a}^{b} f(x)\,dx$，即

$$\int_{a}^{b} f(x)\,dx = \int_{a}^{c^-} f(x)\,dx + \int_{c^+}^{b} f(x)\,dx \tag{6}$$

若式(6)右端的两个反常积分同时收敛，则称反常积分$\int_{a}^{b} f(x)\,dx$收敛。这时$\int_{a}^{b} f(x)\,dx$有值且为$\int_{a}^{c^-} f(x)\,dx$与$\int_{c^+}^{b} f(x)\,dx$的和。若式(6)右端的两个反常积分至少有一个发散，则称反常积分$\int_{a}^{b} f(x)\,dx$发散。式(4)至式(6)表示的三种反常积分统称无界函数的反常积分。这类反常积分又称为瑕积分，式

(4)至式(6)三式中的无穷间断点 a，b，c 都称为 $f(x)$ 的瑕点。

讨论无界函数的反常积分的敛散性与无穷区间上的反常积分一样，首先在去瑕点的区间上求定积分，然后看相应的极限是否存在，以判断它的敛散性。

计算无界函数的反常积分时，为了书写方便，也常常略去极限符号，形式上直接利用牛顿—莱布尼茨公式的计算格式，如下：

设 $F(x)$ 为 $f(x)$ 在去瑕点的区间上的一个原函数，则

(1) 仅 a 为瑕点时，$\int_{a^+}^{b} f(x)\mathrm{d}x = F(x)\Big|_{a^+}^{b} = F(b) - F(a^+)$；

(2) 仅 b 为瑕点时，$\int_{a}^{b^-} f(x)\mathrm{d}x = F(x)\Big|_{a}^{b^-} = F(b^-) - F(a)$。

以上 $F(a^+) = \lim\limits_{x \to a^+} F(x)$，$F(b^-) = \lim\limits_{x \to b^-} F(x)$ 这些极限是否存在，就决定了相应的反常积分是收敛还是发散。

例 3　计算 $\int_0^a \frac{\mathrm{d}x}{\sqrt{a^2 - x^2}}\ (a > 0)$。

解：$\lim\limits_{x \to a^+} \frac{1}{\sqrt{a^2 - x^2}} = \infty$，$a$ 是它的一个瑕点。于是

$$\int_0^a \frac{\mathrm{d}x}{\sqrt{a^2 - x^2}} = \arcsin \frac{x}{a}\Big|_0^a = \frac{\pi}{2}$$

例 3 的几何意义如图 5－3 所示，即位于曲线 $y = \frac{1}{\sqrt{a^2 - x^2}}$ 之下、x 轴之上，直线 $x = a$ 与 y 轴之间所围图形的面积。

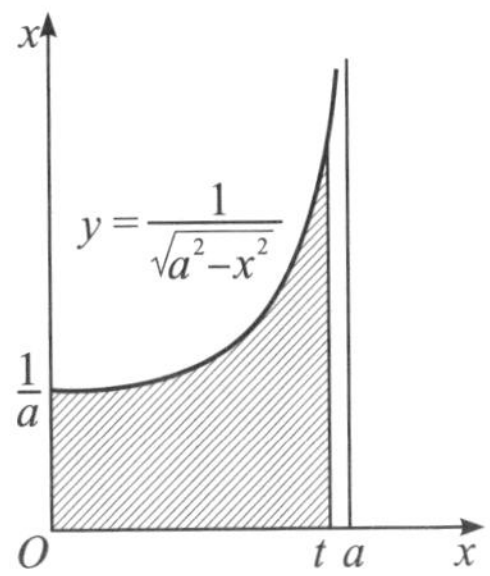

图 5－3

注意：在指导这部分知识计算时，加入基本初等函数图象分析法，使学习者更加容易接受。

习题 5－5

计算下列反常积分：

(1) $\int_{1}^{+\infty}\frac{\mathrm{d}x}{x^2}$　　(2) $\int_{-\infty}^{0}\frac{\mathrm{d}x}{1-x}$

(3) $\int_{1}^{+\infty}\mathrm{e}^{-\sqrt{x}}\mathrm{d}x$　　(4) $\int_{-\infty}^{+\infty}\frac{\mathrm{d}x}{x^2+2x+2}$

(5) $\int_{1^+}^{2}\frac{x}{\sqrt{x-1}}\mathrm{d}x$　　(6) $\int_{0^+}^{1}\frac{\mathrm{d}x}{\sqrt{x}}$

第六章　定积分的实践应用

积分学的知识应用包括理论应用和实际应用两个部分。本章以实际应用为主，了解积分学的实际应用问题。人们通常解决几何学、力学、机电工程中的很多实际问题都以定积分的知识为基础，用微元法去讨论定积分直接在几何学、物理学、力学的有趣应用和了解它在机电工程中的应用导向是本章的中心内容。

第一节　定积分的微元法概述

二维码 6－1

扫一扫，获取本节资源

上一章讨论的曲边梯形的面积、变速直线运动的路程等实际问题，都是求几何量和物理量（设为 A），这些量都与某个区间（设为区间 $[a,b]$）有关。计算这些量时，采用了“分割、近似代替、求和、取极限”四个步骤建立所求量 A 的积分式。

为了方便地用定积分计算量 A，实际问题处理可以做如下简化：第一步，如图 6－1 所示，对于 $x\in[a,b]$，量 A 在区间 $[a,b]$ 上任意取小区间为 $[x, x+\mathrm{d}x]$ 作为分割区间上的代表区间；第二步，求其小区间上的面积微元 $\mathrm{d}A$，则 $\mathrm{d}A$ 称为量 A 的面积微元，其大小可以近似看成是区间为 $[x,\ x+\mathrm{d}x]$ 上的小矩形的面积，即 $\mathrm{d}A=f(x)\mathrm{d}x$；第三步，即得量 A 积分值为 $A=\int_a^b \mathrm{d}A$。

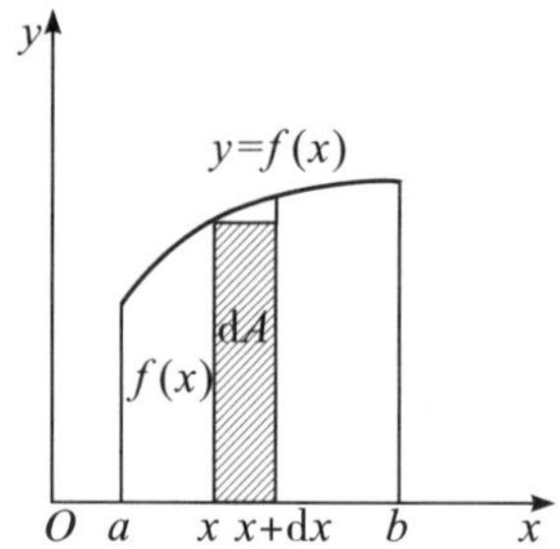

图 6－1

所以，用微元法计算量 A 时，关键是求量 A 的面积微元 $\mathrm{d}A=f(x)\mathrm{d}x$。求 $\mathrm{d}A$ 通常用以直代曲的小矩形面积、以常量代替变量的方法。如图 6－1 所示的几何意义是曲线 $f(x)$、直线 $x=a$ 和 $x=b$ $(a<b)$ 及 x 轴围成的图形面积 A，即

$$A=\int_a^b \mathrm{d}A=\int_a^b f(x)\mathrm{d}x。$$

第二节　定积分在几何上的应用

一、平面图形的面积

1. 直角坐标系的情形

设平面图形是由连续曲线$y_1=f(x)$，$y_2=g(x)$和直线$x=a$，$x=b(a<b)$围成，在$[a,b]$上$g(x)<f(x)$。这样的图形称为X型的，如图6－2所示。

取x为积分变量，其变化区间为$[a,b]$，在$[a,b]$上任取代表区间$[x,x+\mathrm{d}x]$，相应区间$[x,x+\mathrm{d}x]$上面积微元近似于高为$f(x)-g(x)$、底为$\mathrm{d}x$的矩形面积，从而得到面积微元

$$\mathrm{d}A=[f(x)-g(x)]\mathrm{d}x$$

以面积微元为被积表达式，在$[a,b]$上做定积分，得所求围成图形面积

$$A=\int_a^b[f(x)-g(x)]\mathrm{d}x \tag{1}$$

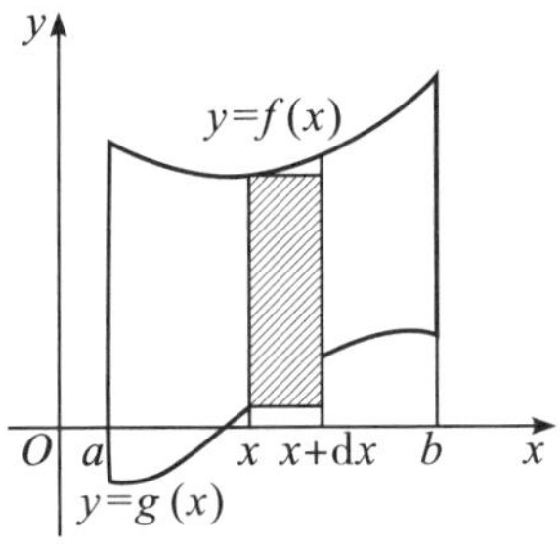

图6－2

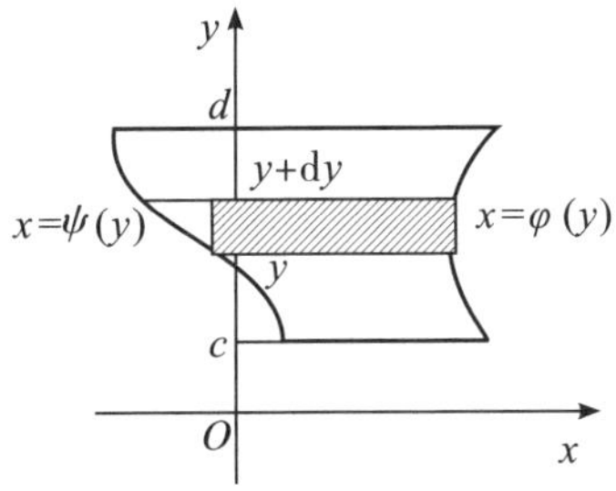

图6－3

同理，平面图形的面积由连续曲线$x_1=\varphi(y)$、$x_2=\psi(y)$和直线$y=c$，$y=d(c<d)$围成，且在$[c,d]$上$\psi(y)\leqslant\varphi(y)$，如图6－3所示。这样的图形称为Y型。那么，这个平面图形的面积为

$$A=\int_c^d[\varphi(y)-\psi(y)]\mathrm{d}y \tag{2}$$

例1　求由两条曲线$x=y^2$、$x^2=y$围成的图形面积。

解：所给两曲线$x=y^2$、$x^2=y$是抛物线，如图6－4所示。为了确定所给图形的范围，先求两条曲线的交点。为此解方程组$\begin{cases}x=y^2\\x^2=y\end{cases}$，得交点$(0,0)$和$(1,1)$。本题取X型进行计算，即取$x$为积分变量，而$x$的范围在0到1

之间，所围成图形的面积是

$$A = \int_0^1 (\sqrt{x} - x^2)\,dx = \left(\frac{2}{3}x^{\frac{3}{2}} - \frac{1}{3}x^3\right)\Big|_0^1 = \frac{1}{3}$$

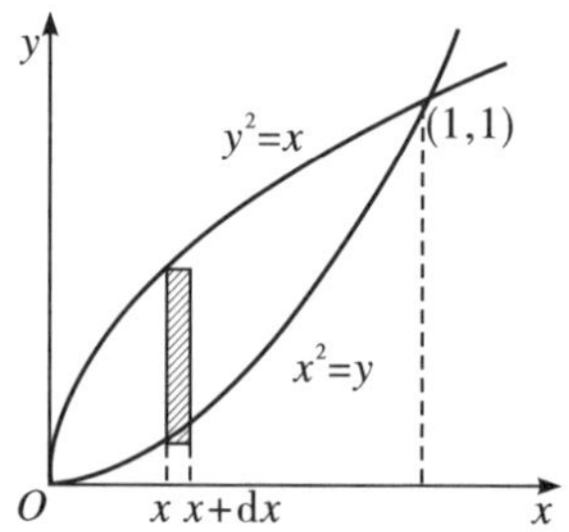

图 6－4

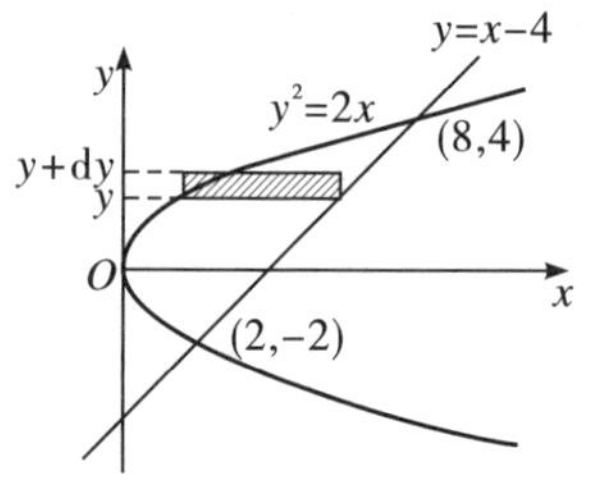

图 6－5

例 2 求曲线 $y^2=2x$ 与直线 $y=x-4$ 围成图形的面积。

解：先求曲线与直线的交点以确定图形的范围。

解方程组 $\begin{cases} y^2=2x \\ y=x-4 \end{cases}$，得交点 $(2,-2)$ 和 $(8,4)$。本题取如图 6－5 所示的 Y 型进行计算，即取 y 为积分变量，而 y 的范围在 -2 到 4 之间。所围成图形的面积是

$$A = \int_{-2}^4 \left(y + 4 - \frac{1}{2}y^2\right)dy = \left(\frac{y^2}{2} + 4y - \frac{1}{6}y^3\right)\Big|_{-2}^4 = 18$$

此题也可以选取 X 型进行计算，则 x 的范围在 $(0,2)$ 和 $(2,8)$ 之间，所围成图形的面积是

$$A = \int_0^2 [\sqrt{2x} - (-\sqrt{2x})]\,dx + \int_2^8 [\sqrt{2x} - (x-4)]\,dx = \frac{16}{3} + \frac{38}{3} = 18$$

显然，这样的计算量比较大。因此，要注意图形的类型，恰当地选择积分变量。

下面对直角坐标的另一种类型参数方程进行计算。

一般地，由直线 $x=a$，$x=b$ $(a<b)$，x 轴和以参数方程 $x=\varphi(t)$，$y=\psi(t)$ $(y\geqslant 0)$ 给出的曲边围成的曲边梯形，满足 $\varphi(\alpha)=a, \varphi(\beta)=b$ 且 $\varphi'(t)$ 和 $\psi(t)$ 连续，则该曲边梯形的面积

$$A = \int_\alpha^\beta y\,dx = \int_\alpha^\beta \psi(t)\,d\varphi(t) = \int_a^b \psi(t)\varphi'(t)\,dt \tag{3}$$

例 3 求摆线 $\begin{cases} x=a(t-\sin t) \\ y=a(1-\cos t) \end{cases}$ $(a>0,\ 0\leqslant t\leqslant 2\pi)$ 的一拱与 x 轴围成图形的面积。

解：由公式(3)得

$$A=\int_{\alpha}^{\beta}\psi(t)\,\mathrm{d}\varphi(t)=\int_{0}^{2\pi}a(1-\cos t)a(1-\cos t)\,\mathrm{d}t=3\pi a^{2}$$

2. **极坐标的情形**

某些平面图形用极坐标计算它的面积比较方便。

设由曲线 $r=r(\theta)$ $[r(\theta)\geqslant 0]$ 及射线 $\theta_1=\alpha$，$\theta_2=\beta$ 围成的图形(曲边扇形)如图 6 – 6 所示。这里 $r(\theta)$ 在 $[\alpha,\beta]$ 上连续，用微元法计算它的面积。

取 θ 为积分变量，在 $[\alpha,\beta]$ 内取代表区间 $[\theta,\theta+\mathrm{d}\theta]$，则小曲边扇形的面积可以用半径为 $r(\theta)$、中心角为 $\mathrm{d}\theta$ 的小扇形面积来近似代替，得面积微元

$$\mathrm{d}A=\frac{1}{2}[r(\theta)]^{2}\mathrm{d}\theta$$

则所求面积

$$A=\frac{1}{2}\int_{\alpha}^{\beta}[r(\theta)]^{2}\mathrm{d}\theta \tag{4}$$

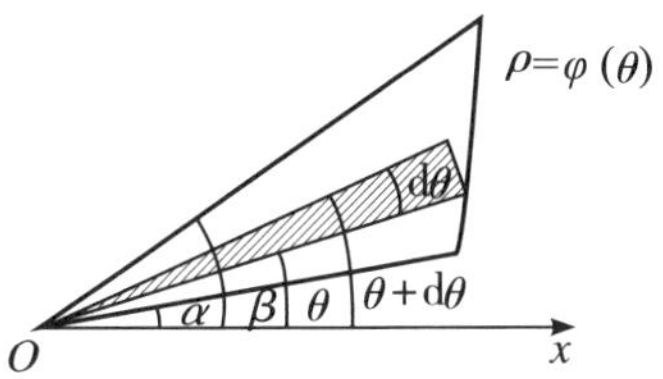

图 6 – 6

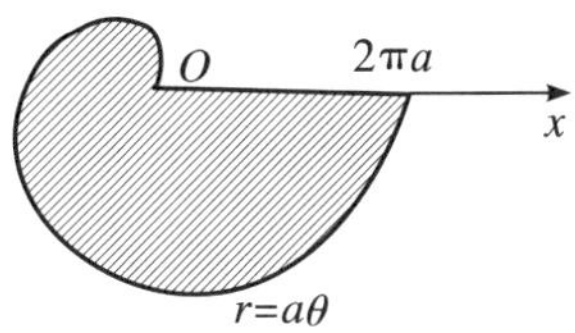

图 6 – 7

例 4　计算阿基米德螺线 $r=a\theta$ $(a>0)$ 上相应于 θ 从 0 到 2π 的一段弧与极轴围成图形的面积(如图 6 – 7 所示)。

解：取 θ 做积分变量，它的变化区间为 $[0,\ 2\pi]$，由式(4)得

$$A=\frac{1}{2}\int_{0}^{2\pi}(a\theta)^{2}\mathrm{d}\theta=\frac{a^{2}}{2}\left(\frac{\theta^{3}}{3}\right)\Bigg|_{0}^{2\pi}=\frac{4}{3}a^{2}\pi^{3}$$

二、求旋转体的体积

二维码 6 – 2

扫一扫，获取本节资源

如图 6 – 8 所示，一曲线 $y=f(x)$ 和直线 $x=a$，$x=b$ $(a<b)$ 及 x 轴围成的平面图形，使之绕 x 轴旋转，其旋转体的体积微元和所求体积分别是：

对曲线 $y=f(x)$，如图 6 – 8 所示。取 x 为积分变量，旋转体的体积微元是

$$\mathrm{d}V=\pi f^{2}(x)\,\mathrm{d}x$$

在$[a,b]$上所求旋转体的体积是

$$V = \int_a^b \pi f^2(x)\,dx \tag{5}$$

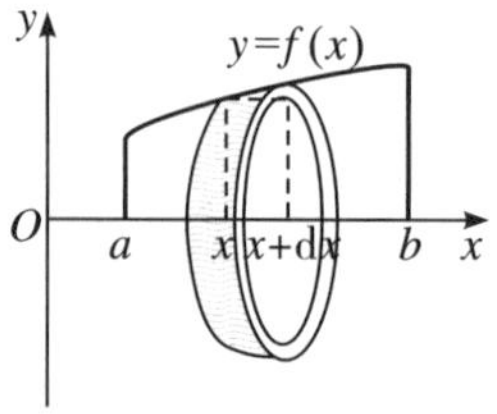

图 6－8

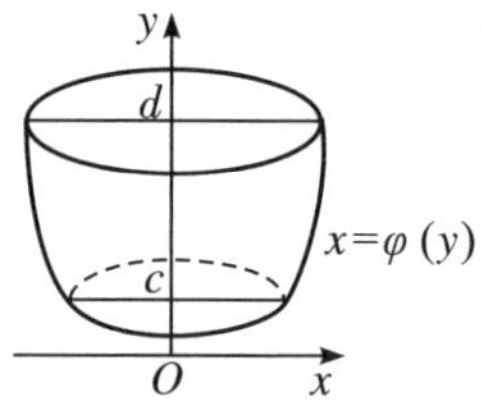

图 6－9

对曲线 $x=\varphi(y)$，如图 6－9 所示，取 y 为积分变量，旋转体的体积微元是

$$dV = \pi\varphi^2(y)\,dy$$

在$[c, d]$上所求旋转体的体积是

$$V = \int_c^d \pi\varphi^2(y)\,dy \tag{6}$$

例 5 求由椭圆$\dfrac{x^2}{a^2}+\dfrac{y^2}{b^2}=1$ 围成的图形绕 x 轴和 y 轴的旋转体的体积。

解：旋转椭球体如图 6－10 所示。由$\dfrac{x^2}{a^2}+\dfrac{y^2}{b^2}=1$ 整理得 $y=\dfrac{b}{a}\sqrt{a^2-x^2}$。此椭圆图形绕 x 轴旋转而成的旋转体的体积微元，由式(5)有

$$dV = \pi f^2(x)\,dx = \pi\frac{a^2}{b^2}(a^2-x^2)\,dx$$

旋转体的体积是

$$V = \int_{-a}^{a}\pi f^2(x)\,dx = \pi\frac{b^2}{a^2}\int_{-a}^{a}(a^2-x^2)\,dx = \frac{4}{3}\pi a^2 b$$

当 $a=b$ 时，得到半径为 a 的球体的体积为

$$V=\frac{4}{3}\pi a^3$$

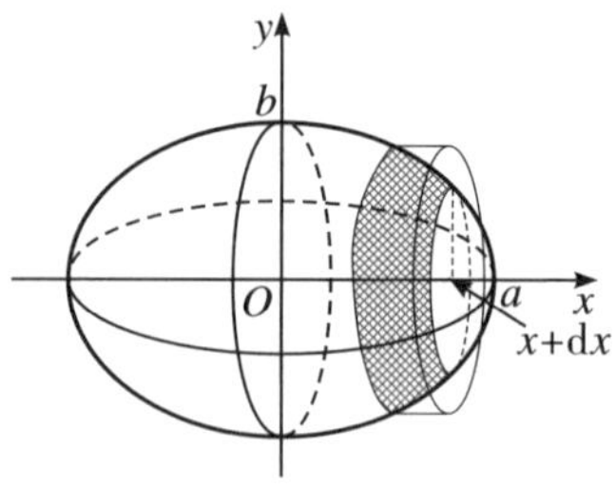

图 6－10

三、平面曲线的弧长

二维码 6-3

扫一扫，获取本节资源

1. 直角坐标的形式

根据第三章第三节之四的曲线弧的微分知识，在光滑曲线弧是可以求弧微分的。

设曲线 $y=f(x)$ 在 $[a,b]$ 上具有一阶连续的导数，在 $[a,b]$ 上取代表区间 $[x,x+\mathrm{d}x]$，则函数 $y=f(x)$ 在 $[x,x+\mathrm{d}x]$ 上的弧微分是

$$\mathrm{d}s=\sqrt{(\mathrm{d}x)^2+(\mathrm{d}y)^2}=\sqrt{1+(y')^2}\,\mathrm{d}x$$

曲线在 $[a,b]$ 上的弧长就是弧微分的定积分，为

$$s=\int_a^b \mathrm{d}s=\int_a^b \sqrt{1+(y')^2}\,\mathrm{d}x$$

例 6　求曲线 $y=\dfrac{\sqrt{x}}{3}(3-x)$ $(1\leqslant x\leqslant 3)$ 的弧长。

解：曲线为 $y=x^{\frac{1}{2}}-\dfrac{1}{3}x^{\frac{3}{2}}$，其导数 $y'=\dfrac{1}{2\sqrt{x}}-\dfrac{1}{2}\sqrt{x}$，其弧微分为

$$\mathrm{d}s=\sqrt{1+(y')^2}\,\mathrm{d}x=\sqrt{\left(\frac{1}{2\sqrt{x}}+\frac{\sqrt{x}}{2}\right)^2}\,\mathrm{d}x$$

曲线在 $1\leqslant x\leqslant 3$ 上的弧长为

$$s=\int_1^3 \mathrm{d}s=\int_1^3\left(\frac{1}{2\sqrt{x}}+\frac{\sqrt{x}}{2}\right)\mathrm{d}x=2\sqrt{3}-\frac{4}{3}$$

2. 参数方程的形式

参数方程 $\begin{cases}x=\varphi(t)\\ y=\Phi(t)\end{cases}$ $(\alpha\leqslant t\leqslant\beta)$，其曲线弧的微分

$$\mathrm{d}s=\sqrt{(\mathrm{d}x)^2+(\mathrm{d}y)^2}=\sqrt{(x'_t)^2+(y'_t)^2}\,\mathrm{d}t\ (\mathrm{d}s>0)$$

因此 $[\alpha,\beta]$ 弧长为

$$s=\int_\alpha^\beta \mathrm{d}s=\int_\alpha^\beta\sqrt{[\varphi'(t)]^2+[\Phi'(t)]^2}\,\mathrm{d}t\ (\alpha\leqslant\beta)$$

例 7　计算星形线 $\begin{cases}x=a\cos^3 t\\ y=a\sin^3 t\end{cases}$ $(a>0,\ 0\leqslant t\leqslant 2\pi)$ 的全长。(星形线图参见本章第三节)

解：由于星形线是对称的，只要求出 $[0,\dfrac{\pi}{2}]$ 内的弧长 s_1，则星形线的全长为 $4s_1$，即

$$s = 4s_1 = 4\int_0^{\frac{\pi}{2}} \sqrt{(x_t')^2 + (y_t')^2}\,\mathrm{d}t$$

$$= 4\int_0^{\frac{\pi}{2}} \sqrt{9a^2\sin^2 t\cos^4 t + 9a^2\sin^4 t\cos^2 t}\,\mathrm{d}t$$

$$= 12a\int_0^{\frac{\pi}{2}} |\sin t\cos t|\,\mathrm{d}t$$

$$= 12a\int_0^{\frac{\pi}{2}} \sin t\cos t\,\mathrm{d}t = 12a\int_0^{\frac{\pi}{2}} \sin t\,\mathrm{d}\sin t = 6a$$

3. 极坐标的形式

若曲线由极坐标方程 $r=r(\theta)$ $(\theta_1 \leqslant \theta \leqslant \theta_2)$ 给出，这里 $r(\theta)$ 在 $[\theta_1,\theta_2]$ 上有连续的导数，它的微分为

$$\mathrm{d}s = \sqrt{[r(\theta)]^2 + [r'(\theta)]^2}\,\mathrm{d}\theta$$

所以

$$s = \int_{\theta_1}^{\theta_2} \sqrt{[r(\theta)]^2 + [r'(\theta)]^2}\,\mathrm{d}\theta \ (\theta_1 \leqslant \theta_2)$$

例 8 求心形线 $r=a(1+\cos\theta)$ $(a>0)$ 的全长。

解：曲线的导数 $r'(\theta) = -a\sin\theta$

弧微分 $\mathrm{d}s = \sqrt{[r(\theta)]^2 + [r'(\theta)]^2}\,\mathrm{d}\theta = \sqrt{2a^2(1+\cos\theta)}\,\mathrm{d}\theta$

全长

$$s = 4\int_0^{\frac{\pi}{2}} \mathrm{d}s = 4\int_0^{\frac{\pi}{2}} \sqrt{2a^2(1+\cos\theta)}\,\mathrm{d}\theta$$

$$= 4a\int_0^{\frac{\pi}{2}} \sqrt{\cos^2\frac{\theta}{2}}\,\mathrm{d}\theta = 8a\int_0^{\frac{\pi}{2}} \cos\frac{\theta}{2}\,\mathrm{d}\left(\frac{\theta}{2}\right) = 8a$$

四、定积分在电工电子上的应用

二维码 6-4

扫一扫，获取本节资源

1. 平均值问题

一般给定一组数值，求平均值，大家从小学高年级就会求解。如果将某个函数 $y=f(x)$ 放在 $[a,b]$ 内连续变化时，怎样求它的平均值？如平均速度、平均压强、平均功率和均方根等。解决问题的方法可从定积分的定义导出，其平均值公式为

$$\bar{y} = \frac{1}{b-a}\int_a^b f(x)\,\mathrm{d}x$$

例 9 求 $y=\mathrm{e}^x$ 在 $[1,2]$ 上的平均值。

解：

$$\bar{y} = \frac{1}{b-a}\int_a^b f(x)\,\mathrm{d}x = \frac{1}{2-1}\int_1^2 \mathrm{e}^x\,\mathrm{d}x = \mathrm{e}^2 - \mathrm{e}$$

例 10　求纯电阻 R 的电路中正弦电流 $i(t)=I_m\sin\omega t$ 在一个周期 T 的平均功率 $\bar{p}$(其中，最大电流 I_m 的电阻值 R 及角频率 ω 均为常数)。

解：由欧姆定律得瞬时电压和瞬时功率为

$$u(t)=Ri(t)=RI_m\sin\omega t$$

$$p(t)=u(t)\cdot i(t)=R\ (I_m\sin\omega t)^2$$

因此 p 在$\left[0,\dfrac{2\pi}{\omega}\right]$上的平均功率是

$$\bar{p}=\frac{1}{\dfrac{2\pi}{\omega}-0}\int_0^{\frac{2\pi}{\omega}}R(I_m\sin\omega t)^2\mathrm{d}t=\frac{\omega RI_m^2}{2\pi}\int_0^{\frac{2\pi}{\omega}}\sin^2\omega t\mathrm{d}t$$

$$=\frac{\omega RI_m^2}{2\pi}\int_0^{\frac{2\pi}{\omega}}\frac{1-\cos2\omega t}{2}\mathrm{d}t=\frac{RI_m^2}{2}=\frac{1}{2}I_mU_m$$

由此说明，纯电阻 R 的电路中，正弦电流的平均功率等于电流、电压的峰值之积的一半。

对一般的周期为 T 的交变电流 $i(t)$，它在纯电阻 R 上消耗的功率为

$$p(t)=u(t)\cdot i(t)=i^2(t)R$$

在$[0,T]$上的平均功率(这通常也是用电器上标的功率)

$$\bar{p}=\frac{\int_0^T i^2(t)R\mathrm{d}t}{T}$$

例 11　当交变电流 $i(t)$，在一个周期 T 内的负载电阻 R 上消耗的平均功率 $\bar{p}$ 等于取固定值电流 I 的直流电阻 R 上消耗的功率时，称为 $i(t)$ 的有效值 I，试求 $i(t)$ 的有效值 I。

解：固定值电流 I 的直流电阻 R 上消耗的功率为 I^2R，对于交变电流 $i(t)$ 在一个周期 T 内的负载电阻 R 上消耗的平均功率为

$$\bar{p}=\frac{1}{T}\int_0^T i^2(t)R\mathrm{d}t=\frac{R}{T}\int_0^T i^2(t)\mathrm{d}t$$

于是

$$p=I^2R=\frac{R}{T}\int_0^T i^2(t)\mathrm{d}t$$

得

$$I=\sqrt{\frac{1}{T}\int_0^T i^2(t)\mathrm{d}t}$$

通常在交流电的电路上所标注的电流即为交变电流的有效值。

注：一般地，把 $\sqrt{\dfrac{1}{b-a}\int_a^b f^2(t)\mathrm{d}t}$ 称为连续函数 $f(x)$ 在$[a,b]$上的均方

根。因此，周期性电流 $i(t)$ 的有效值是它的一个周期内的均方根。

2. 积分运算在电工电子电路应用——积分电路问题

我们已经知道，积分运算和微分运算互为逆运算。在自控系统中，常用积分电路和微分电路作为调节环节。此外，它们还广泛应用于波形的产生和变换、仪器仪表及集成运放的放大电路中。利用电阻和电容作为反馈网络，可以实现这两种运算电路。

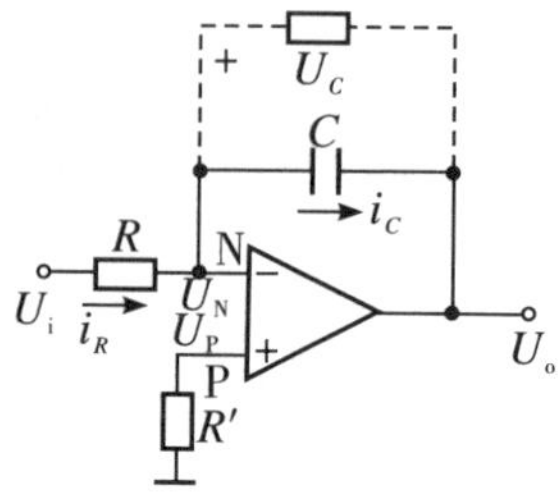

图 6－11　积分运算电路图

如图 6－11 所示的积分电路中，由于集成运放的同相输入端通过 R' 接地，根据“虚短”的原则，$U_P=U_N=0$（U_P，U_N 分别为如图 6－11 所示节点 P、节点 N 的电压）“虚地”。根据“虚断”的原则，可得流过电容 C 的电流等于流过电阻 R 的电流，即 $i_C=i_R=\dfrac{U_i-U_N}{R}=\dfrac{U_i}{R}$；输出电压 U_o 与电容 C 上电压的关系为 $U_o=-U_C$。而电容 C 上的电压等于其电流的积分，故有

$$U_o=-\frac{1}{C}\int i_C\mathrm{d}t=-\frac{1}{RC}\int U_i\mathrm{d}t$$

求解 t_1 到 t_2 时间段上的积分值时，有

$$U_o=-\frac{1}{RC}\int_{t_1}^{t_2}U_i\mathrm{d}t+U_o(t_1)$$

式中的 $U_o(t_1)$ 为积分起始时刻的输出电压，即积分运算的起始值；积分的终值是 t_2 时刻的输出电压。

当 U_I 为常量时，有

$$U_o=-\frac{1}{RC}U_i(t_2-t_1)+U_ot_1$$

由此可见，输出电压为输入电压对时间的积分，负号表明输出电压和输入电压在相位上是相反的。

当输入为阶跃信号时，若 t_0 时刻电容上的电压为零，则输出电压波形如图 6－12(a) 所示；当输入为方波和正弦波时，则输出电压波形如图 6－12

(b)(c)所示。

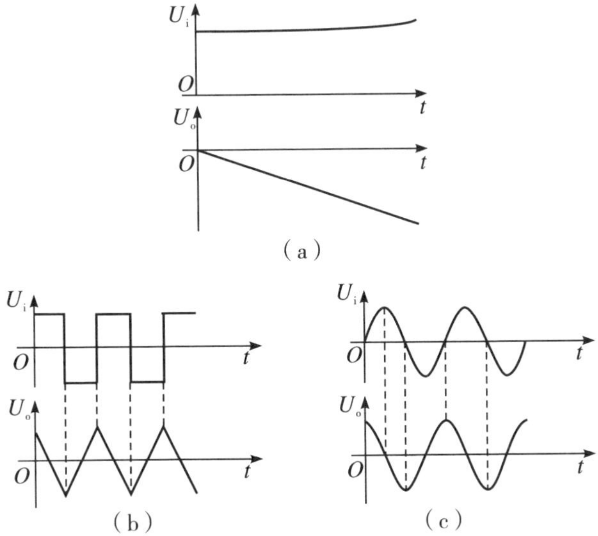

图 6-12

例 12　如图 6-13 所示，求输出和输入信号的关系。

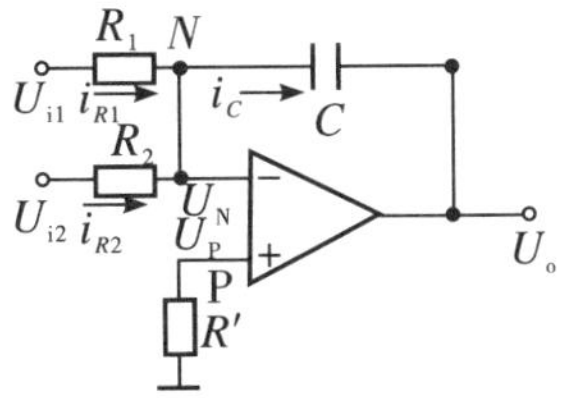

图 6-13

解：根据集成运放“虚断”的原则，在节点 N 上，电流方程为

$$i_{R_1}+i_{R_2}=i_C$$

又根据“虚短”的原则，$U_P=U_N=0$“虚地”。可得

$$\frac{U_{i_1}}{R_1}+\frac{U_{i_2}}{R_2}=-\frac{1}{C}\cdot\frac{du_o}{dt}$$

$$U_o=-\frac{1}{C}\int\left(\frac{U_{i_1}}{R_1}+\frac{U_{i_2}}{R_2}\right)dt$$

从计算结果和电路结构可知，本例为加法电路和积分电路的组合。

若将积分电路中的电阻 R 和电容 C 的位置交换，则得到基本积分运算电路。

习题 6

1. 求下列曲线围成图形的面积：

（1）$y=\mathrm{e}^x$ 与 $y=\mathrm{e}^{-x}$ 及 $x=1$。

（2）$y=\ln x$，$x=0$ 与直线 $y=\ln a$，$y=\ln b$（$b>a>0$）。

（3）$y=x^2$ 与直线 $y=x$ 及 $y=2x$。

（4）$y=3-2x-x^2$ 与 x 轴。

（5）星形线 $\begin{cases}x=a\cos^3 t\\ y=a\sin^3 t\end{cases}$（$a>0$）。

（6）双纽线 $r^2=a^2\sin 2\theta$。

2. 求曲线 $y=x^2$，$y^2=8x$ 分别绕 x 轴、y 轴旋转的旋转体的体积。

3. 求下列曲线弧长：

（1）$y=\dfrac{\sqrt{x}}{3}(3-x)$（$1\leqslant x\leqslant 3$）

（2）$\begin{cases}x=\arctan t\\ y=\dfrac{1}{2}\ln(1+t^2)\end{cases}$（$0\leqslant t\leqslant 1$）

第三节　几种常见曲线($a>0$)

1. 半立方抛物线

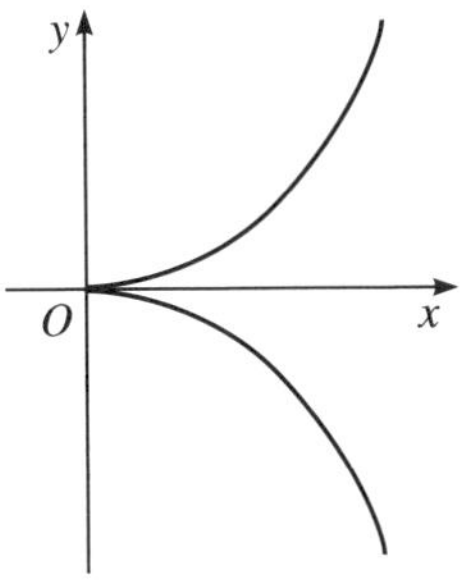

$y^2=ax^3$

2. 摆线

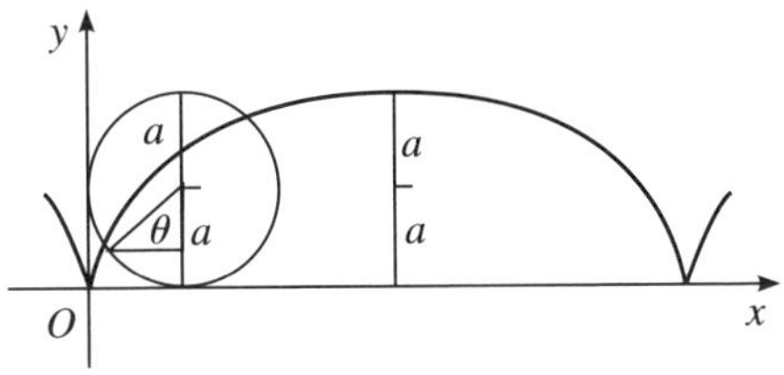

$$\begin{cases}x=a(\theta-\sin\theta)\\y=a(1-\cos\theta)\end{cases}$$

3. 星形线

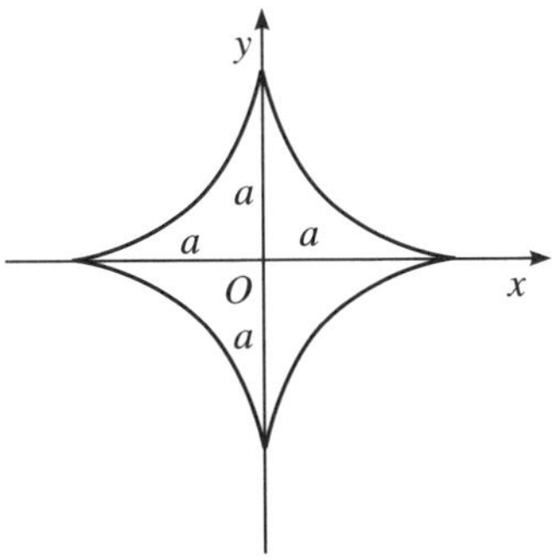

$x^{\frac{2}{3}}+y^{\frac{2}{3}}=a^{\frac{2}{3}}$

或 $\begin{cases}x=a\cos^3\theta\\y=a\sin^3\theta\end{cases}$

4. 伯努利双纽线

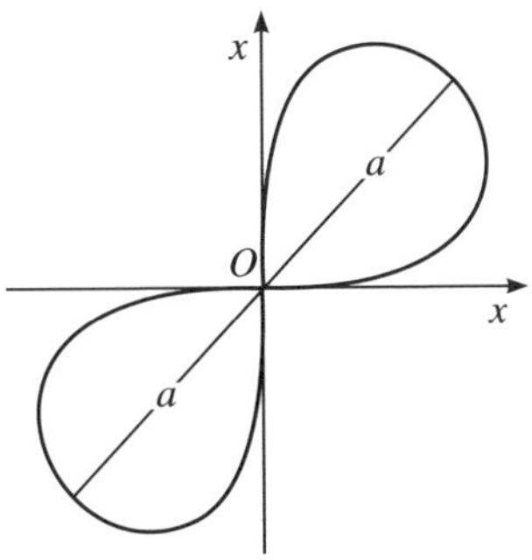

$(x^2+y^2)^2=2a^2xy$

或 $r^2=a^2\sin2\theta$

5. **伯努利双纽线**

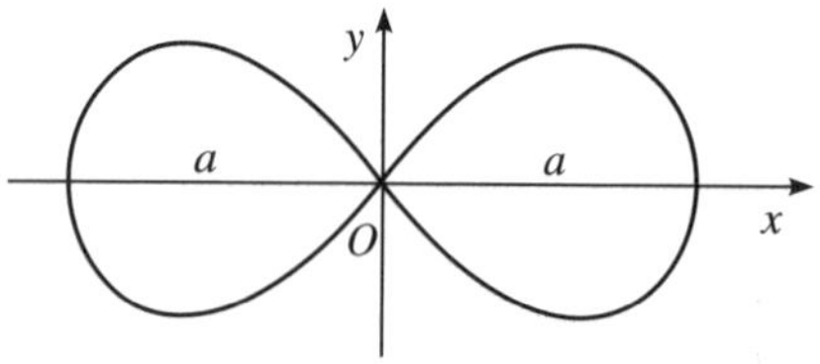

$$(x^2+y^2)^2=a^2(x^2-y^2)$$

或 $r=a^2\cos2\theta$

6. **左心形线**

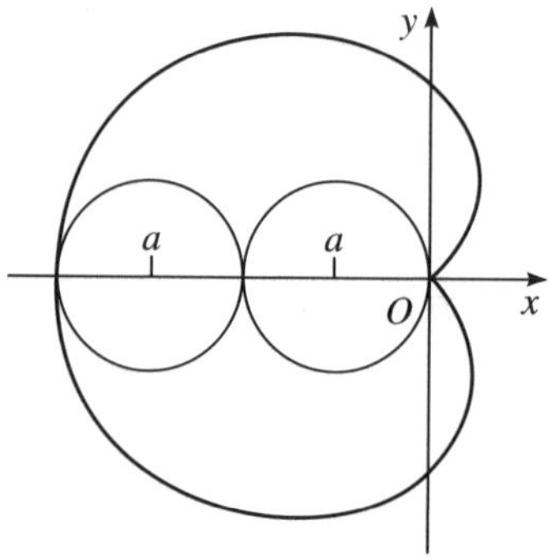

$$x^2+y^2+ax=a\sqrt{x^2+y^2}$$

或 $r=a(1-\cos\theta)$

7. **对数螺线**

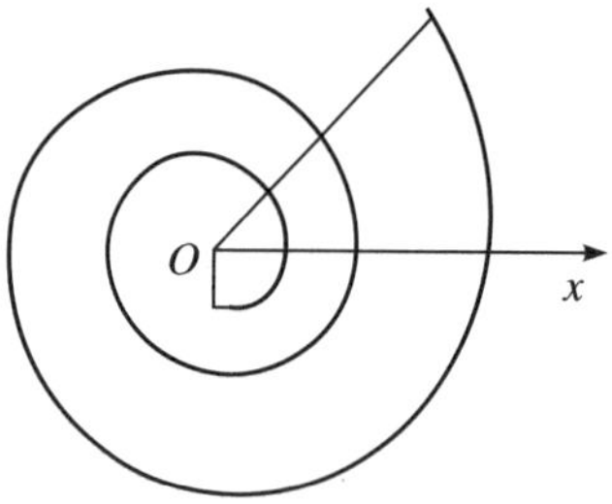

$$r=e^{a\theta}$$

8. **阿基米德螺线**

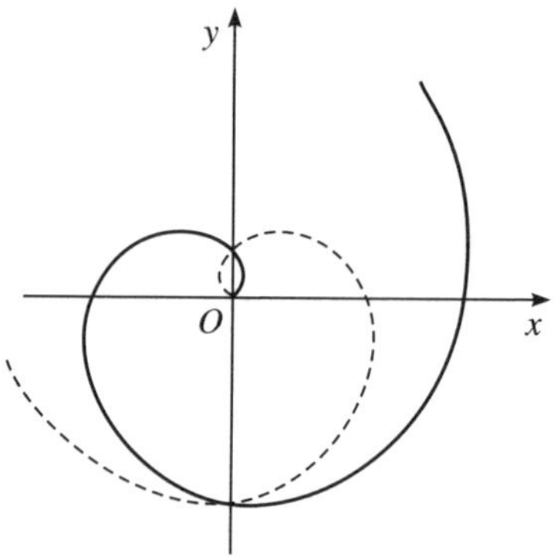

$$r=a\theta$$

第七章　微分方程及应用

在机电工程技术中，表示客观事物的变量之间的函数关系，经常不能直接得到所求的函数关系，只能得到含有未知函数的导数或微分的关系式，即微分方程。因此，微分方程是描述客观事物数量关系的一种重要的数学模型。让微分方程回到原函数的方程，体现积分学的另一个理论知识的应用，是微积分学思想应用的另一个知识源泉。本章主要介绍微分方程的基本概念和几种常用的微分方程的解法——积分学的理论应用；了解微分方程在机电工程中的重要的实际应用。

第一节　微分方程的基本概念

二维码 7 - 1

扫一扫，获取本节资源

例 1　曲线过点(1,3)，曲线上各点处的切线斜率等于该点横坐标的平方，求此曲线方程。

解：设 $M(x,y)$ 为所求曲线 $y=f(x)$ 上的任意点，在该点，曲线的切线斜率为 y'，依题意有

$$y'=x^2 \tag{1}$$

两边积分，得

$$y=\frac{1}{3}x^3+C \tag{2}$$

上式表示的是曲线上任意一点的切线的斜率为 x^2 的所有曲线。但要求的是过点(1,3)的曲线，即 $x=1$，$y=3$，代入式(2)，得 $C=\frac{8}{3}$，所以

$$y=\frac{1}{3}x^3+\frac{8}{3} \tag{3}$$

为所求的曲线方程。

定义 1　含有未知函数的导数或微分的方程称为微分方程。特别当未知函数为一元函数时，该微分方程称为常微分方程。微分方程中出现的未知函数各阶导数的最高次数称为微分方程的阶。

例如本节例 1 中的 $y'=x^2$（或$\frac{dy}{dx}=x^2$）为一阶微分方程。此外有 $y'+xy^2=0$，$xdy+ydx=0$，$y''+2y'+y=3x^2+1$，等等，也都是微分方程。

定义 2　如果某个函数代入微分方程，能使该方程成为恒等式，则称这个函数为该微分方程的解。

例如上题中的式(2)和式(3)表示的函数都是方程(1)的解。

对于一阶微分方程的初始条件是 $y|_{x=x_0}=y_0$；对于二阶微分方程 $y''=f(x,y,y')$ 的初始条件通常是 $y|_{x=x_0}=y_0$，$y'|_{x=x_0}=y'_0$。

从本节例 1 可以看出，微分方程的解有两种形式：

微分方程的解中含有任意常数，且独立的任意常数的个数与微分方程的阶数相同，这样的解称为微分方程的通解或一般解，由于方程(1)是一阶的，且式(2)中有一个独立的任意常数，因此式(2)是方程(1)的通解。

由于通解含有任意常数，它还不完全确定，要完全确定地反映客观事物

的规律曲线，必须根据具体问题给定的初始条件，从初始条件得到通解中任意常数的值，得到微分方程不含任意常数的解，这种不含任意常数的解称为微分方程的特解，如式(3)是方程(1)的特解。

微分方程特解的图形是一条曲线，称为微分方程的积分曲线。通解的图形是一族积分曲线。

例 2 验证 $y=C_1\sin x+C_2\cos x$ 是微分方程 $y''+y=0$ 的通解，并求满足初始条件 $y(0)=0$，$y'(0)=1$ 的特解。

解：因为

$$y'=C_1\cos x-C_2\sin x$$

$$y''=-C_1\sin x-C_2\cos x$$

把 y 和 y'' 代入微分方程左端得

$$y''+y=-C_1\sin x-C_2\cos x+C_1\sin x+C_2\cos x=0$$

又 $y=C_1\sin x+C_2\cos x$ 中有两个独立的任意常数，方程 $y''+y=0$ 是二阶的，所以 $y=C_1\sin x+C_2\cos x$ 是该微分方程的通解。

由初始条件 $y(0)=0$，$y'(0)=1$，解得 $C_1=1$，$C_2=0$，于是满足所给初始条件的微分方程的特解是 $y=\sin x$。

习题 7－1

1. 指出下列各微分方程的阶数：

(1) $x^2\mathrm{d}x+y\mathrm{d}y=0$　　(2) $(y')^2+y=0$

(3) $xy'''-y'+x=0$　　(4) $L\dfrac{\mathrm{d}^2Q}{\mathrm{d}t^2}+R\dfrac{\mathrm{d}Q}{\mathrm{d}t}+\dfrac{Q}{t}=0$

2. 验证下列各题中所给的函数或隐函数是否为所给微分方程的解？若是，指出是通解还是特解？其中 C_1，C_2 均为任意常数：

(1) $y=\mathrm{e}^{-3x}+\dfrac{1}{3}$，$\dfrac{\mathrm{d}y}{\mathrm{d}x}+3y=1$

(2) $y=\mathrm{e}^{x}+\mathrm{e}^{-x}$，$y''-2y'+y=0$

(3) $x^2-xy+y^2=0$，$(x-2y)y'=2x-y$

3. 以初速度 v_0 垂直下抛一物体，设该物体运动只受重力影响，试求物体下落距离 s 与时间 t 的函数关系式。

第二节　一阶微分方程及应用

二维码 7－2

扫一扫，获取本节资源

一阶微分方程的一般形式为

$$y'=F(x,y) \tag{1}$$

下面介绍几种常用的一阶微分方程的基本类型及其解法。

一、可分离变量的一阶微分方程

如果一阶微分方程式(1)可以化为形如

$$g(y)\mathrm{d}y=f(x)\mathrm{d}x \tag{2}$$

的形式，则称式(1)为可分离变量的一阶微分方程。

这类方程的特点是：方程经过适当变形，可以将含有同一变量的函数与微分分离到等式的同一端。

这类方程的具体解法为：

(1) 对原方程分离变量，将方程变形为式(2)。

(2) 两边分别对各自的变量积分

$$\int g(y)\mathrm{d}y=\int f(x)\mathrm{d}x$$

得方程的通解　　$G(y)=F(x)+C$

其中 $G(y)$，$F(x)$分别是 $g(y)$，$f(x)$的一个原函数。

例 1　求微分方程 $y'-\mathrm{e}^y\sin x=0$ 的通解。

解：将方程分离变量，得

$$\mathrm{e}^{-y}\mathrm{d}y=\sin x\mathrm{d}x$$

两边积分　　$\int \mathrm{e}^{-y}\mathrm{d}y=\int \sin x\mathrm{d}x$

得方程的通解　　$\cos x-\mathrm{e}^{-y}=C$

这个通解是以隐函数形式给出的，也可以显化为

$$y=-\ln(\cos x-C)$$

例 2　求微分方程 $xy\mathrm{d}y+\mathrm{d}x=y^2\mathrm{d}x+y\mathrm{d}y$ 的通解。

解：将方程分离变量，有

$$\frac{y}{y^2-1}\mathrm{d}y=\frac{1}{x-1}\mathrm{d}x$$

两边积分得　　$\frac{1}{2}\ln|y^2-1|=\ln|x-1|+C_1$

$$|y^2-1|=(x-1)^2e^{2C_1}$$
$$y^2-1=\pm e^{2C_1}(x-1)^2$$

因为 $\pm e^{2C_1}$ 是不为零的任意常数，把它记作 C，便得到方程的通解

$$y^2-1=C(x-1)^2 \tag{3}$$

可以验证 $C=0$ 时，$y=\pm 1$，它们也是原方程的解，因此式(3)中 C 可设为任意常数。

解方程中，如果积分后出现对数，理应都需做类似上述的讨论。

例 3　求微分方程 $(1+e^x)yy'=e^x$ 满足初值条件 $y|_{x=0}=1$ 的特解。

解：方程变形后分离变量得 $y\mathrm{d}y=\dfrac{e^x}{1+e^x}\mathrm{d}x$，两边积分得方程通解

$$\frac{1}{2}y^2=\ln(1+e^x)+C$$

由初值条件 $y|_{x=0}=1$，得 $C=\dfrac{1}{2}-\ln 2$，故所求特解为

$$y^2=2\ln(1+e^x)+1-2\ln 2$$

有的微分方程不是可分离变量的，但通过适当的变换，可使新变量成为可分离变量的方程，然后再用以上的方法求解这些方程。

二、一阶线性微分方程

形如

$$\frac{\mathrm{d}y}{\mathrm{d}x}+P(x)y=Q(x) \tag{4}$$

的方程[其中 $P(x)$，$Q(x)$ 是 x 已知的函数]，称为一阶线性微分方程，$Q(x)$ 称为自由项。

如果 $Q(x)=0$，方程(4)变为

$$\frac{\mathrm{d}y}{\mathrm{d}x}+P(x)y=0 \tag{5}$$

方程(5)称为一阶线性齐次微分方程[如果 $Q(x)$ 不恒为零时，方程(4)称为一阶线性非齐次微分方程]。方程(5)是可分离变量的方程，分离变量得

$$\frac{\mathrm{d}y}{y}=-P(x)\mathrm{d}x$$

两边积分得

$$\ln y=-\int P(x)\mathrm{d}x+\ln C$$

故

$$y=Ce^{-\int P(x)\mathrm{d}x} \tag{6}$$

式(6)是一阶线性齐次微分方程(5)的通解。为了书写方便，约定以后不定积分只表示被积函数的一个原函数，如符号 $\int P(x)\mathrm{d}x$ 是 $P(x)$ 的一个原函数。

比较式(4)、式(5)两个方程可以设想方程(4)的解具有

$$y = C(x)\mathrm{e}^{-\int P(x)\mathrm{d}x} \tag{7}$$

的形式，其中 $C(x)$ 是 C 的常数变异法[或待定系数设 $C=C(x)$]。

要使式(6)是方程(5)的解，将式(7)求导后代入方程(4)，得

$$C'(x)\mathrm{e}^{-\int P(x)\mathrm{d}x} - P(x)C(x)\mathrm{e}^{-\int P(x)\mathrm{d}x} + P(x)C(x)\mathrm{e}^{-\int P(x)\mathrm{d}x} = Q(x)$$

即

$$C'(x) = Q(x)\mathrm{e}^{\int P(x)\mathrm{d}x}$$

两边积分，得

$$C(x) = \int Q(x)\mathrm{e}^{\int P(x)\mathrm{d}x}\mathrm{d}x + C$$

因此，一阶线性非齐次微分方程(4)的通解为

$$y = \mathrm{e}^{-\int P(x)\mathrm{d}x}\left(\int Q(x)\mathrm{e}^{\int P(x)\mathrm{d}x}\mathrm{d}x + C\right) \tag{8}$$

不难看出，式(6)是对应的一阶线性齐次微分方程(5)的通解，而式(8)是一阶线性非齐次微分方程(4)的通解。

例 4 求微分方程 $(\cos x)y' + (\sin x)y = 1$ 的通解。

解法 1：原方程即 $y' + (\tan x)y = \sec x$。用常数变易法。

先求 $y' + (\tan x)y = 0$ 的通解：分离变量得

$$\frac{\mathrm{d}y}{y} = -\tan x\mathrm{d}x$$

两边积分，得 $\ln y = \ln\cos x + \ln C_1$，故

$$y = C_1\cos x$$

变换常数 C_1，令 $y = C(x)\cos x\,[C_1 = C(x)]$

$$y' = C'(x)\cos x - C(x)\sin x$$

把 y，y'代入原方程，得

$$[C'(x)\cos x - C(x)\sin x] + C(x)\cos x\tan x = \sec x$$

整理得 $C'(x) = \sec^2 x$，于是

$$C(x) = \tan x + C$$

把 $C(x) = \tan x + C$ 代入 $y = C(x)\cos x$ 中，得到该非齐次方程的通解

$$y = (\tan x + C)\cos x$$

解法 2：利用通解公式(8)求解。这时必须把方程化成式(4)的标准形

式，其中 $P(x)=\tan x$，$Q(x)=\sec x$，故

$$y=e^{-\int P(x)dx}\left(\int Q(x)e^{\int P(x)dx}dx+C\right)=e^{-\int \tan x dx}\left(\int \sec x e^{\int \tan x dx}dx+C\right)$$

$$=e^{\ln\cos x}\left(\int \sec x e^{-\ln\cos x}dx+C\right)$$

$$=\cos x\left(\int \sec^2 x dx+C\right)=(\tan x+C)\cos x$$

例 5　求微分方程式 $x^2dy+(2xy-x+1)dx=0$ 满足初值条件 $y|_{x=1}=0$ 的特解。

解：将原方程变形为标准形式

$$\frac{dy}{dx}+\frac{2}{x}y=\frac{x-1}{x^2}$$

直接利用式(8)有 $P(x)=\frac{2}{x}$，$Q(x)=\frac{x-1}{x^2}$，故

$$y=e^{-\int P(x)dx}\left(\int Q(x)e^{\int P(x)dx}dx+C\right)=e^{-\int \frac{2}{x}dx}\left(\int \frac{x-1}{x^2}e^{\int \frac{2}{x}dx}dx+C\right)$$

$$=\frac{1}{x^2}\left(\int \frac{x-1}{x^2}\cdot x^2dx+C\right)=\frac{1}{x^2}\left[\int (x-1)dx+C\right]$$

$$=\frac{1}{x^2}\left(\frac{x^2}{2}-x+C\right)$$

所以原方程的通解为

$$y=\frac{1}{x^2}\left(\frac{1}{2}x^2-x+C\right)=\frac{1}{2}-\frac{1}{x}+\frac{C}{x^2}$$

把初值条件 $y|_{x=1}=0$ 代入上式，得 $C=\frac{1}{2}$，故所求方程的特解为

$$y=\frac{1}{2}-\frac{1}{x}+\frac{1}{2x^2}$$

注意：解微分方程首先要注意微分方程的类型，只有正确区分微分方程的类型才能快速正确进行解题和处理问题。后面学习高阶微分方程也是同理。

习题 7－2

1. 求下列微分方程的通解：

(1) $(1+x^2)y'=\arctan x$　　　(2) $yy'-e^{y^2+3x}=0$

2. 求下列微分方程的特解：

(1) $y\mathrm{d}x=(x-1)\mathrm{d}y$，$y\big|_{x=2}=1$

(2) $\sec^2x\tan y\mathrm{d}x+\sec^2y\tan x\mathrm{d}y=0$，$y\big|_{x=\frac{\pi}{4}}=\frac{\pi}{4}$

3. 求下列一阶线性微分方程的通解：

(1) $y'-2xy=\mathrm{e}^{x^2}\cos x$

(2) $xy'=y+\frac{x}{\ln x}$

(3) $xy'+y=\mathrm{e}^x$

(4) $(x^2-1)y'+2xy-\cos x=0$

(5) $(1+x^2)y'-2xy=(1+x^2)^2$

4. 求下列一阶线性微分方程的特解：

(1) $2y'+y=3$，$y\big|_{x=0}=10$

(2) $\frac{\mathrm{d}i}{\mathrm{d}t}+\frac{R}{L}i=\frac{E_0}{L}$，$i\big|_{t=0}=0$

第三节　二阶常系数线性微分方程解的结构

二维码 7－3

扫一扫，获取本节资源

本节主要讨论二阶常系数线性微分方程解的性质和解法。

二阶线性微分方程的一般形式为

$$y''+p(x)y'+q(x)y=f(x) \tag{1}$$

其中 $p(x)$，$q(x)$，$f(x)$ 是 x 的已知函数。如果 $f(x)\equiv 0$，方程(1)变为

$$y''+p(x)y'+q(x)y=0 \tag{2}$$

称式(2)为二阶线性齐次微分方程；如果 $f(x)\neq 0$，称方程(1)为二阶线性非齐次微分方程；如果系数 $p(x)$，$q(x)$ 都是常数，称式(1)、式(2)为二阶常系数线性微分方程。

在力学、电工学及工程技术中有不少实际问题的数学模型是二阶常系数线性微分方程。对于一般的二阶线性微分方程的求解，无法用前面的方法运算。下面通过分析它的通解结构，并以此为基础给出二阶常系数线性微分方程的解法。

一、二阶线性齐次微分方程解的性质

定义　设函数 y_1 和 y_2 是定义在区间 I 内的函数，若存在两个不完全为零的常数 k_1，k_2，使在 I 内 $k_1y_1+k_2y_2=0$，则称函数 y_1 与 y_2 在 I 内线性相关；若上式为 $k_1y_1+k_2y_2\neq 0$，则称函数 y_1 与 y_2 在 I 内线性无关。

如对函数 $y_1=\cos x$，$y_2=\dfrac{1}{3}\cos x$，我们可取 $k_1=1$，$k_2=-3$，则在 $\mathbf{R}$ 内，y_1 与 y_2 线性相关且可以看到 $\dfrac{y_1}{y_2}=3$，是一个常数，则它们在 I 内线性相关。

再如函数 $y_1=3e^{3x}$，$y_2=4e^{2x}$，因为 $\dfrac{y_1}{y_2}=\dfrac{3e^{3x}}{4e^{2x}}=\dfrac{3}{4}e^{x}$，不为常数，则它们在 I 内线性无关。

定理 1（齐次线性微分方程解的叠加原理）　若 y_1，y_2 是线性齐次微分方程(2)的两个解，则 $y=C_1y_1+C_2y_2$ 是方程(2)的解，且当 y_1，y_2 为线性无关的特解时，$y=C_1y_1+C_2y_2$ 是该方程的通解，其中 C_1，C_2 为任意常数。

二、二阶线性非齐次微分方程解的结构

前一节讨论了一阶线性非齐次微分方程的通解，它是对应的齐次方程的

通解和它本身的一个特解的代数和。关于二阶线性非齐次方程的解，也有类似的结论。

定理 2(非齐次线性微分方程解的结构) 若 y_p 是二阶线性非齐次微分方程

$$y''+p(x)y'+q(x)y=f(x) \tag{3}$$

的某个特解，$Y=C_1y_1+C_2y_2$ 是方程(3)对应的线性齐次微分方程

$$y''+p(x)y'+q(x)y=0 \tag{4}$$

的通解，则非齐次线性微分方程的通解为

$$y=Y+y_p \tag{5}$$

定理 2 给出了二阶线性非齐次微分方程的通解结构，因此找二阶线性非齐次微分方程的一个特解成了求它通解的关键之一。下面的定理对于求二阶线性非齐次微分方程的某些特解很有帮助。

定理 3 若二阶线性非齐次微分方程为

$$y''+p(x)y'+q(x)y=f_1(x)+f_2(x) \tag{6}$$

且 y_1^* 与 y_2^* 分别是

$$y''+p(x)y'+q(x)y=f_1(x)\text{和 } y''+p(x)y'+q(x)y=f_2(x)$$

的特解，则 $y_1^*+y_2^*$ 是方程(6)的特解。

习题 7－3

1. 下列函数组哪些是线性相关的?

(1) e^{2x}, e^{3x}　　(2) $\sin 2x$, $\sin x\cos x$

(3) $\ln x$, $x\ln^2 x$　　(4) $\arcsin x$, $\dfrac{\pi}{2}-\arccos x$

(5) $e^x\sin 2x$, $e^{2x}\sin x$　　(6) $\arctan x$, $3\arctan x$

2. 验证函数 $y_1=\sin 3x$, $y_2=2\sin 3x$ 是方程 $y''+9y=0$ 的两个特解，能否说 $y=C_1y_1+C_2y_2$ 是该方程的通解? 又 $y_3=\cos 3x$ 满足方程，则 $y=C_1y_1+C_3y_3$ 是该方程的通解吗? 为什么?

3. 验证函数 $y_1=e^x$, $y_2=xe^x$ 是方程 $y''-2y'+y=0$ 的解，并写出该方程的通解。

第四节　二阶常系数线性微分方程求解方法

二维码 7－4
扫一扫，获取本节资源

在二阶线性微分方程的通解结构的基础上，本节重点讨论计算机专业和机电工程实际中常用的二阶常系数线性微分方程的解法。

一、二阶常系数齐次线性微分方程的解法

二阶常系数齐次线性微分方程的一般形式为

$$y''+py'+qy=0 \tag{1}$$

其中 p，q 均为常数。

由上节定理 2 可知，只要找出方程(1)的两个线性无关的特解 y_1 与 y_2，即可得式(1)的通解

$$y=C_1y_1+C_2y_2$$

下面用代数的方法求方程(1)的两个特解。

我们知道，当 r 为常数时，指数函数 $y=e^{rx}$ 和它的各阶导数都只相差一个常数因子。由于指数函数具有这样的特点，因此可用 $y=e^{rx}$ 来试解(r 是待定常数)。

将 $y=e^{rx}$，$y'=re^{rx}$，$y''=r^2e^{rx}$ 代入方程(1)得

$$e^{rx}(r^2+pr+q)=0$$

有

$$r^2+pr+q=0 \tag{2}$$

可以看到，只要 r 是代数方程(2)的根，那么，$y=e^{rx}$ 就是微分方程(1)的解。于是，微分方程(1)的求解问题，就转化为求方程(2)的根的问题。代数方程(2)称为微分方程(1)的特征方程。

特征方程(2)是一个二次方程，它的根有如下三种情况，因此方程(1)的通解也有三种情况：

(1) 当 $p^2-4q>0$ 时，特征方程(2)有两个不相等的实根 r_1 及 r_2，此时方程(1)有两个特解 $y_1=e^{r_1x}$ 与 $y_2=e^{r_2x}$。因为

$$\frac{y_1}{y_2}=\frac{e^{r_1x}}{e^{r_2x}}=e^{(r_1-r_2)x}\neq 常数$$

即 y_1，y_2 线性无关。因此，方程(1)的通解为

$$y=C_1e^{r_1x}+C_2e^{r_2x}$$

(2) 当 $p^2-4q=0$ 时，特征方程(2)有两个相等的实根 $r_1=r_2=-\frac{p}{2}=r$，这时只得方程(1)的一个特解 $y_1=e^{rx}$。可以验证 $y_2=xe^{rx}$ 是方程(1)的一个与 $y_1=e^{rx}$ 线性无关的解，所以方程(1)的通解为

$$y=(C_1+C_2x)e^{rx}$$

(3) 当 $p^2-4p<0$ 时，特征方程(2)有一对共轭复根

$$r_1=\alpha+i\beta,\ r_2=\alpha-i\beta$$

其中

$$\alpha=-\frac{p}{2},\ \beta=\frac{\sqrt{4q-p^2}}{2}\neq 0$$

这时方程(1)有两个复数形式的解

$$y_1=e^{(\alpha+i\beta)x},\ y_2=e^{(\alpha-i\beta)x}$$

可以验证，函数 $e^{\alpha x}\cos\beta x$ 与 $e^{\alpha x}\sin\beta x$ 为方程(1)的两个实数形式的解，且它们线性无关。因此，方程(1)的通解为

$$y=e^{\alpha x}(C_1\cos\beta x+C_2\sin\beta x)$$

综上所述，求二阶常数线性齐次微分方程 $y''+py'+qy=0$ 的通解步骤如下：

(1) 写出微分方程(1)的特征方程 $r^2+pr+q=0$；

(2) 求出特征方程(2)的两个根 r_1，r_2；

(3) 根据两个根不同情况，按下表写出微分方程(1)的通解：

特征方程的两个根 r_1，r_2	微分方程的通解形式
两个不相等的实根 r_1，r_2	$y=C_1e^{r_1x}+C_2e^{r_2x}$
两个相等的实根 $r_1=r_2=r$	$y=(C_1+C_2x)e^{rx}$
一对共轭复根 r_1，$r_2=\alpha\pm i\beta$	$y=e^{\alpha x}(C_1\cos\beta x+C_2\sin\beta x)$

例 1 求微分方程 $y''+5y'+6y=0$ 的通解。

解：特征方程 $r^2+5r+6=0$ 有两个不等的实根 $r_1=-2$，$r_2=-3$，故方程的通解为

$$y=C_1e^{-2x}+C_2e^{-3x}$$

例 2 求微分方程 $y''+2y'+y=0$ 满足初值条件 $y|_{x=0}=0$，$y'|_{x=0}=1$ 的特解。

解：先求通解。特征方程 $r^2+2r+1=0$ 有两个相等的实根 $r_1=r_2=-1$，

故方程的通解为

$$y=(C_1+C_2x)e^{-x}$$

代入初值条件 $y|_{x=0}=0$，$y'|_{x=0}=1$，求得 $C_1=0$，$C_2=1$。所以，方程满足初值条件的特解为

$$y=xe^{-x}$$

例 3　求微分方程 $y''-4y'+13=0$ 的通解。

解：特征方程 $r^2-4r+13=0$ 有一对共轭复根 $r_{1,2}=2\pm3i$，因此所求方程的通解为

$$y=e^{2x}(C_1\cos3x+C_2\sin3x)$$

二、二阶常系数非齐次线性微分方程的解法

二阶常系数非齐次线性微分方程的一般形式为

$$y''+py'+qy=f(x) \tag{3}$$

其中 p，q 为常数。

由第三节定理 3 知道，求二阶常系数线性非齐次微分方程的通解，归结为求对应的齐次微分方程的通解 Y 和非齐次微分方程(3)的一个特解 y^*。下面主要讨论非齐次微分方程(3)的一个特解 y^* 的求法。

1. $f(x)=P_m(x)e^{\lambda x}$**是** $y''+py'+qy=f(x)$ **的特解时**

在实际应用中，方程(3)右端自由项 $f(x)$ 的一种常见形式为

$$f(x)=P_m(x)e^{\lambda x}$$

其中 $P_m(x)$ 是 x 的 m 次多项式，常数 λ 为实数。

可以证明微分方程

$$y''+py'+qy=P_m(x)e^{\lambda x} \tag{4}$$

有如下形式的特解

$$y^*=x^kQ_m(x)e^{\lambda x}$$

其中 $Q_m(x)$ 是与 $P_m(x)$ 同次(m 次)的待定多项式，按 λ 不是特征方程的根、是特征方程的单根或是二重根，k 分别取 0、1 或 2。则有

$$k=\begin{cases}0，\lambda \text{ 不是特征根}\\1，\lambda \text{ 是特征单根}\\2，\lambda \text{ 是特征重根}\end{cases}$$

例 4　求微分方程 $y''+y=2x^2-3$ 的通解及满足初值条件 $y|_{x=0}=1$，$y'|_{x=0}=2$ 的特解。

解：(1)先求对应齐次微分方程的通解：

因特征方程 $r^2+1=0$ 的根 $r_{1,2}=\pm\mathrm{i}$，所以对应齐次方程的通解为

$$Y=C_1\cos x+C_2\sin x$$

(2) 求非齐次微分方程的一个特解：

因为右端 $f(x)=2x^2-3$，属于 $P_2(x)\mathrm{e}^{\lambda x}$ 型，其中 $P_2(x)=2x^2-3$，$\lambda=0$，且 $\lambda=0$ 不是特征方程的根，则 $k=0$。故设

$$y^*=Q_2(x)=b_2x^2+b_1x+b_0$$

因 $y^{*\prime}=2b_2x+b_1$，$y^{*\prime\prime}=2b_2$，将 y^*，$y^{*\prime\prime}$ 代入原方程，得

$$2b_2+b_2x^2+b_1x+b_0\equiv 2x^2-3$$

比较两端 x 同次幂的系数，得 $\begin{cases}b_2=2\\b_1=0\\2b_2+b_0=-3\end{cases}$，故 $b_2=2$，$b_1=0$，$b_0=-7$。于是

$$y^*=2x^2-7$$

(3) 写出其非齐次微分方程的通解

$$y=Y+y^*=C_1\cos x+C_2\sin x+2x^2-7$$

(4) 求满足初值 $y\big|_{x=0}=1$，$y'\big|_{x=0}=2$ 的特解：

对 $y=C_1\cos x+C_2\sin x+2x^2-7$ 两端求导得

$$y'=-C_1\sin x+C_2\cos x+4x$$

把初值条件代入式(5)、式(6)，得 $C_1=8$，$C_2=2$。则所求特解为

$$y=8\cos x+2\sin x+2x^2-7$$

例 5 求微分方程 $y''+6y'+9y=5x\mathrm{e}^{-3x}$ 的通解。

解：(1) 求对应齐次微分方程的通解：

特征方程 $r^2+6r+9=0$ 有特征根 $r_1=r_2=-3$，所以对应的齐次微分方程的通解为

$$Y=(C_1+C_2x)\mathrm{e}^{-3x}$$

(2) 求其非齐次微分方程的一个特解：

因为方程右端 $f(x)=5x\mathrm{e}^{-3x}$，属 $P_1(x)\mathrm{e}^{\lambda x}$ 型，其中 $p_1(x)=5x$，$\lambda=-3$，且 $\lambda=-3$ 是特征方程的重根，故 $k=2$。

设特解为 $y^*=x^2(b_1x+b_0)\mathrm{e}^{-3x}$，因

$$y^{*\prime}=\mathrm{e}^{-3x}[-3b_1x^3+(3b_1-3b_0)x^2+2b_0x]$$

$$y^{*\prime\prime}=\mathrm{e}^{-3x}[9b_1x^3+(-18b_1+9b_0)x^2+(6b_1-12b_0)x+2b_0]$$

将 y^*，$y^{*\prime}$，$y^{*\prime\prime}$ 代入原方程并整理，得

$$6b_1x+2b_0=5x$$

比较上式两端 x 同次的系数，得 $b_1=\frac{5}{6}$，$b_0=0$。于是 $y^*=\frac{5}{6}x^3e^{-3x}$。所以，方程的通解为

$$y=\left(C_1+C_2x+\frac{5}{6}x^3\right)e^{-3x}$$

2. **$f(x)=A\cos\omega x+B\sin\omega x$ 是 $y''+py'+qy=f(x)$ 的特解时**

当微分方程(3)的自由项 $f(x)=A\cos\omega x+B\sin\omega x$ 时，可以验证微分方程(3)有形如

$$y^*=x^k(a\cos\omega x+b\sin\omega x)$$

的特解。当 ωi 不是特征方程的根、ωi 是特征方程的根时，k 分别取 0，1。

例 6　求微分方程 $y''-2y'+2y=\sin x$ 的一个特解。

解： 先求方程 $r^2-2r+2=0$ 有根 $r_{1,2}=1\pm i$。因为 $\omega=1$，所以 $\omega i=i$ 不是特征方程的根，故 $k=0$。设原方程的特解为

$$y^*=a\cos x+b\sin x$$

因 $y^{*\prime}=-a\sin x+b\cos x$，$y^{*\prime\prime}=-a\cos x-b\sin x$，将其代入原方程得

$$-a\cos x-b\sin x-2(-a\sin x+b\cos x)+2(a\cos x+b\sin x)=\sin x$$

整理得
$$(a-2b)\cos x+(2a+b)\sin x=\sin x$$

比较 $\cos x$，$\sin x$ 的系数得

$$\begin{cases}a-2b=0\\2a+b=1\end{cases}$$

解原方程得 $a=\frac{2}{5}$，$b=\frac{1}{5}$。因此，原方程有特解

$$y^*=\frac{2}{5}\cos x+\frac{1}{5}\sin x$$

例 7　求微分方程 $y''+4y=\cos 2x$ 的通解。

解：(1)求对应齐次微分方程的通解：

对应齐次方程的特征方程为 $r^2+4=0$，有根 $r_1=2i$，$r_2=-2i$，故对应的齐次方程的通解为

$$Y=C_1\cos 2x+C_2\sin 2x$$

(2) 求其非齐次微分方程的一个特解：

由于 $\omega i=2i$ 是特征方程的根，故 $k=1$ 设所给方程的特解为

$$y^*=x(a\cos 2x+b\sin 2x)$$

将 $y^{*\prime\prime}$，y^* 代入原方程，整理得

$$-4a\sin 2x+4b\cos 2x=\cos 2x$$

比较等式的两端 $\sin 2x$，$\cos 2x$ 的常数，得到 $a=0$，$b=\frac{1}{4}$。于是

$$y^{*}=\frac{1}{4}x\sin 2x$$

所以，方程的通解为

$$y=Y+y^{*}=C_1\cos 2x+C_2\sin x+\frac{1}{4}x\sin 2x$$

习题 7－4

1. 求下列微分方程的通解：

（1）$y''-9y=0$　　（2）$y''-4y'=0$

（3）$3y''-2y'-8y=0$　　（4）$y''-2y'+y=0$

（5）$4\frac{\mathrm{d}^2x}{\mathrm{d}t^2}-20\frac{\mathrm{d}x}{\mathrm{d}t}+25x=0$　　（6）$y''+y=0$

（7）$y''+6y'+13y=0$

2. 求下列微分方程满足初始条件的特解：

（1）$y''-4y'+3y=0$，$y|_{x=0}=6$，$y'|_{x=0}=10$

（2）$4y''+4y'+y=0$，$y|_{x=0}=2$，$y'|_{x=0}=0$

（3）$y''+4y=0$，$y|_{x=0}=2$，$y'|_{x=0}=6$

3. 写出下列微分方程的特解形式：

（1）$3y''-8y=x^3$　　（2）$4y''+12y'+9y=\mathrm{e}^{-\frac{3}{2}x}$

（3）$y''+5y'+4y=3x^2+1$　　（4）$y''+3y'=(3x^2+1)\mathrm{e}^{-3x}$

4. 求下列微分方程的通解：

（1）$2y''+5y'=5x^2-2x-1$　　（2）$y''+3y'+2y=3x\mathrm{e}^{-x}$

（3）$y''+y=\mathrm{e}^x+\cos x$

第五节　微分方程的实践应用

二维码 7－5

扫一扫，获取本节资源

前几节讨论了几种常用的微分方程的解法，本节举例说明微分方程在几何学、物理学、机电工程技术等方面的应用。

建立微分方程解决实际问题，首先要把语言描述的事物间的关系，通过建立坐标系，选择自变量和因变量，明确该问题中未知函数导数的实际意义，运用有关学科的基本知识(常借助于已知的几何学、物理学定律)，转化为含有未知函数的导数的等量关系，即微分方程。如果在实际问题中还有一些特定的条件或具有初始状态，就是确定特解的条件。这在建立微分方程时是不可缺少的一步，下面通过机电工程的实际例题加以说明。

例 1　如图 7－1 和图 7－2 所示 RC 电路，在开关 S 没合上时，电容 C 两端的电压力零、电源电压为 E；把开关合上，电源对电容 C 充电，电容 C 上的电压 U_C 逐渐升高。求电压 U_C 随时间 t 的变化规律。

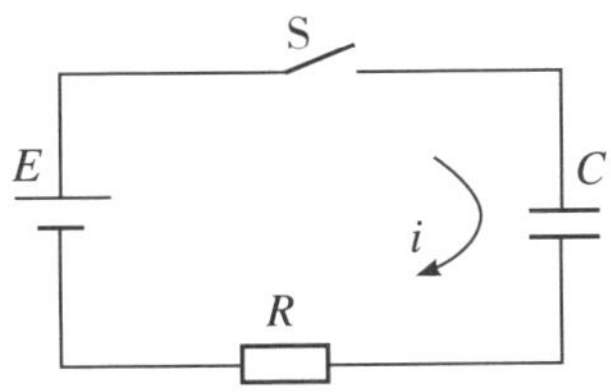

图 7－1

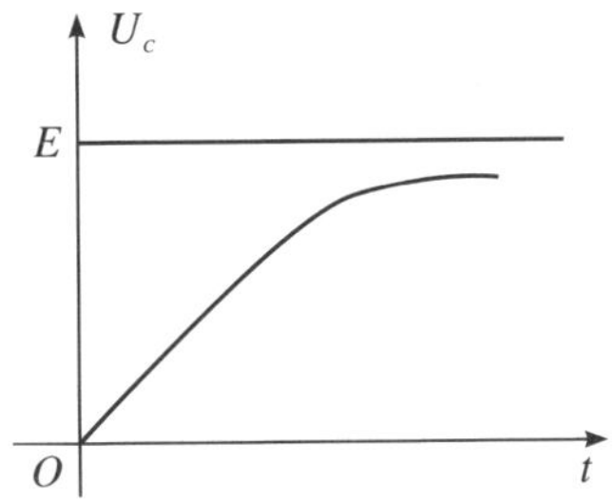

图 7－2

解：根据基尔霍夫回路电压定律，电容 C 上的电压 U_C 与电阻 R 上的电压 $U_R=Ri$ 之和等于电源电动势 E，即

$$E=U_C+Ri$$

电容充电时，电容上电量 Q 逐渐增加，按电容性质，Q 与 U_C 有关系式

$$Q=CU_C$$

于是

$$i=\frac{\mathrm{d}Q}{\mathrm{d}t}=\frac{\mathrm{d}}{\mathrm{d}t}(CU_C)=C\frac{\mathrm{d}U_C}{\mathrm{d}t}$$

把上式 i 代入式(1)中，得 $U_C=f(t)$ 所满足的微分方程为

$$E=RC\frac{\mathrm{d}U_C}{\mathrm{d}t}+U_C$$

其中 R，C，E 都是常数，且有初始条件 $U_C|_{t=0}=0$。因此，这是一个可分离变量的微分方程，解得

$$\frac{dU_C}{E-U_C}=\frac{dt}{RC}$$

两边积分 $\int\frac{dU_C}{E-U_C}=\int\frac{dt}{RC}$，得

$$-\ln(E-U_C)=\frac{t}{RC}+\ln\frac{1}{A}\ (A\text{ 为任意常数})$$

整理得通解

$$U_C=E-Ae^{-\frac{t}{RC}}$$

将初始条件代入得 $A=E$，于是得特解为

$$U_C=E-Ee^{-\frac{t}{RC}}$$

例 2 一台电动机启动后，每分钟温度升高10 ℃，同时将按冷却规律不断散发热量。设电动机安装在一间保持15 ℃的恒温房子里，求电动机温度 θ 与时间 t 的函数关系式。

解：设电动机启动后 1 min 时的温度为 θ，这个温度是两个温度共同作用的结果：一个是电动机运转所引起的温度，另一个是在恒温中的自然冷却温度。假定电动机的升温不影响恒温室中的温度变化，则电动机温度的变化率 $\frac{d\theta}{dt}$ 即为它运转时的升温率10 ℃/min 与它在15 ℃恒温室中的冷却率 $k(\theta-15)$ 之差，即

$$\frac{d\theta}{dt}=10-k(\theta-15)$$

或整理得

$$\frac{d\theta}{dt}+k\theta=10+15k$$

上式即是电动机的温度 θ 所应满足的微分方程，它的初始条件 $\theta|_{t=0}=15$，这是一个一阶线性非齐次微分方程。代入通解公式[见本章第二节式(8)]，得

$$\begin{aligned}\theta&=e^{-\int kdt}\left[\int(10+15k)e^{\int kdt}dt+C\right]\\&=e^{-kt}\left[\int(10+15k)e^{kt}dt+C\right]=Ce^{-kt}+\frac{10}{k}+15\end{aligned}$$

将初始条件代入得 $C=-\frac{10}{k}$，故所得电动机温度 θ 与时间 t 的函数关系式

$$\theta = 15 + \frac{10}{k}(1 - e^{-kt})$$

例 3　如图 7－3 所示是光滑曲线 L 上任意一点 $M(x,y)$ 处的切线 MT 垂直于该点与原点的连线 OM，求曲线 L 的方程。

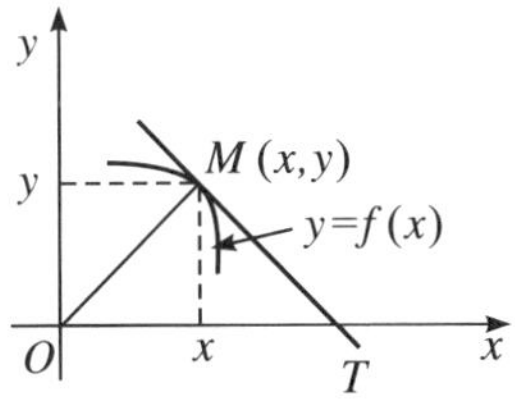

图 7－3

解：设曲线 L 的方程为 $y=f(x)$，L 在点 $M(x,y)$ 处的切线 MT 的斜率为 $\frac{dy}{dx}$，OM 的斜率为 $\frac{y}{x}$，由于 $OM \perp MT$ 得微分方程

$$\frac{dy}{dx} = -\frac{x}{y}$$

分离变量并积分得　　$\frac{1}{2}y^2 = -\frac{1}{2}x^2 + C_1$

化简得通解　　$x^2 + y^2 = C$

例 4　一直立圆柱形储水器直径 4 m、高 6 m，里面装满水。在容器的底部有一个半径为 $\frac{1}{12}$ m 的孔，已知水自小孔流出的速度为 $0.6\sqrt{2gh}$ (m/s)，h 为小孔距水面的距离，问容器中的水经小孔流完需要多少时间(如图 7－4 所示)。

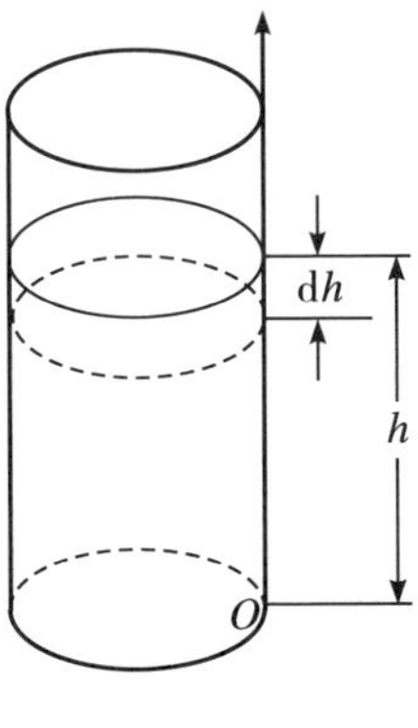

图 7－4

解：设在时刻 t，水面离容器底部的距离为 h。先求 h 和 t 的函数关系：

从 t 到 $t+\mathrm{d}t$ 这一小段时间里，容器中水的体积的改变量为 $\pi 2^2 \mathrm{d}h$（$\mathrm{d}h$ 为 $\mathrm{d}t$ 时间间隔内的水面高度微元），这段时间内经小孔流出水的体积微元为

$$\mathrm{d}V = 0.6\pi\left(\frac{1}{12}\right)^2\sqrt{2gh}\,\mathrm{d}t$$

从而
$$-\pi 2^2 \mathrm{d}h = 0.6\pi\left(\frac{1}{12}\right)^2\sqrt{2gh}\,\mathrm{d}t$$

化简得
$$\frac{\mathrm{d}h}{\mathrm{d}t} = -0.0046\sqrt{h}$$

分离变量积分得
$$2\sqrt{h} = -0.0046t + C$$

由题意得 $h|_{t=0}=6$，代入上式得 $C=4.9$，上式即为

$$2\sqrt{h} = -0.0046t + 4.9$$

令 $h=0$，得 $t=1065\ (\mathrm{s})=17.75\ (\mathrm{min})$，即水全部由容器流完需要 17.75 min。

例 5 （如图 7－5 所示）在 R—L 串联电路中，设有电阻 R、电感 L 和电动势 $E=E_0\sin\omega t$（E_0、ω 为常数）。在时刻 $t=0$ 时接通电路，求瞬时电流 i 与时间 t 的关系。

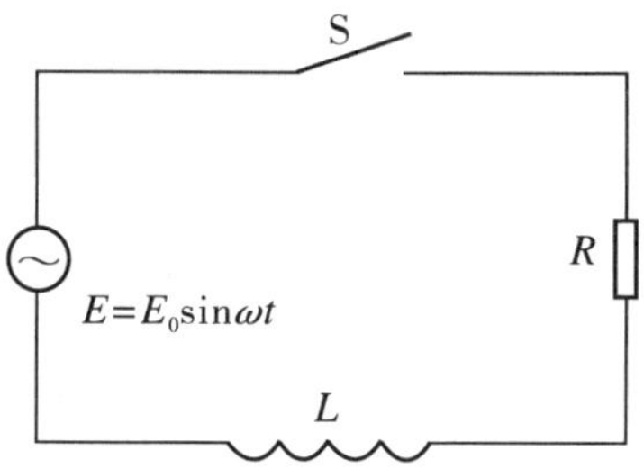

图 7－5

解：由电学知，电阻 R 上电压降 $U_R=Ri$，电感 L 上的电压降 $U_L=L\dfrac{\mathrm{d}i}{\mathrm{d}t}$。由回路电压定律，闭合电路中电动势等于电路上电压降的总和，即 $U_L+U_R=E$，从而

$$\frac{\mathrm{d}i}{\mathrm{d}t}+\frac{R}{L}i=\frac{E_0}{L}\sin\omega t$$

由一阶线性非齐次微分方程的通解公式[见本章第二节式(8)]，得

$$i(t) = \mathrm{e}^{-\int\frac{R}{L}\mathrm{d}t}\left(\int\frac{E_0}{L}\sin\omega t\cdot\mathrm{e}^{\int\frac{R}{L}\mathrm{d}t}\mathrm{d}t + C\right)$$

$$= \frac{E_0}{L} e^{-\frac{R}{L}t}\left(\int e^{\frac{R}{L}t} \sin\omega t \mathrm{d}t\right) + Ce^{-\frac{R}{L}t}$$

利用分部积分法，得

$$i(t) = \frac{E_0}{L}\left(\frac{RL}{\omega^2 L^2 + R^2}\sin\omega t - \frac{\omega L^2}{\omega^2 L^2 + R^2}\cos\omega t\right) + Ce^{-\frac{R}{L}t}$$

由初值条件 $i(0) = 0$，有 $C = \frac{E_0 \omega L}{\omega^2 L^2 + R^2}$，故

$$i(t) = \frac{E_0}{\omega^2 L^2 + R^2}(R\sin\omega t - \omega L\cos\omega t + \omega L e^{-\frac{R}{L}t})$$

令 $\cos\varphi = \frac{R}{\sqrt{\omega^2 L^2 + R^2}}$，$\sin\varphi = \frac{\omega L}{\sqrt{\omega^2 L^2 + R^2}}$，则

$$i(t) = \frac{E_0}{\sqrt{\omega^2 L^2 + R^2}}\sin(\omega t - \varphi) + \frac{E_0 \omega L}{\omega^2 L^2 + R^2}e^{-\frac{R}{L}t}$$

当 t 增大时，上式第二项逐渐变小而趋于零(称为暂态电流)，从而电流主要由第一项正弦电流(称为稳态电流)决定，它的周期和电源电动势相同而相位相差 φ。$i(t)$的这段变化过程称为过渡过程，是电子技术常见的现象。

习题 7-5

1. 一曲线通过点(2,3)，它在两坐标轴间的任意切线均被切点所平分，求这条曲线的方程。

2. 如图 7-6 中有一条 R—L 电路，由一个 $R=10\ \Omega$ 的电阻、一个 $L=2H$ 的电感和一个 E V 的电源连同开关 S 串联起来，如图 7-6 所示。在 $t=0$ 时开关 S 闭合，此时电流 $I=0$ A，若 $E=50\sin 5t$，求 $t>0$ 时的电流 $i(t)$。

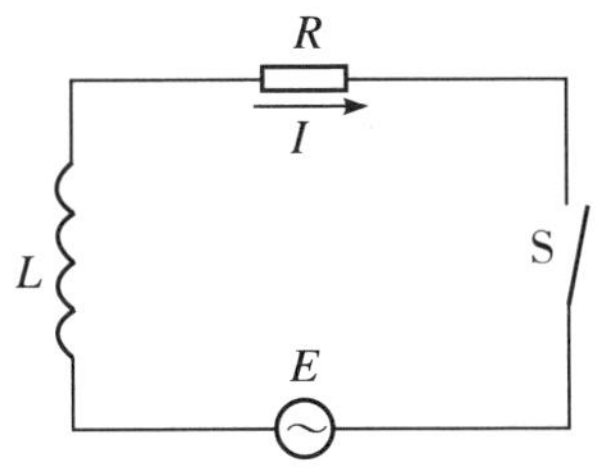

图 7-6

第八章 级　数

自然界的现象和生产、生活实际中，周而复始的规律很多，如飞轮的旋转，声、光、电的波动，都是周期性运动。级数能表示这些现象产生函数的周期性运动性质，也是级数理论解决实际问题的重要应用。本章主要简单介绍数项级数和函数项级数的概念和性质。

二维码 8－1

扫一扫，获取本节资源

一、数项级数的基本概念

定义 1　设给定一个数列$\{u_n\}$：u_1，u_2，u_3，…，u_n，…用加号连接各相邻项的式子

$$u_1+u_2+u_3+\cdots+u_n+\cdots \tag{1}$$

称为常数项无穷级数，简称数项级数，记作 $\sum\limits_{n=1}^{\infty}u_n$ ，即

$$\sum_{n=1}^{\infty}u_n = u_1+u_2+u_3+\cdots+u_n+\cdots$$

数列的第 n 项 u_n 称为数项级数(1)的一般项或通项。

定义 2　若级数(1)的部分和数列$\{s_n\}$的极限存在，设 $\lim\limits_{n\to\infty}s_n=s$，则称级数(1)收敛，$s$ 称为级数(1)的和，记作

$$s=\sum_{n=1}^{\infty}u_n \text{或} s=u_1+u_2+u_3+\cdots+u_n+\cdots$$

若极限 $\lim\limits_{n\to\infty}s_n$ 不存在，则称级数(1)发散。

例 1　讨论等比级数(又称几何级数)

$$\sum_{n=0}^{\infty}aq^n = a+aq+aq^2+\cdots+aq^{n-1}+\cdots \tag{2}$$

的敛散性，其中 $a\neq0$，q 称为等比级数(2)的公比。

解：如果 $q\neq1$，则部分和

$$s_n=a+aq+aq^2+\cdots+aq^{n-1}=\frac{a(1-q^n)}{1-q}$$

(1) 当$|q|<1$时，有

$$\lim_{n\to\infty}s_n=\lim_{n\to\infty}\frac{a(1-q^n)}{1-q}=\frac{a}{1-q}$$

因此等比级数(2)收敛，其和 $s=\dfrac{a}{1-q}$。

(2) 当$|q|>1$时，因为 $\lim\limits_{n\to\infty}q^n=\infty$ ，所以

$$\lim_{n\to\infty}s_n=\frac{a(1-q^n)}{1-q}=\infty$$

即级数(2)发散。

(3) 若 $q=-1$，则级数成为

$$a-a+a-a+\cdots+(-1)^{n-1}a+\cdots$$

所以 $\lim\limits_{n\to\infty}s_n$ 不存在，故级数(2)发散。

二、函数项级数的概念

定义 3　如果无穷级数是由定义在同一数集 X 上的函数列 $\{u_n(x)\}$ 组成，形如

$$u_1(x)+u_2(x)+u_3(x)+\cdots+u_n(x)+\cdots \tag{3}$$

这样的级数称为函数项级数，简记作 $\sum\limits_{n=1}^{\infty}u_n(x)$，$X$ 称为它的定义域。例如：

$$1+x+x^2+x^3+\cdots+x^{n-1}+\cdots$$

$$\sin x+\frac{1}{3}\sin 3x+\frac{1}{5}\sin 5x+\cdots+\frac{1}{2n-1}\sin(2n-1)x+\cdots$$

等都是$(-\infty,+\infty)$上的函数项级数。

如果函数项级数的定义域中的某个值 x_0 代入级数(3)中，则得到一个数项级数

$$u_1(x_0)+u_2(x_0)+u_3(x_0)+\cdots+u_n(x_0)+\cdots \tag{4}$$

若级数(4)收敛，则点 x_0 称为函数项级数(3)的收敛点；若级数(4)发散，则点 x_0 称为函数项级数(3)的发散点。函数项级数(3)的所有收敛点组成的集合称为级数(3)的收敛域；函数项级数(3)的所有发散点组成的集合称为级数(3)的发散域。

设函数项级数(3)的收敛域为 D，对于任意的 $x_0\in D$，级数(3)对应的数项级数 $\sum\limits_{n=1}^{\infty}u_n(x_0)$ 有和 $s(x_0)$，因此收敛域 D 上的一个函数 $s(x)$ 称为级数(3)的和函数。

如函数项级数 $1+x+x^2+x^3+\cdots+x^{n-1}+\cdots$是公比为 x 的等比级数，$|x|<1$ 时该级数收敛，所以它的收敛域为$(-1,1)$。该级数的和函数 $s(x)=\frac{1}{1-x}$，它的发散域$(-\infty,-1]\cup[1,\infty)$。

由函数项级数的和函数定义可知，对于函数项级数(3)的收敛域 D 中的任一个 x，设(3)的前 n 项部分和为 $s_n(x)$，则有

$$\lim_{n\to\infty}s_n=s(x)$$

在函数项级数中，机电工程中最常用的是三角级数，下面主要学习三角级数。

三、以 2π 为周期的函数展开成傅里叶级数

二维码 8-2
扫一扫，获取本节资源

在自然界和人类的科学研究、生产实践中，周而复始的现象，如飞轮的旋转，物体的振动，声、光、电的波动等，都是周期运动。以声学为例，音叉振动是简谐振动，简谐振动是最简单、最基本的一种周期运动。音叉发出的声音很单纯，简称纯音；而一般的乐器发出的声音比较好听，它们是由多个纯音叠加而成的，如钢琴发出的声音是由 16 个不同频率的纯音叠加而成的复音。

在数学上，用周期函数描述周期运动。描述简谐振动的周期函数是正弦型函数(也称谐函数) $A\sin(\omega t+\varphi)$，其中，t 表示时间，A 表示振幅，ω 为角频率，$T=\dfrac{2\pi}{\omega}$为周期，φ 为初相。因此，钢琴发出的声音涉及 16 个正弦型函数之和。对比较复杂的周期现象，特别是在电子、通信、自控等领域中，为了掌握周期信号 $f(t)$ (如脉冲波)在传输过程中的变化规律，需要把它分解成一系列正弦波的叠加，即

$$f(t) = \sum_i A_i(\sin\omega_i t + \varphi_i)$$

这种方法，工程上通常称为谐波分析。

一般情况下，周期信号 $f(t)$ 的谐波分析是把 $f(t)$ 表示成以下的函数项级数

$$A_0 + \sum_{n=1}^{\infty} A_n\sin(n\omega t + \varphi_n) \tag{5}$$

为了便于计算该级数的系数，现对式(5)做以下恒等变形：由于

$$A_n\sin(n\omega t+\varphi_n) = A_n\sin\varphi_n\cos n\omega t + A_n\cos\varphi_n\sin n\omega t$$

令 $A_0=\dfrac{a_0}{2}$，$A_n\sin\varphi_n=a_n$，$A_n\cos\varphi_n=b_n$，$\omega t=x$，则级数(5)可以写成为

$$\frac{a_0}{2} + \sum_{n=1}^{\infty}(a_n\cos nx + b_n\sin nx) \tag{6}$$

形如式(6)的级数称为三角级数。

1. 三角函数系的正交性

为了讨论函数展开成三角级数问题，首先介绍三角函数系的正交性。

三角函数系

$$1,\ \cos x,\ \sin x,\ \cos 2x,\ \sin 2x,\ \cdots,\ \cos nx,\ \sin nx,\ \cdots \tag{7}$$

在区间$[-\pi,\pi]$上正交是指式(7)中任意两个不同的函数的乘积在区间$[-\pi,\pi]$上的积分为零，每个函数与自身相乘在区间$[-\pi,\pi]$上的积分不为零，即有下列等式成立。

(1) $\int_{-\pi}^{\pi}\cos nx\mathrm{d}x=0\ (n\in\mathbf{N}_+)$

(2) $\int_{-\pi}^{\pi}\sin nx\mathrm{d}x=0\ (n\in\mathbf{N}_+)$

(3) $\int_{-\pi}^{\pi}\sin nx\cos kx\mathrm{d}x=0\ (n,k\in\mathbf{N}_+)$

(4) $\int_{-\pi}^{\pi}\sin nx\sin kx\mathrm{d}x=0\ (n,k\in\mathbf{N}_+,\text{且 } n\neq k)$

(5) $\int_{-\pi}^{\pi}\cos nx\cos kx\mathrm{d}x=0\ (n,k\in\mathbf{N}_+,\text{且 } n\neq k)$

(6) $\int_{-\pi}^{\pi}1^2\mathrm{d}x=2\pi$

(7) $\int_{-\pi}^{\pi}\sin^2 nx\mathrm{d}x=\pi\ (n\in\mathbf{N}_+)$

(8) $\int_{-\pi}^{\pi}\cos^2 nx\mathrm{d}x=\pi\ (n\in\mathbf{N}_+)$

以上八个等式请自证。

2. 周期为 2π 的函数展开成傅里叶级数

对于三角级数(6)的讨论，自然想到两个问题：第一，若$f(x)$能展开成式(6)，则式(6)如何确定？第二，函数$f(x)$满足什么条件时才能保证展开后的级数收敛于函数$f(x)$？

首先，假定$f(x)$是以2π为周期的可积函数，且可以展开成区间$[-\pi,\pi]$上可逐项积分的三角级数，设

$$f(x)=\frac{a_0}{2}+\sum_{n=1}^{\infty}(a_n\cos nx+b_n\sin nx) \tag{8}$$

利用式(8)右端在$[-\pi,\pi]$上可逐项积分，由三角函数系的正交性，可得

$$a_0=\frac{1}{\pi}\int_{-\pi}^{\pi}f(x)\mathrm{d}x$$

$$a_n=\frac{1}{\pi}\int_{-\pi}^{\pi}f(x)\cos nx\mathrm{d}x\ (n\in\mathbf{N}_+)$$

$$b_n=\frac{1}{\pi}\int_{-\pi}^{\pi}f(x)\sin nx\mathrm{d}x\ (n\in\mathbf{N}_+)$$

在 a_n 的公式中，令 $n=0$ 就得到 a_0 的表达式，因此只求系数 a_n，b_n 的公式可合并为

$$\begin{cases} a_n = \dfrac{1}{\pi}\displaystyle\int_{-\pi}^{\pi} f(x)\cos nx\mathrm{d}x \ (n \in \mathbf{N}_+) \\ b_n = \dfrac{1}{\pi}\displaystyle\int_{-\pi}^{\pi} f(x)\sin nx\mathrm{d}x \ (n \in \mathbf{N}_+) \end{cases} \tag{9}$$

由式(9)确定的 a_n，b_n 称为函数 $f(x)$ 的傅里叶系数。以 $f(x)$ 的傅里叶系数为系数得到的三角级数

$$\frac{a_0}{2} + \sum_{n=1}^{\infty} (a_n\cos nx + b_n\sin nx)$$

称作函数的傅里叶级数。

特别地，若 $f(x)$ 是周期 2π 的奇函数，则它的傅里叶系数为

$$\begin{cases} a_n = 0 \ (n \in \mathbf{N}) \\ b_n = \dfrac{2}{\pi}\displaystyle\int_{0}^{\pi} f(x)\sin nx\mathrm{d}x \ (n \in \mathbf{N}_+) \end{cases} \tag{10}$$

所以奇函数的傅里叶级数中只含正弦项。只含正弦项的三角级数称为正弦级数。

若 $f(x)$ 是周期为 2π 的偶函数，则它的傅里叶系数为

$$\begin{cases} a_n = \dfrac{2}{\pi}\displaystyle\int_{0}^{\pi} f(x)\cos nx\mathrm{d}x \ (n \in \mathbf{N}) \\ b_n = 0 \ (n \in \mathbf{N}_+) \end{cases} \tag{11}$$

偶函数的傅里叶级数中只含常数项和余弦项。只含常数项和余弦项的三角函数称为余弦级数。

关于 $f(x)$ 展开成傅里叶级数的条件，这里不加证明地给出如下定理：

收敛定理[狄利克雷(Dirichlet)充分条件]　设函数 $f(x)$ 是周期为 2π 的函数，如果它满足在一个周期内连续或除有限个第一类间断点外在其余点连续，并且至多有有限个极值点，则 $f(x)$ 的傅里叶级数收敛并且：

(1) 当 x 是 $f(x)$ 的连续点时，级数收敛于 $f(x)$；

(2) 当 x 是 $f(x)$ 的间断点时，级数收敛于 $\dfrac{f(x^-)+f(x^+)}{2}$。

由于收敛定理的条件对初等函数与实际问题中的分段函数一般都能满足，因此傅里叶级数具有广泛的应用性，也体现第一章连续函数的间断点知识应用和分部积分法在具体计算中的应用。

例 2 将周期为 2π 的函数 $f(x)=\begin{cases}x & (-\pi\leqslant x<0)\\ 0 & (0\leqslant x<\pi)\end{cases}$ 展开成傅里叶级数，如图 8－1 所示。

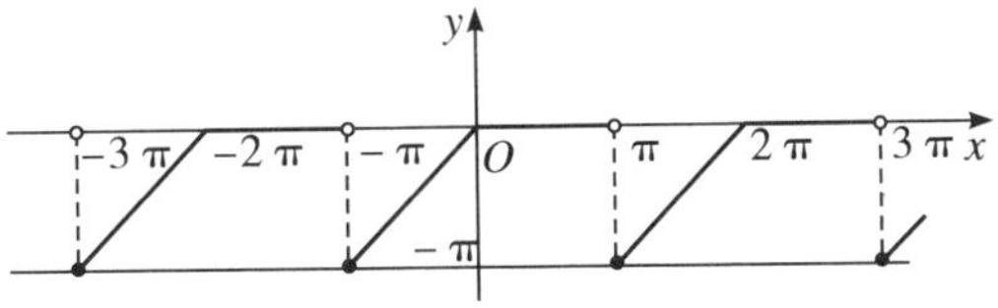

图 8－1

解：函数 $f(x)$ 的图象如图 8－1 所示，它除了 $x=(2n-1)\pi$ $(n\in\mathbf{Z})$ 的点外都连续，因此它满足狄利克雷条件，在 $x=(2n-1)\pi$ $(n\in\mathbf{Z})$ 处 $f(x)$ 的傅里叶级数收敛于

$$\frac{f(\pi^-)+f(\pi^+)}{2}=\frac{-\pi+0}{2}=-\frac{\pi}{2}$$

计算傅里叶系数：

$$a_0=\frac{1}{\pi}\int_{-\pi}^{\pi}f(x)\,\mathrm{d}x=\frac{1}{\pi}\int_{-\pi}^{0}x\,\mathrm{d}x=-\frac{\pi}{2}$$

$$a_n=\frac{1}{\pi}\int_{-\pi}^{\pi}f(x)\cos nx\,\mathrm{d}x=\frac{1}{\pi}\int_{-\pi}^{0}x\cos nx\,\mathrm{d}x$$

$$=\frac{1}{\pi}\left(\frac{x\sin nx}{n}+\frac{\cos nx}{n^2}\right)\bigg|_{-\pi}^{0}=\frac{1}{n^2\pi}(1-\cos n\pi)$$

$$=\frac{1}{n^2\pi}[1-(-1)^n]\ (n\in\mathbf{N}_+)$$

$$b_n=\frac{1}{\pi}\int_{-\pi}^{\pi}f(x)\sin nx\,\mathrm{d}x=\frac{1}{\pi}\int_{-\pi}^{0}x\sin nx\,\mathrm{d}x$$

$$=\frac{1}{\pi}\left(-\frac{x\cos nx}{n}+\frac{\sin nx}{n^2}\right)\bigg|_{-\pi}^{0}=-\frac{\cos n\pi}{n}=(-1)^{n+1}\frac{1}{n}\ (n\in\mathbf{N}_+)$$

由收敛定理，$f(x)$ 的傅里叶级数的和函数图象如图 8－2 所示，$f(x)$ 的傅里叶级数展开式为

$$f(x)=-\frac{\pi}{4}+\frac{2}{\pi}\left(\cos x+\frac{1}{3^2}\cos 3x+\frac{1}{5^2}\cos 5x+\cdots\right)+$$

$$\left(\sin x-\frac{1}{2}\sin 2x+\frac{1}{3}\sin 3x-\cdots\right)$$

$$[x\in\mathbf{R},\ x\neq(2n-1)\pi,\ n\in\mathbf{Z}]$$

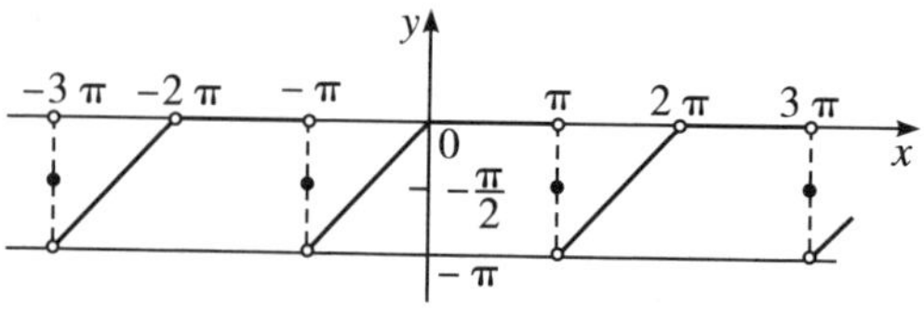

图 8－2

例 3 把周期为 2π 的函数 $f(x)=\begin{cases}-1 & (-\pi\leqslant x<0)\\ 1 & (0\leqslant x<\pi)\end{cases}$ 展开成傅里叶级数图，如图 8－3 所示。

解：函数 $f(x)$ 的图象如图 8－3 所示，它满足收敛定理条件，当 $x\neq k\pi$ $(k\in\mathbf{Z})$ 时，函数 $f(x)$ 的傅里叶级数收敛于 $f(x)$；当 $x=k\pi$ $(k\in\mathbf{Z})$ 时，级数收敛于 $\frac{1+(-1)}{2}=0$。和函数的图象如图 8－4 所示，由于 $f(x)$ 除 $x=k\pi$ 点以外都符合奇函数的要求，据定积分的性质，所以由式(10)有

$$a_n=0\ (n\in\mathbf{N})$$

$$b_n=\frac{2}{\pi}\int_0^{\pi}\sin nx\mathrm{d}x=\frac{2}{\pi}\left(-\frac{\cos nx}{n}\right)_0^{\pi}=\frac{2}{n\pi}[1-(-1)^n]\ (n\in\mathbf{N}_+)$$

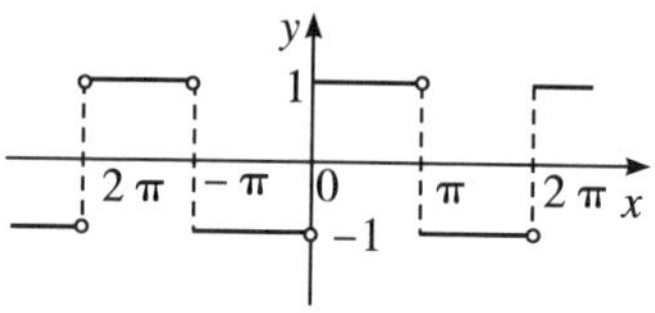

图 8－3

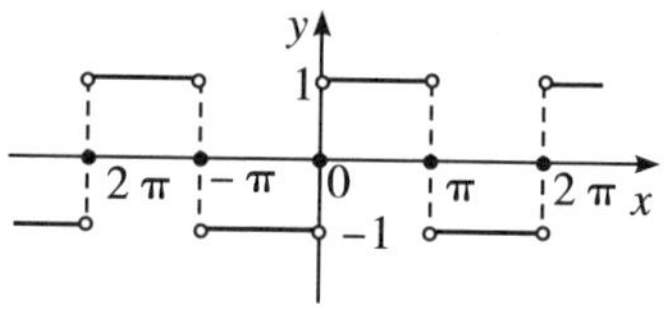

图 8－4

$f(x)$ 的傅里叶展开式为

$$f(x)=\frac{4}{\pi}\left(\sin x+\frac{1}{3}\sin 3x+\cdots+\frac{1}{2k-1}\sin(2k-1)x+\cdots\right)$$

$$(x\in\mathbf{R},\ x\neq k\pi,\ k\in\mathbf{Z})$$

如果把 $f(x)$ 理解为矩形波的脉冲函数，上式表明矩形波是由一系列不同频率的谐波叠加而成的。

从图 8－5 可以了解到 $S_n(x)$ 逐步逼近 $f(x)$ 的情况：在区间 $[-\pi,\pi]$ 上，当 n 增大时，它的部分和函数 $S_n(x)$ 的图象(粗实线曲线)接近于 $f(x)$ 的图象；当 $n\to\infty$ 时，$S_n(x)$ 图象的极限状态就是函数 $f(x)$ 的图象 $(x\neq k\pi,\ k\in\mathbf{Z})$。

例 4 将周期为 2π 的函数 $f(x)=x^2(-\pi<x\leqslant\pi)$ 展开成傅里叶级数。

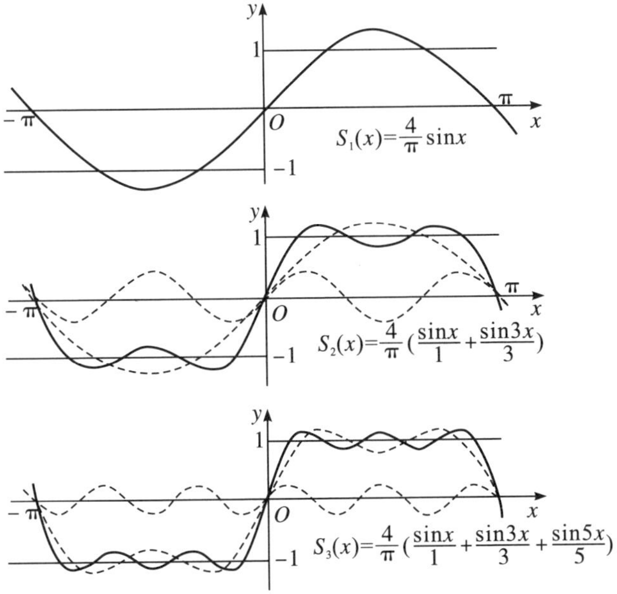

图 8－5

解：函数 $f(x)$ 的图象如图 8－6 所示，它满足收敛定理的条件，在 $(-\infty,+\infty)$ 内连续，因此函数 $f(x)$ 的傅里叶级数处处收敛于 $f(x)$。

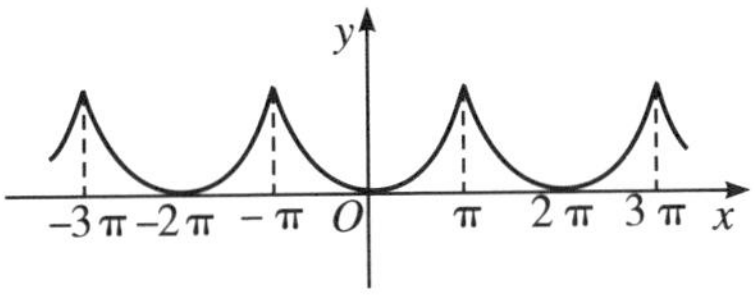

图 8－6

因为 $f(x)$ 在 $(-\pi,\pi]$ 上为偶函数，由式(11)有

$$b_n=0\ (n\in\mathbf{N}_+)$$

$$a_0=\frac{2}{\pi}\int_0^{\pi}x^2\mathrm{d}x=\frac{2}{3}\pi^2$$

$$a_n=\frac{2}{\pi}\int_0^{\pi}x^2\cos nx\mathrm{d}x\overset{\text{分部积分}}{=\!=\!=\!=}\frac{4}{n^2\pi}(\pi\cos n\pi)$$

$$=(-1)^n\frac{4}{n^2}\ (n\in\mathbf{N}_+)$$

所以，函数 $f(x)$ 的傅里叶级数展开式为

$$f(x)=\frac{\pi^2}{3}-4\left(\frac{\cos x}{1}-\frac{\cos 2x}{2^2}-\frac{\cos 3x}{3^2}-\cdots\right)\ (x\in\mathbf{R})$$

二维码 8－3
扫一扫，获取本节资源

3. 定义在$[-\pi,\pi]$或$[0,\pi]$上的函数展开成傅里叶级数

如果函数$f(x)$只定义在$[-\pi,\pi]$上，只要它满足收敛定理的条件，就可以按$f(x)$在$[-\pi,\pi]$[或$(-\pi,\pi)$]上的定义确定一个以2π为周期的函数$F(x)$，在$[-\pi,\pi]$[或$(-\pi,\pi)$]上$F(x)\equiv f(x)$。这种定义$F(x)$的方法通常称作周期延拓。按前面的方法将函数$F(x)$展开成傅里叶级数，然后在$f(x)$的定义域$[-\pi,\pi]$上运用收敛定理，确定$F(x)$的傅里叶级数收敛情况，注意该级数在区间端点$x=\pm\pi$收敛于$\dfrac{f(-\pi^{+})+f(\pi^{-})}{2}$。这样，便得到$f(x)$的傅里叶级数展开式。

同样，若函数$f(x)$仅定义在$[0,\pi]$上，且满足收敛定理的条件，可以先在区间$(-\pi,0)$内补充函数$f(x)$的定义，得到定义在$(-\pi,\pi)$上的函数$F(x)$，根据需要使$F(x)$在$(-\pi,\pi)$内成奇函数[这时规定$F(0)=0$]或偶函数，分别如图 8－7(a)(b)所示。这种延拓定义的方式通常称作奇延拓或偶延拓。然后再做同期2π的延拓，将$F(x)$展开成傅里叶级数。奇延拓后得到的级数为正弦级数，偶延拓后得到的级数为余弦级数。因为在$(0,\pi)$内$F(x)\equiv f(x)$，于是便得到$f(x)$ 即$F(x)$在$(0,\pi)$内的傅里叶级数。在端点$x=0$和$x=\pi$处，奇延拓时，$f(x)$的傅里叶级数都收敛到 0；偶延拓时，$f(x)$的傅里叶级数在$x=0$处收敛到$f(0^{+})$，在$x=\pi$处收敛到$f(\pi^{-})$。

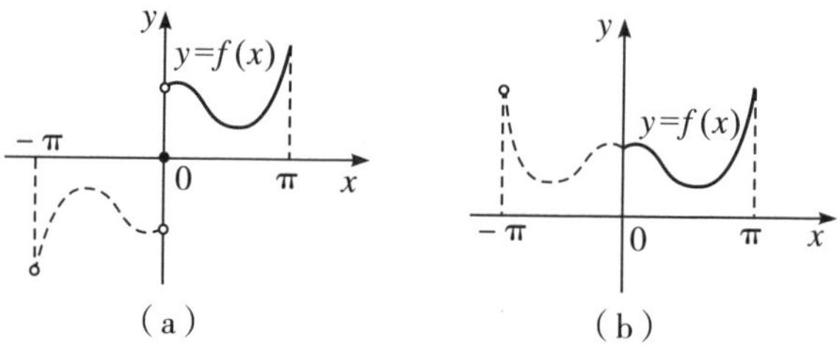

图 8－7

例 5　将函数$f(x)=x+1\ (0\leqslant x\leqslant\pi)$分别展成正弦级数和余弦级数。

解：首先展开成正弦级数。为此对函数$f(x)$进行奇延拓得到函数$F(x)$，如图 8－8 所示。

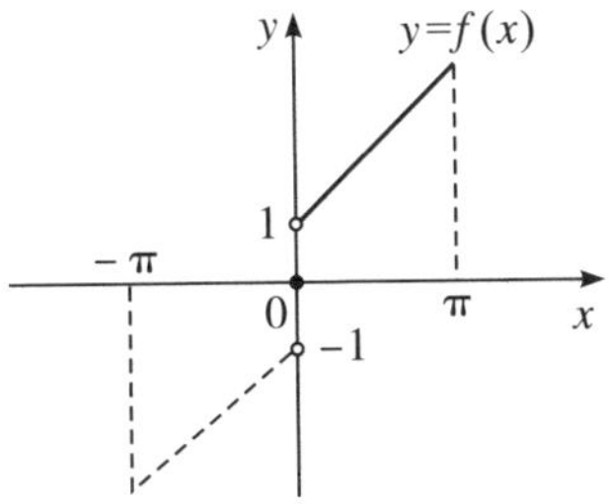

图 8－8

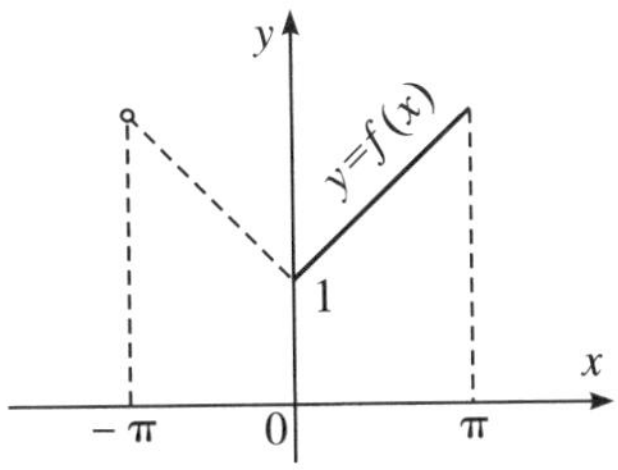

图 8－9

由式(10)有

$$a_n = 0\ (n \in \mathbf{N}),$$

$$b_n = \frac{2}{\pi}\int_0^{\pi} f(x)\sin nx\mathrm{d}x = \frac{2}{\pi}\int_0^{\pi}(x+1)\sin nx\mathrm{d}x$$

$$= \frac{2}{\pi}\left(-\frac{(x+1)\cos nx}{n} + \frac{\sin nx}{n^2}\right)\Bigg|_0^{\pi} = \frac{2}{n\pi}(1 - \pi\cos n\pi - \cos n\pi)$$

$$= \frac{2}{n\pi}[1 - (-1)^n(\pi + 1)]\ (n \in \mathbf{N}_+)$$

所以，函数 $f(x)$ 的正弦级数为

$$x + 1 = \frac{2}{\pi}\left[(x+2)\sin x - \frac{\pi}{2}\sin 2x + \frac{\pi+2}{3}\sin 3x - \frac{\pi}{4}\sin 4x + \cdots\right]\ (0 < x < \pi)$$

当 $x = 0$ 及 $x = \pi$ 时级数都收敛于 0。

再将函数展开成余弦级数，为此对函数 $f(x)$ 做偶延拓，如图 8－9 所示。由式(11)有

$$b_n = 0\ (n \in \mathbf{N})$$

$$a_n = \frac{2}{\pi}\int_0^{\pi}(x+1)\cos nx\mathrm{d}x = \frac{2}{\pi}\left(\frac{(x+1)\sin nx}{n} + \frac{\cos nx}{n^2}\right)\Bigg|_0^{\pi}$$

$$= \frac{2}{n^2\pi}(\cos n\pi - 1) = \frac{2[(-1)^n - 1]}{n^2\pi}$$

$$a_0 = \frac{2}{\pi}\int_0^{\pi}(x+1)\mathrm{d}x = \pi + 2$$

于是 $f(x) = x + 1$ 的余弦级数为

$$x + 1 = \frac{\pi}{2} + 1 - \frac{4}{\pi}\left(\cos x + \frac{1}{3^2}\cos 3x + \frac{1}{5^2}\cos 5x + \cdots\right)\ (0 \leqslant x \leqslant \pi)$$

由上述可见，以 2π 为周期的函数和定义在区间 $[-\pi,\pi]$ 上的函数，它们的傅里叶级数展开式是唯一的；对定义在区间 $[0,\pi]$ 上的函数 $f(x)$ 可以用

不同的方式进行延拓，从而得到不同傅里叶级数展开式，因此它的展开式不唯一，但在连续点处级数都收敛于$f(x)$。

习题 8

1. 下列函数$f(x)$是以2π为周期的函数，试将各函数展开成傅里叶级数：

(1) $f(x)=|x|\ (-\pi\leqslant x<\pi)$　　(2) $f(x)=\dfrac{\pi-x}{2}\ (-\pi\leqslant x<\pi)$

2. 把下列函数展开成傅里叶级数：

(1) $f(x)=\begin{cases}0 & (-\pi\leqslant x<0)\\ x+1 & (0\leqslant x\leqslant\pi)\end{cases}$　　(2) $f(x)=\cos\dfrac{x}{2}\ (-\pi\leqslant x\leqslant\pi)$

3. 将下列函数在$[0,\pi]$上展开成正弦函数或余弦函数：

(1) $f(x)=\dfrac{\pi-x}{2}\ (0<x\leqslant\pi)$展开成正弦级数；

(2) $f(x)=2x+3\ (0\leqslant x\leqslant\pi)$展开成余弦级数。

第九章　空间向量及其几何应用

了解一些空间向量的概念，建立空间的点和三元有序实数组；再介绍一些空间解析几何的图形在空间向量中的应用，了解用导数、行列式、三角和向量知识的有机结合方法研究空间曲线、曲面等空间几何问题。此问题对机械工程专业的学员，对拓展空间几何知识，尤其对空间图形的变化认识和处理具有指导作用。

第一节　空间直角坐标系和向量的基本知识

二维码 9－1

扫一扫，获取本节资源

一、空间直角坐标系

定义 1　在空间取一个平面，并建立平面直角坐标系 xOy，在原点 O 作一条与 x 轴、y 轴有相同长度单位且垂直于 xOy 平面的数轴（z 轴），称为竖轴。x 轴、y 轴仍分别称为横轴及纵轴，三条数轴统称为坐标轴。它们的方向由右手法则确定，如图 9－1 所示。这三条坐标轴组成一个空间直角坐标系，O 为坐标原点（简称原点）。

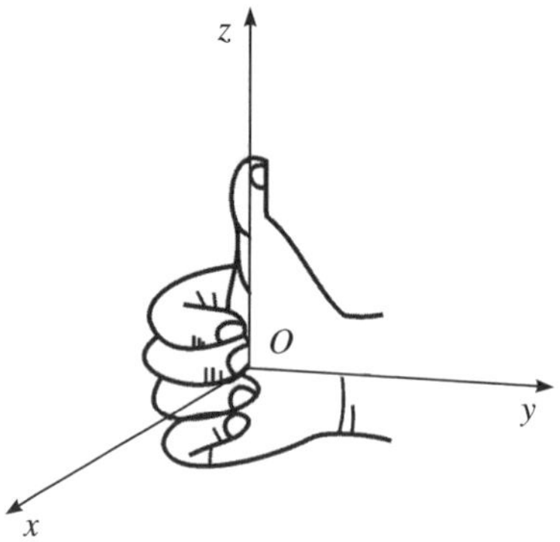

图 9－1

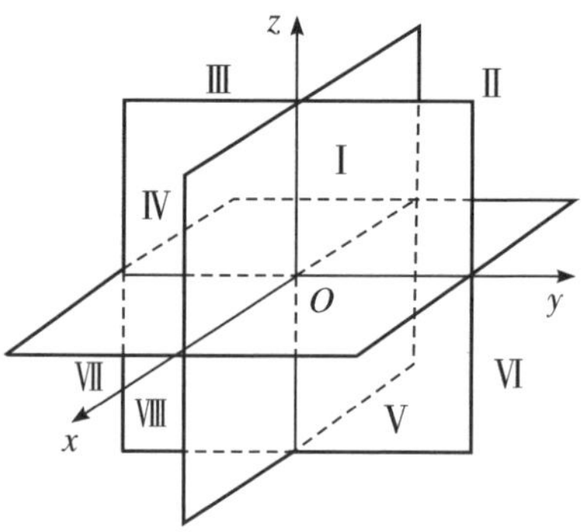

图 9－2

在空间直角坐标系中，每两条坐标轴确定的平面称为坐标平面（简称坐标面）。由 x 轴与 y 轴确定的平面称为 xOy 坐标面，类似地，有 yOz 坐标面、zOx 坐标面。三个两两相互垂直的坐标面把空间分成八个部分，每一部分称为一个卦限，八个卦限分别用Ⅰ，Ⅱ，…，Ⅷ表示，如图 9－2 所示。

在空间直角坐标系 $Oxyz$ 中，设 M 为空间的已知点，如图 9－3 所示，过点 M 作三个平面分别垂直于 x 轴、y 轴、z 轴，与坐标轴的交点分别为 P，Q，R，设这三个点在 x 轴、y 轴、z 轴上的坐标依次为 x，y，z，则点 M 唯一地确定了一个三元有序实数组 (x,y,z)；反之，任给一个三元有序实数组 (x,y,z)，即在 x 轴、y 轴、z 轴上分别取坐标依次为 x，y，z 的点 P，Q，R，然后过 P，Q，R 分别作 x 轴、y 轴、z 轴的垂直平面，这三个平面相交于一点，设为 M（如图 9－3 所示），则一个三元有序实数组 (x,y,z) 就唯一地确定了空间的一点 M。

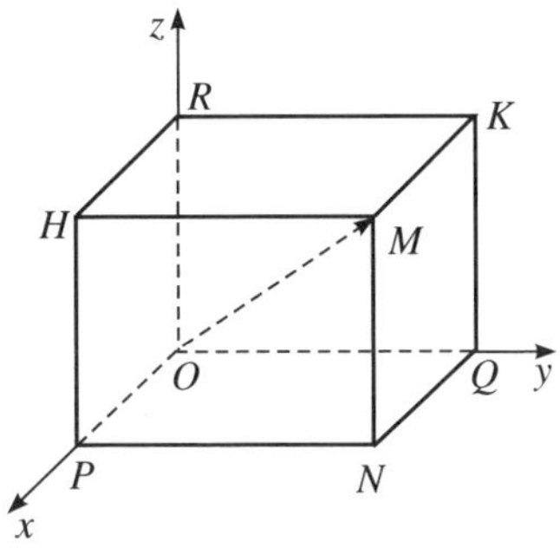

图 9－3

于是，空间中任意一点 M 和一个三元有序实数组 (x,y,z) 之间建立了一一对应关系，称这个三元有序实数组为点 M 的直角坐标，并依次称 x，y 和 z 为点 M 的横坐标、纵坐标和竖坐标。坐标为 (x, y, z) 的点 M，记作 $M(x,y,z)$。

显然，以原点 $O(0,0,0)$ 的坐标为坐标原点，那么在 x 轴、y 轴和 z 轴上任意点坐标分别是 $(x,0,0)$，$(0,y,0)$ 和 $(0,0,z)$；落在坐标平面 xOy 平面、yOz 平面和 xOz 平面上任意点的坐标分别是 $(x,y,0)$，$(0,y,z)$ 和 $(x,0,z)$。

1. 空间两点间的距离公式

设 $M_1(x_1,y_1,z_1)$，$M_2(x_2,y_2,z_2)$ 为空间两点，设 $\overrightarrow{M_1M_2}$ 的长度为 d，则

$$d^2 = |\overrightarrow{M_1M_2}|^2$$

所以 $d^2 = |\overrightarrow{M_1M_2}|^2 = |x_2-x_1|^2 + |y_2-y_1|^2 + |z_2-z_1|^2$，从而

$$d = \sqrt{(x_2-x_1)^2+(y_2-y_1)^2+(z_2-z_1)^2} \quad (1)$$

式(1)称为空间两点间的距离公式。

特别地，空间任一点 $M(x,y,z)$ 与坐标原点 $O(0,0,0)$ 的距离为

$$d = |\overrightarrow{OM}| = \sqrt{x^2+y^2+z^2} \quad (2)$$

例 1　在 x 轴上求一点使其与点 $A(4,1,5)$ 和点 $B(3,5,2)$ 的距离相等。

解： 设所示点为 $M(x,0,0)$，依题意有 $|\overrightarrow{MA}| = |\overrightarrow{MB}|$，由式(1)，得

$$\sqrt{(x-4)^2+(0-1)^2+(0-5)^2} = \sqrt{(x-3)^2+(0-5)^2+(0-2)^2}$$

两边平方有 $x=2$，因此所求点的坐标为 $(2,0,0)$。

2. 向量的基础知识

中学时已学过向量的加法与减法，实数与向量的积，两个向量的数量积及其运算律，这些概念和运算律都可以视为空间向量的有关知识。现在对定

义方式不同的一些概念或书写格式不同的记号统一如下，并补充一些必要的知识。

(1) 与向量 $\boldsymbol{a}$ 同向的单位向量记作 $\boldsymbol{e}_a$；对非零向量 $\boldsymbol{a}$，则 $\boldsymbol{e}_a=\dfrac{\boldsymbol{a}}{|\boldsymbol{a}|}$。与 x 轴、y 轴、z 轴同向的单位向量，分别记作 $\boldsymbol{i}$，$\boldsymbol{j}$，$\boldsymbol{k}$ 并称为空间直角坐标系的基本单位向量。

(2) 方向相同或相反的两个向量称平行向量或共线向量，如 $\boldsymbol{a}$，$\boldsymbol{b}$ 是两个平行向量，记作 $\boldsymbol{a}//\boldsymbol{b}$。

定理 1 两个向量 $\boldsymbol{a}$，$\boldsymbol{b}$ 平行的充要条件是存在实数 λ，$\boldsymbol{a}=\lambda\boldsymbol{b}$ 或 $\boldsymbol{b}=\lambda\boldsymbol{a}$ 成立。

二、向量的坐标运算

1. 向量在轴上的投影

在物体受力分析时，常用这方面的知识。

设 $\boldsymbol{a}$、$\boldsymbol{b}$ 为非零向量，将它们的起点都平移到某一点 O，得到向量 $\boldsymbol{a}_1$、$\boldsymbol{b}_1$，$\boldsymbol{a}_1$、$\boldsymbol{b}_1$ 所成的角(在 0 与 π 之间)，称为 $\boldsymbol{a}$、$\boldsymbol{b}$ 的夹角，记作 $(\widehat{\boldsymbol{a},\boldsymbol{b}})$ 或 $(\widehat{\boldsymbol{b},\boldsymbol{a}})$。

向量与轴的夹角就是向量与轴正向所成的角。如果 $\boldsymbol{a}$ 与 $\boldsymbol{b}$ 的夹角是 $\dfrac{\pi}{2}$，则称 $\boldsymbol{a}$ 与 $\boldsymbol{b}$ 垂直，记作 $\boldsymbol{a}\perp\boldsymbol{b}$。下面给出空间一个点和一个向量在轴 u 上的投影。

已知空间的点 M 和轴 u，过点 M 作轴 u 的垂面，垂面与轴 u 的交点 M' 称为点 M 在轴 u 上的投影，如图 9-4 所示。

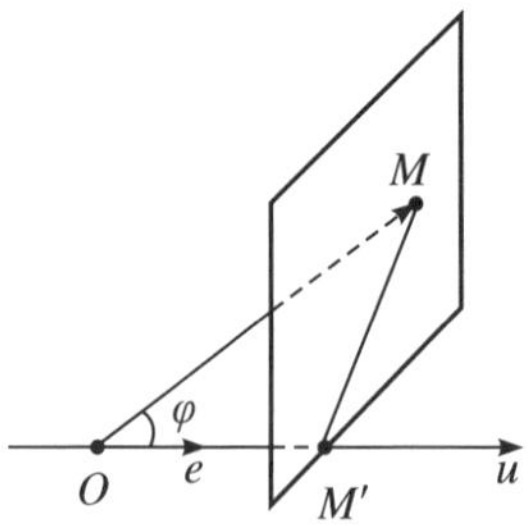

图 9-4

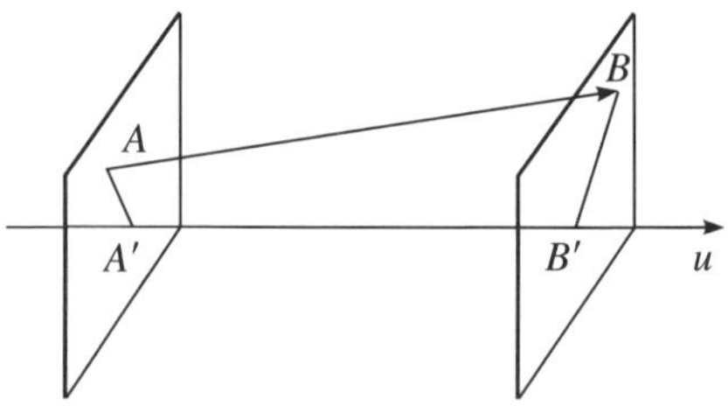

图 9-5

已知向量 $\overrightarrow{AB}$ 的起点 A 和终点 B 在轴 u 上的投影分别为 A' 和 B'，如图

9－5 所示。轴 u 上的有向线段 $\overrightarrow{A'B'}$ 的量 $A'B'$ 称为向量 $\overrightarrow{AB}$ 在轴 u 上的投影，记作 $\mathrm{Prj}_u\overrightarrow{AB}=A'B'$。轴 u 称为投影轴。

定理 2　向量 $\overrightarrow{AB}$ 在轴 u 上的投影等于向量的模乘以向量与轴 u 的夹角 φ 的余弦，即

$$\mathrm{Prj}_u\overrightarrow{AB}=|\overrightarrow{AB}|\cos\varphi$$

定理 3　两个向量的和在轴上的投影等于两个向量在该轴上的投影之和，即

$$\mathrm{Prj}_u(\boldsymbol{a}+\boldsymbol{b})=\mathrm{Prj}_u\boldsymbol{a}+\mathrm{Prj}_u\boldsymbol{b}$$

2. **向量的坐标表示**

前面我们不仅用几何的方法表示向量及对向量的运算，为了更深入地研究向量以及用向量解决实际问题，还需借助代数的方法。为此，讨论向量的坐标，并用向量的坐标进行向量的运算。

以 $M_1(x_1,y_1,z_1)$ 为起点、$M_2(x_2,y_2,z_2)$ 为终点的向量 $\overrightarrow{M_1M_2}$ 在坐标轴上的投影，有

$$\mathrm{Prj}_x\overrightarrow{M_1M_2}=x_2-x_1,\ \mathrm{Prj}_y\overrightarrow{M_1M_2}=y_2-y_1,\ \mathrm{Prj}_z\overrightarrow{M_1M_2}=z_2-z_1$$

向量 $\overrightarrow{M_1M_2}$ 依次在 x 轴、y 轴、z 轴上的投影 x_2-x_1，y_2-y_1，z_2-z_1 称为向量 $\overrightarrow{M_1M_2}$ 的坐标，记作

$$\overrightarrow{M_1M_2}=\{x_2-x_1,y_2-y_1,z_2-z_1\}\tag{3}$$

若记 $\overrightarrow{M_1M_2}=\boldsymbol{a}$，$x_2-x_1=a_x$，$y_2-y_1=a_y$，$z_2-z_1=a_z$，式(3)即为

$$\boldsymbol{a}=\{a_x,a_y,a_z\}\tag{4}$$

且

$$a_x=\mathrm{Prj}_x\boldsymbol{a},\ a_y=\mathrm{Prj}_y\boldsymbol{a},\ a_z=\mathrm{Prj}_z\boldsymbol{a}$$

式(3)、式(4)都称为向量 $\overrightarrow{M_1M_2}$ 的坐标表达式。

如图 9－6 所示，过点 M_1，M_2 各作三个平面分别与三个坐标面平行，围成一个长方体，则

$$\begin{aligned}\overrightarrow{M_1M_2}&=\overrightarrow{M_1P}+\overrightarrow{PN}+\overrightarrow{NM_2}=\overrightarrow{M_1P}+\overrightarrow{M_1Q}+\overrightarrow{M_1R}\\&=(x_2-x_1)\boldsymbol{i}+(y_2-y_1)\boldsymbol{j}+(z_2-z_1)\boldsymbol{k}\end{aligned}$$

即

$$\overrightarrow{M_1M_2}=(x_2-x_1)\boldsymbol{i}+(y_2-y_1)\boldsymbol{j}+(z_2-z_1)\boldsymbol{k}\tag{5}$$

从而

$$\boldsymbol{a}=a_x\boldsymbol{i}+a_y\boldsymbol{j}+a_z\boldsymbol{k}\tag{6}$$

式(5)、式(6)称为向量 $\overrightarrow{M_1M_2}$（或 $\boldsymbol{a}$）按基本单位向量的坐标分解式。

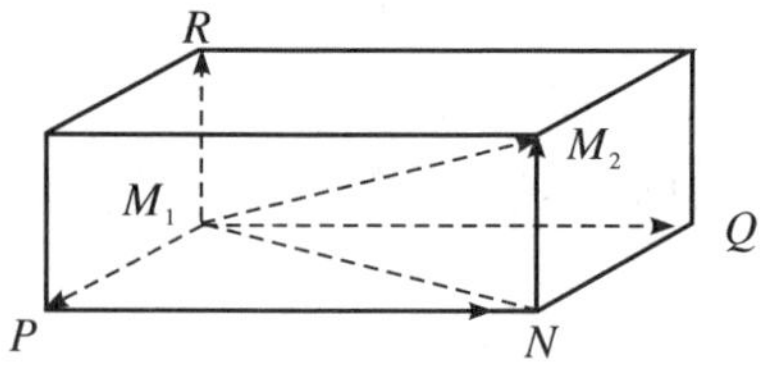

图 9－6

因此，对于两个或两个以上的向量的坐标运算简化如下：

向量的加(减)法、向量与数的乘法可用向量的坐标表示：

设 $\boldsymbol{a}=\{a_x,a_y,a_z\}$，$\boldsymbol{b}=\{b_x,b_y,b_z\}$，$\lambda$ 为常数，则

$$\boldsymbol{a}\pm\boldsymbol{b}=\{a_x\pm b_x,a_y\pm b_y,a_z\pm b_z\} \tag{7}$$

$$\lambda\boldsymbol{a}=\{\lambda a_x,\lambda a_y,\lambda a_z\} \tag{8}$$

例 2 设 $\boldsymbol{a}=\{3,0,-3\}$，$\boldsymbol{b}=\{-2,1,4\}$，求 $\boldsymbol{a}+\boldsymbol{b}$，$2\boldsymbol{a}-\boldsymbol{b}$。

解： $\boldsymbol{a}+\boldsymbol{b}=\{3+(-2),0+1,(-3)+4\}=\{1,1,1\}$

$$2\boldsymbol{a}-\boldsymbol{b}=\{2\times3,0,2\times(-3)\}-\{-2,1,4\}$$
$$=\{6-(-2),0-1,-6-4\}=\{8,-1,-10\}$$

3. **向量的模与方向余弦的坐标表示**

设向量 $\boldsymbol{a}=\{a_x,a_y,a_z\}$，把 $\boldsymbol{a}$ 的起点平移到坐标原点，设它的终点为 M，如图 9－7 所示，则点 M 的坐标是(a_x,a_y,a_z)。由式(2)得

$$|\boldsymbol{a}|=|\overrightarrow{OM}|=\sqrt{a_x^2+a_y^2+a_z^2} \tag{9}$$

式(9)为向量的模的坐标表示式。

设 $\boldsymbol{a}$ 为非零向量，则它的方向可由 $\boldsymbol{a}$ 与三条坐标轴正向的夹角 α，β，γ 或这三个角的余弦确定。

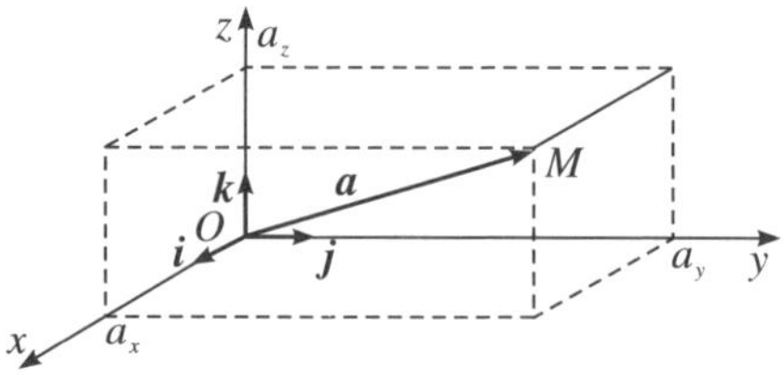

图 9－7

定义 2 非零向量 $\boldsymbol{a}$ 与三条坐标轴的夹角分别为 α，β，γ，称为向量 $\boldsymbol{a}$ 的方向角，$\cos\alpha$，$\cos\beta$，$\cos\gamma$ 称为向量 $\boldsymbol{a}$ 的方向余弦。

在图 9－7 中，由任意角的余弦函数的坐标定义，有

$$\begin{cases} \cos\alpha = \dfrac{a_x}{|\boldsymbol{a}|} = \dfrac{a_x}{\sqrt{a_x^2 + a_y^2 + a_z^2}} \\ \cos\beta = \dfrac{a_y}{|\boldsymbol{a}|} = \dfrac{a_y}{\sqrt{a_x^2 + a_y^2 + a_z^2}} \\ \cos\gamma = \dfrac{a_z}{|\boldsymbol{a}|} = \dfrac{a_z}{\sqrt{a_x^2 + a_y^2 + a_z^2}} \end{cases} \tag{10}$$

式(10)即为向量的方向余弦的坐标表示式。由式(10)有

$$\cos^2\alpha + \cos^2\beta + \cos^2\gamma = 1$$

例 3　已知点 $A(1,2,3)$、$B(2,1,-1)$，求向量 $\overrightarrow{AB}$ 的模及方向余弦。

解：由式(3)有 $\overrightarrow{AB} = \{1,-1,-4\}$，又由式(9)和式(10)得

$$\overrightarrow{AB} = \sqrt{1^2 + (-1)^2 + (-4)^2} = 3\sqrt{2}$$

$$\cos\alpha = \frac{1}{3\sqrt{2}} = \frac{\sqrt{2}}{6},\ \cos\beta = -\frac{\sqrt{2}}{6},\ \cos\gamma = -\frac{2\sqrt{2}}{3}$$

习题 9－1

1. 在空间直角坐标系中，作点 $A(3,1,2)$，并写出它们分别关于三个坐标面、三条坐标轴、坐标原点的对称坐标。

2. 求 $A(-2,1,3)$，$B(0,-1,2)$ 两点之间的距离。

3. 试求点 $A(4,-3,5)$ 到坐标原点和各坐标轴的距离。

4. 在 yOz 平面上，求与已知点 $A(3,1,2)$，$B(4,-2,-2)$ 和 $C(0,5,1)$ 等距离的点。

5. 已知向量 $\boldsymbol{a} = \{3,5,1\}$，$\boldsymbol{b} = \{1,2,3\}$，求 $2\boldsymbol{a} - 3\boldsymbol{b}$。

6. 求下列向量的模、方向余弦以及它们同方向的单位向量：

(1) $\boldsymbol{a} = 2\boldsymbol{i} + 2\boldsymbol{j} - \boldsymbol{k}$　　(2) $\boldsymbol{b} = \boldsymbol{i} + \boldsymbol{j} + \boldsymbol{k}$

第二节　向量的数量积与向量积

二维码 9-2
扫一扫，获取本节资源

一、向量的数量积

1. 数量积的定义及其性质

定义 1　向量 $\boldsymbol{a}$，$\boldsymbol{b}$ 的模及它们夹角的余弦的乘积，称为向量 $\boldsymbol{a}$ 与 $\boldsymbol{b}$ 的数量积，记作 $\boldsymbol{a}\cdot\boldsymbol{b}$。即

$$\boldsymbol{a}\cdot\boldsymbol{b}=|\boldsymbol{a}||\boldsymbol{b}|\cos(\widehat{\boldsymbol{a},\boldsymbol{b}}) \tag{1}$$

由数量积的定义可得：

（1）$\boldsymbol{a}^2=\boldsymbol{a}\cdot\boldsymbol{a}=|\boldsymbol{a}|^2$

（2）$\boldsymbol{i}^2=\boldsymbol{j}^2=\boldsymbol{k}^2=1$，$\boldsymbol{i}\cdot\boldsymbol{j}=\boldsymbol{j}\cdot\boldsymbol{k}=\boldsymbol{k}\cdot\boldsymbol{i}=0$

向量的数量积满足以下运算规律：

（1）交换律

$$\boldsymbol{a}\cdot\boldsymbol{b}=\boldsymbol{b}\cdot\boldsymbol{a}$$

（2）对向量加法的分配律

$$(\boldsymbol{a}+\boldsymbol{b})\cdot\boldsymbol{c}=\boldsymbol{a}\cdot\boldsymbol{c}+\boldsymbol{b}\cdot\boldsymbol{c},$$

$$\boldsymbol{c}\cdot(\boldsymbol{a}+\boldsymbol{b})=\boldsymbol{c}\cdot\boldsymbol{a}+\boldsymbol{c}\cdot\boldsymbol{b}$$

（3）与数乘的结合律

$$(\lambda\boldsymbol{a}\cdot\boldsymbol{b})=\lambda(\boldsymbol{a}\cdot\boldsymbol{b})=\boldsymbol{a}\cdot(\lambda\boldsymbol{b})\ (\lambda\text{ 为常数})$$

2. 数量积的坐标表示

下面利用向量的坐标表示向量的数量积。

设 $\boldsymbol{a}=a_x\boldsymbol{i}+a_y\boldsymbol{j}+a_z\boldsymbol{k}$，$\boldsymbol{b}=b_x\boldsymbol{i}+b_y\boldsymbol{j}+b_z\boldsymbol{k}$。根据数量积的运算规律，有

$$\begin{aligned}\boldsymbol{a}\cdot\boldsymbol{b}&=(a_x\boldsymbol{i}+a_y\boldsymbol{j}+a_z\boldsymbol{k})\cdot(b_x\boldsymbol{i}+b_y\boldsymbol{j}+b_z\boldsymbol{k})\\&=a_x\boldsymbol{i}\cdot(b_x\boldsymbol{i}+b_y\boldsymbol{j}+b_z\boldsymbol{k})+a_y\boldsymbol{j}\cdot(b_x\boldsymbol{i}+b_y\boldsymbol{j}+b_z\boldsymbol{k})+a_z\boldsymbol{k}\cdot(b_x\boldsymbol{i}+b_y\boldsymbol{j}+b_z\boldsymbol{k})\\&=a_xb_x+a_yb_y+a_zb_z\end{aligned}$$

即

$$\boldsymbol{a}\cdot\boldsymbol{b}=\{a_x,\ a_y,\ a_z\}\cdot\{b_x,\ b_y,\ b_z\}=a_xb_x+a_yb_y+a_zb_z \tag{2}$$

由式(2)可知，两个向量的数量积等于它们对应坐标的乘积之和。

例 1　设 $\boldsymbol{a}=2\boldsymbol{i}+3\boldsymbol{j}-\boldsymbol{k}$，$\boldsymbol{b}=\boldsymbol{i}-\boldsymbol{j}+\boldsymbol{k}$，求：$\boldsymbol{a}\cdot\boldsymbol{b}$，$\boldsymbol{a}^2$，$(3\boldsymbol{a})\cdot(2\boldsymbol{b})$。

解：　$\boldsymbol{a}\cdot\boldsymbol{b}=\{2,3,-1\}\cdot\{1,-1,1\}$

$=2\times1+3\times(-1)+(-1)\times1=-2$

$\boldsymbol{a}^2=2^2+3^2+(-1)^2=14$

$(3\boldsymbol{a})\cdot(2\boldsymbol{b})=\{6,9,-3\}\cdot\{2,-2,2\}$

$=6\times2+9\times(-2)+(-3)\times2=-12$

3. **两个向量的夹角以及相互垂直的充要条件**

由于 $\boldsymbol{a}\cdot\boldsymbol{b}=|\boldsymbol{a}||\boldsymbol{b}|\cos(\widehat{\boldsymbol{a},\boldsymbol{b}})$，所以当 $\boldsymbol{a}$，$\boldsymbol{b}$ 均为非零向量时，有

$$\cos(\widehat{\boldsymbol{a},\boldsymbol{b}})=\frac{\boldsymbol{a}\cdot\boldsymbol{b}}{|\boldsymbol{a}|\cdot|\boldsymbol{b}|}$$

将向量 $\boldsymbol{a}$，$\boldsymbol{b}$ 的模及数量积 $\boldsymbol{a}\cdot\boldsymbol{b}$ 的坐标表示式[本章第一节式(9)和本节式(2)]代入上式，得

$$\cos(\widehat{\boldsymbol{a},\boldsymbol{b}})=\frac{a_xb_x+a_yb_y+a_zb_z}{\sqrt{a_x^2+a_y^2+a_z^2}\cdot\sqrt{b_x^2+b_y^2+b_z^2}}$$

若 $\boldsymbol{a}$ 与 $\boldsymbol{b}$ 垂直，则 $\cos(\widehat{\boldsymbol{a},\boldsymbol{b}})=0$，$\boldsymbol{a}\cdot\boldsymbol{b}=0$。因此，两个向量相互垂直的充要条件是

$$\boldsymbol{a}\cdot\boldsymbol{b}=a_xb_x+a_yb_y+a_zb_z=0 \tag{3}$$

利用上式，可以很方便地判别两个向量是否相互垂直。

二、向量的向量积

在研究物体的转动问题上，不但要考虑物体受力，还要考虑这些力产生的力矩。下面例子说明表示物体力矩的方法。

设 O 为一根杠杆 L 的支点，有一个力 $\boldsymbol{F}$ 作用在这个杠杆的端点 L 处，$\boldsymbol{F}$ 与 OP 的夹角为 θ，如图 9－8 所示。

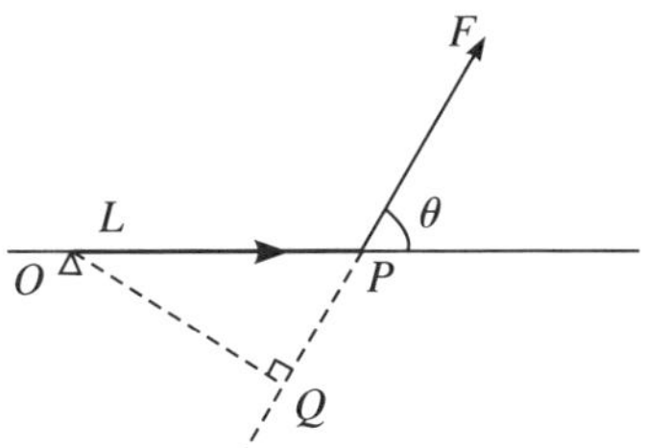

图 9－8

由力学规定，力 $\boldsymbol{F}$ 对支点 O 的力矩是一个向量 $\boldsymbol{M}$。它的模

$$|\boldsymbol{M}| = |\overrightarrow{OQ}||\boldsymbol{F}| = |\overrightarrow{OP}||\boldsymbol{F}|\sin\theta$$

力矩 $\boldsymbol{M}$ 等于向量 $|\overrightarrow{OP}|$ 与力 $\boldsymbol{F}$ 的向量积，即

$$\boldsymbol{M} = |\overrightarrow{OP}| \times \boldsymbol{F}$$

定义 2 已知向量 $\boldsymbol{a}$，$\boldsymbol{b}$，若向量 $\boldsymbol{c}$ 按以下的①②确定：

① $|\boldsymbol{c}| = |\boldsymbol{a}||\boldsymbol{b}|\sin(\widehat{\boldsymbol{a},\boldsymbol{b}})$；

② $\boldsymbol{c}$ 的方向同时垂直于 $\boldsymbol{a}$，$\boldsymbol{b}$ 两个向量，且由“右手法则”确定，即用右手的四指由 $\boldsymbol{a}$ 转向 $\boldsymbol{b}$，大拇指所指的方向为 $\boldsymbol{c}$ 的方向，如图 9－9 所示。

则称向量 $\boldsymbol{c}$ 为 $\boldsymbol{a}$ 与 $\boldsymbol{b}$ 的向量积，记作 $\boldsymbol{a}\times\boldsymbol{b}$，即

$$\boldsymbol{c} = \boldsymbol{a}\times\boldsymbol{b}$$

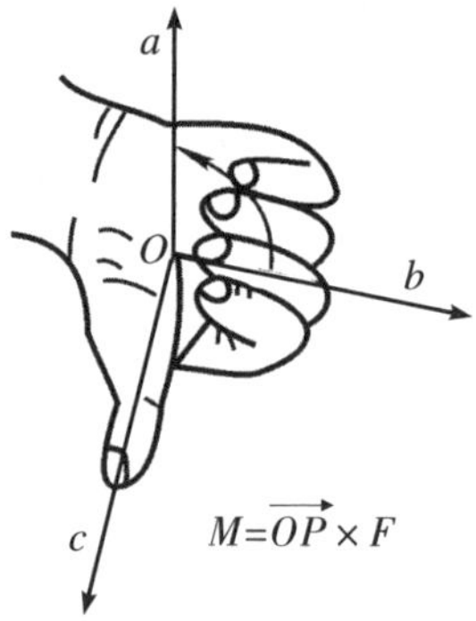

图 9－9

由向量积的定义可得：

(1) $\boldsymbol{a}\times\boldsymbol{a}=0$（$\boldsymbol{a}$ 为任一向量）

(2) $\boldsymbol{i}\times\boldsymbol{j}=\boldsymbol{k}$，$\boldsymbol{j}\times\boldsymbol{k}=\boldsymbol{i}$，$\boldsymbol{k}\times\boldsymbol{i}=\boldsymbol{j}$，$\boldsymbol{j}\times\boldsymbol{i}=-\boldsymbol{k}$，$\boldsymbol{k}\times\boldsymbol{j}=-\boldsymbol{i}$，$\boldsymbol{i}\times\boldsymbol{k}=-\boldsymbol{j}$

这里的 $\boldsymbol{i}$，$\boldsymbol{j}$，$\boldsymbol{k}$ 是空间直角坐标系的三个基本单位向量。

同时，两个向量的向量积具有下列运算规律：

(1) 反交换律

$$\boldsymbol{b}\times\boldsymbol{a} = -\boldsymbol{a}\times\boldsymbol{b}$$

(2) 与数乘的结合律

$$(\lambda\boldsymbol{a})\times\boldsymbol{b} = \boldsymbol{a}\times(\lambda\boldsymbol{b}) = \lambda(\boldsymbol{a}\times\boldsymbol{b})\ (\lambda\ 为常数)$$

(3) 对向量加法的分配律

$$(\boldsymbol{a}+\boldsymbol{b})\times\boldsymbol{c} = \boldsymbol{a}\times\boldsymbol{c}+\boldsymbol{b}\times\boldsymbol{c};\quad \boldsymbol{c}\times(\boldsymbol{a}+\boldsymbol{b}) = \boldsymbol{c}\times\boldsymbol{a}+\boldsymbol{c}\times\boldsymbol{b}$$

三、向量积的坐标表示

下面用向量的坐标表示向量积。

设 $\boldsymbol{a}=a_x\boldsymbol{i}+a_y\boldsymbol{j}+a_z\boldsymbol{k}$，$\boldsymbol{b}=b_x\boldsymbol{i}+b_y\boldsymbol{j}+b_z\boldsymbol{k}$，根据向量积的运算规律，有

$$\boldsymbol{a}\times\boldsymbol{b}=(a_yb_z-a_zb_y)\boldsymbol{i}-(a_xb_z-a_zb_x)\boldsymbol{j}+(a_xb_y-a_yb_x)\boldsymbol{k} \tag{4}$$

为了便于记忆，把式(4)的结果仿照三阶行列式表示，并形式上按三阶行列式计算，即

$$\boldsymbol{a}\times\boldsymbol{b}=\begin{vmatrix}\boldsymbol{i} & \boldsymbol{j} & \boldsymbol{k}\\ a_x & a_y & a_z\\ b_x & b_y & b_z\end{vmatrix} \tag{5}$$

四、两个向量平行的充要条件

由向量积的定义可知，若向量 $\boldsymbol{a}$ 与 $\boldsymbol{b}$ 平行，则 $\theta=(\widehat{\boldsymbol{a},\boldsymbol{b}})=0$ 或 π，有 $|\boldsymbol{a}\times\boldsymbol{b}|=0$，因此 $\boldsymbol{a}\times\boldsymbol{b}=0$；若 $\boldsymbol{a}\times\boldsymbol{b}=0$，当 $\boldsymbol{a}$，$\boldsymbol{b}$ 为非零向量时，则 $|\boldsymbol{a}||\boldsymbol{b}|\sin(\widehat{\boldsymbol{a},\boldsymbol{b}})=0$。因为 $|\boldsymbol{a}|\neq0$，$|\boldsymbol{b}|\neq0$，所以 $\sin(\widehat{\boldsymbol{a},\boldsymbol{b}})=0$，从而 $(\widehat{\boldsymbol{a},\boldsymbol{b}})=0$ 或 π，即 $\boldsymbol{a}/\!/\boldsymbol{b}$；当 $\boldsymbol{a}$，$\boldsymbol{b}$ 中至少一个为零向量时，由于零向量与任何向量平行，因此 $\boldsymbol{a}/\!/\boldsymbol{b}$。

综上所述，向量 $\boldsymbol{a}$ 与向量 $\boldsymbol{b}$ 平行的充要条件是

$$\boldsymbol{a}\times\boldsymbol{b}=0$$

从式(4)可以看出，向量 $\boldsymbol{a}$ 与 $\boldsymbol{b}$ 平行等价于

$$a_yb_z-a_zb_y=0,\quad a_zb_x-a_xb_z=0,\quad a_xb_y-a_yb_x=0$$

或

$$\frac{a_x}{b_x}=\frac{a_y}{b_y}=\frac{a_z}{b_z} \tag{6}$$

若记式(6)的为 λ，则 $\boldsymbol{a}=\lambda\boldsymbol{b}$。这正是上一节定理1的向量 $\boldsymbol{a}$ 与 $\boldsymbol{b}$ 平行的充要条件一致。

但必须指出，在式(6)中，当 b_x，b_y，b_z 中有一个或两个为零时，则约定相应的分子为零。例如，$\frac{a_x}{0}=\frac{a_y}{1}=\frac{a_z}{2}$应理解为

$$a_x=0,\ \frac{a_y}{1}=\frac{a_z}{2}\ \text{或}\ a_x=0,\ 2a_y=a_z$$

例2 设 $\boldsymbol{a}=-2\boldsymbol{i}+\boldsymbol{j}+\boldsymbol{k}$，$\boldsymbol{b}=\boldsymbol{i}-\boldsymbol{j}-2\boldsymbol{k}$，求 $\boldsymbol{a}\times\boldsymbol{b}$。

解：由(5)式，有

$$a \times b = \begin{vmatrix} i & j & k \\ -2 & 1 & 1 \\ 1 & -1 & -2 \end{vmatrix} = -i - 3j + k$$

例 3 求同时垂直于向量 $\boldsymbol{a}=\{2,2,1\}$ 和 $\boldsymbol{b}=\{4,5,3\}$ 的单位向量 $\boldsymbol{e}$。

解：由向量积的定义可知，$\boldsymbol{a}\times\boldsymbol{b}$ 同时垂直于 $\boldsymbol{a}$ 和 $\boldsymbol{b}$，有

$$\boldsymbol{a} \times \boldsymbol{b} = \begin{vmatrix} \boldsymbol{i} & \boldsymbol{j} & \boldsymbol{k} \\ 2 & 2 & 1 \\ 4 & 5 & 3 \end{vmatrix} = \boldsymbol{i} - 2\boldsymbol{j} + 2\boldsymbol{k}$$

所求单位向量 $\boldsymbol{e}$ 有两个：

$$\boldsymbol{e} = \pm \frac{\boldsymbol{a}\times\boldsymbol{b}}{|\boldsymbol{a}\times\boldsymbol{b}|} = \pm \frac{1}{\sqrt{1^2+(-2)^2+2^2}}(\boldsymbol{i}-2\boldsymbol{j}+2\boldsymbol{k}) = \pm\frac{1}{3}(\boldsymbol{i}-2\boldsymbol{j}+2\boldsymbol{k})$$

习题 9－2

1. 填空

(1) 向量 $\boldsymbol{a}=\{a_1,a_2,a_3\}$，$\boldsymbol{b}=\{b_1,b_2,b_3\}$，且 $a_1b_1+a_2b_2+a_3b_3=0$，则 $\boldsymbol{a}$ 与 $\boldsymbol{b}$ 的位置关系是________。

(2) 若 $\boldsymbol{a}=\{1,2,-1\}$，$\boldsymbol{b}=\{3,1,2\}$，则 $\boldsymbol{a}\cdot\boldsymbol{b}=$________。

(3) 当 $m=$________时，向量 $\boldsymbol{a}=\{m,3,-4\}$ 与 $\boldsymbol{b}=\{2,m,3\}$ 垂直。

(4) 设 $\boldsymbol{a}=\{2,-2,3\}$，$\boldsymbol{b}=\{-1,3,-5\}$，则 $\boldsymbol{a}\times\boldsymbol{b}=$________。

2. 设 $\boldsymbol{a}=3\boldsymbol{i}-\boldsymbol{j}-2\boldsymbol{k}$，$\boldsymbol{b}=\boldsymbol{i}+2\boldsymbol{j}-\boldsymbol{k}$，求 $(-2\boldsymbol{a})\cdot(3\boldsymbol{b})$。

3. 已知 $\boldsymbol{a}=4\boldsymbol{i}-2\boldsymbol{j}-4\boldsymbol{k}$，$\boldsymbol{b}=6\boldsymbol{i}-3\boldsymbol{j}+2\boldsymbol{k}$，求：

(1) $\boldsymbol{a}\cdot\boldsymbol{b}$ (2) $\boldsymbol{a}\cdot\boldsymbol{a}$ (3) $(3\boldsymbol{a}-2\boldsymbol{b})\cdot(\boldsymbol{a}+3\boldsymbol{b})$

4. 设 $\boldsymbol{a}=\boldsymbol{i}-2\boldsymbol{j}+2\boldsymbol{k}$，$\boldsymbol{b}=-\boldsymbol{i}+\boldsymbol{j}$，求 $(\widehat{\boldsymbol{a},\boldsymbol{b}})$。

5. 设 $\boldsymbol{a}=2\boldsymbol{i}-\boldsymbol{j}+\boldsymbol{k}$，$\boldsymbol{b}=\boldsymbol{i}+2\boldsymbol{j}-\boldsymbol{k}$，求：

(1) $\boldsymbol{a}\times\boldsymbol{b}$ (2) $(\boldsymbol{a}+\boldsymbol{b})\times(\boldsymbol{a}-\boldsymbol{b})$

第三节　平面、空间直线的方程

二维码 9－3
扫一扫，获取本节资源

平面和直线是空间最基本的几何图形，用代数方法研究它们显得尤为重要。本节以向量为工具讨论平面和空间直线的方程。

一、平面的方程

1. 点法式方程

与平面垂直的非零向量称为该平面法向量。显然，平面的法向量有无穷多个，而且平面上的任一向量都与该平面的法向量垂直。

由于过空间一点有唯一一个平面垂直于已知直线，因此给定了平面的一个法向量和该平面上的一个已知点，平面就完全确定了。

设平面 Π 过点 $M_0(x_0,y_0,z_0)$，且有法向量 $\boldsymbol{n}=\{A,B,C\}$，如图 9－10 所示。在平面 Π 上任取一点 $M(x,y,z)$，那么向量 $\overrightarrow{M_0M}$ 与 $\boldsymbol{n}$ 垂直，有 $\boldsymbol{n}\cdot\overrightarrow{M_0M}=0$。

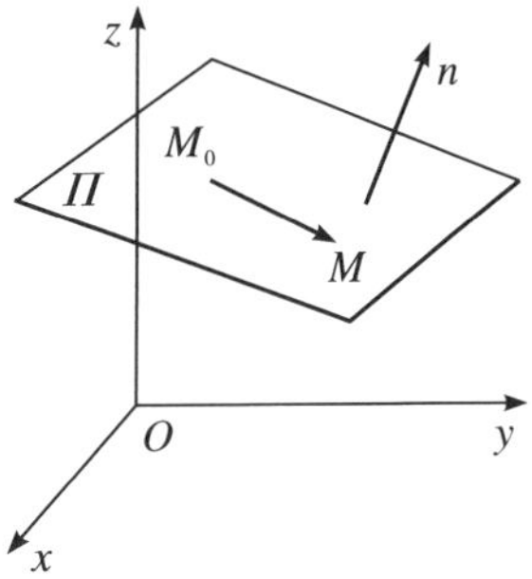

图 9－10

由于 $\boldsymbol{n}=\{A,B,C\}$，$\overrightarrow{M_0M}=\{x-x_0,y-y_0,z-z_0\}$，所以

$$A(x-x_0)+B(y-y_0)+C(z-z_0)=0 \qquad (1)$$

反过来，满足式(1)的任意的 x，y，z 确定的点 $M_1(x,y,z)$。由式(1)，得到 $\boldsymbol{n}\cdot\overrightarrow{M_0M_1}=0$，因此 $\overrightarrow{M_0M_1}$ 与 $\boldsymbol{n}$ 垂直，而点 M_1 在平面 Π 内。由此可见，式(1)是平面 Π 的方程，并称为平面 Π 的点法式方程。

例 1　求过点 $(2,-3,1)$，且垂直于向量 $\boldsymbol{n}=\{1,-2,3\}$ 的平面方程。

解：由于所求平面垂直于已知向量 $\boldsymbol{n}=\{1,-2,3\}$，因此可取 $\boldsymbol{n}$ 为所求平面的法向量。由式(1)，所求平面的方程为

$$(x-2)-2(y+3)+3(z-1)=0$$

即

$$x-2y+3z-11=0$$

例 2　求过已知点 $M_1(2,-1,4)$，$M_2(-1,3,-2)$ 和 $M_3(0,2,3)$ 的平面方程。

解：由题意可知 $\overrightarrow{M_1M_2}=\{-3,4,-6\}$，$\overrightarrow{M_1M_3}=\{-2,3,-1\}$，取所求平

面的法向量

$$n=\overrightarrow{M_1M_2}\times\overrightarrow{M_1M_3}=\begin{vmatrix} \boldsymbol{i} & \boldsymbol{j} & \boldsymbol{k} \\ -3 & 4 & -6 \\ -2 & 3 & -1 \end{vmatrix}=14\boldsymbol{i}+9\boldsymbol{j}-\boldsymbol{k}$$

由式(1)，所求的平面方程为

$$14(x-2)+9(y+1)-(z-4)=0$$

即

$$14x+9y-z-15=0$$

2. **一般式方程**

式(1)变形，可得

$$Ax+By+Cz+(-Ax_0-By_0-Cz_0)=0$$

设 $D=-Ax_0-By_0-Cz_0$，则式(1)可改写成

$$Ax+By+Cz+D=0 \tag{2}$$

因此，每个平面都可用式(2)表示。

反之，任意一个形如式(2)的方程

$$Ax+By+Cz+D=0$$

其中 A，B，C 不全为零。

任取 x_0，y_0，z_0 满足式(2)，则 $D=-(Ax_0+By_0+Cy_0)$ 代入式(2)，可变形为

$$A(x-x_0)+B(y-y_0)+C(z-z_0)=0$$

因此式(2)表示平面。

综上所述，式(2)是表示平面的又一种形式，并称为平面的一般式方程。

下面给出式(2)的一些特殊形式：

若 $D=0$，则方程 $Ax+By+Cz=0$ 表示过原点的平面；

若 $A=0$，$D\neq0$，则方程 $By+Cz+D=0$ 表示平行于 x 轴的平面；

若 $A=D=0$，则方程 $By+Cz=0$ 表示过 x 轴的平面；

若 $A=B=0$，$D\neq0$，则方程 $Cz+D=0$ 是平行于 xOy 坐标平面的平面。

以上平面的一般式方程的作图和其他形式平面的方程请读者思考。

例 3 求过点 $P(a,0,0)$、$Q(0,b,0)$ 和 $R(0,0,c)$ 的平面方程(其中 $abc\neq0$)。

解：设所求平面方程为

$$Ax+By+Cz+D=0$$

根据题意有

$$\begin{cases}Aa+D=0\\Bb+D=0\\Cc+D=0\end{cases}$$

解之得 $A=-\frac{D}{a}$，$B=-\frac{D}{b}$，$C=-\frac{D}{c}$，代入平面方程，得

$$-\frac{D}{a}x-\frac{D}{b}y-\frac{D}{c}z+D=0$$

又 $D\neq 0$，故

$$\frac{x}{a}+\frac{y}{b}+\frac{z}{c}=1 \tag{3}$$

式(3)称为平面的截距方程，其中 a，b，c 分别为平面在 x 轴、y 轴、z 轴上的截距，如图 9－11 所示。

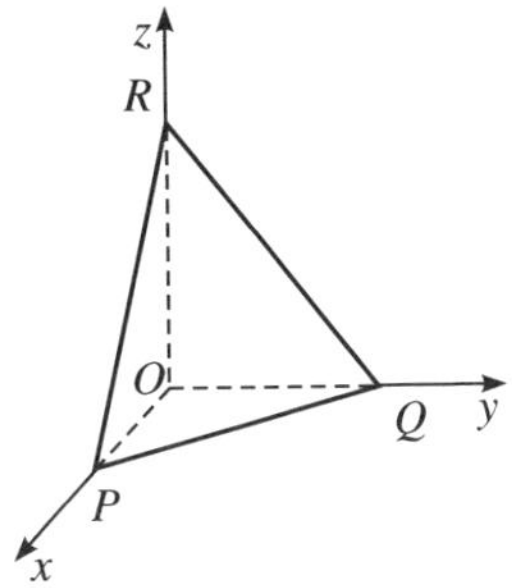

图 9－11

3. 点到平面的距离公式

设 $M(x_0,y_0,z_0)$ 为平面 $Ax+By+Cz+D=0$ 外的一点，则点 M 到平面的距离公式

$$d=\frac{|Ax_0+By_0+Cz_0+D|}{\sqrt{A^2+B^2+C^2}} \tag{4}$$

例 4　求点(1，－1，2)到平面 $2x+y-2z+1=0$ 的距离。

解：由公式(4)得

$$d=\frac{|2\times1+1\times(-1)-2\times2+1|}{\sqrt{2^2+1^2+(-2)^2}}=\frac{2}{3}$$

二、空间直线的方程

1. 一般式方程

空间直线可以看成两个平面的交线。设平面 Π_1，Π_2 的方程 $A_1x+B_1y+C_1z+D_1=0$ 和 $A_2x+B_2y+C_2z+D_2=0$，则它们的交线是一条直线，交线的方程为

$$\begin{cases}A_1x+B_1y+C_1z+D_1=0\\A_2x+B_2y+C_2z+D_2=0\end{cases}\tag{5}$$

式(5)称为空间直线的一般方程。

2. 点向式方程

为了便于讨论，称平行于已知直线的非零向量为该直线的方向向量。这样，直线上的任一非零向量可以取为直线的方向向量。

由于过空间一点可以作一条直线平行于已知直线，因此当已知直线 L 上的一个点和 L 的一个方向向量时，直线 L 的位置就完全确定了。下面建立空间直线的方程。

设直线 L 经过点 $M_0(x_0,y_0,z_0)$，直线 L 的一个方向向量 $\boldsymbol{s}=\{m,n,p\}$，如图 9－12 所示，又设 $M(x,y,z)$是直线 L 上任意一点。则

$$\overrightarrow{M_0M}=\{x-x_0,y-y_0,z-z_0\}\ 且\ \overrightarrow{M_0M}/\!/\boldsymbol{s}$$

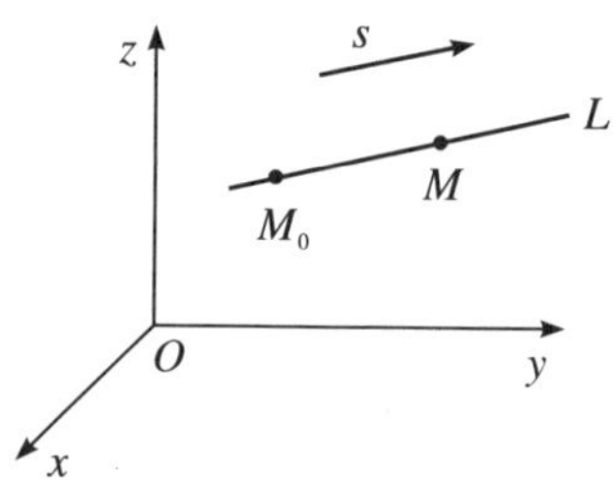

图 9－12

由两向量平行的充要条件可得

$$\frac{x-x_0}{m}=\frac{y-y_0}{n}=\frac{z-z_0}{p}\tag{6}$$

反之，满足式(6)的点 $M_1(x,y,z)$，有$\overrightarrow{M_0M_1}/\!/\boldsymbol{s}$，则 M_1 在直线 L 上。因此，式(6)是直线 L 的方程，并称为直线 L 的点向式方程(或对称式方程)。

注：若 m，n，p 中有一个或两个为零时，理解为相应的分子也为零。

例 5　求通过点 $M_0(1,-3,2)$ 且与向量 $\{4,2,1\}$ 平行的直线方程。

解： 根据题意，取 $\boldsymbol{s}=\{4,2,1\}$ 为直线的方向向量，由式(6)有

$$\frac{x-1}{4}=\frac{y+3}{2}=\frac{z-2}{1}$$

这就是所求直线方程。

习题 9－3

1. 填空

(1) 过点 $(2,-3,0)$ 且以 $\boldsymbol{n}=\{1,-2,3\}$ 为法向量的平面方程为________。

(2) 过点 $(4,-1,3)$ 且与直线 $\frac{x-3}{2}=y=\frac{z-1}{5}$ 平行的直线方程为________。

2. 求过点 $(3,0,-1)$ 且与平面 $3x-7y+5z-12=0$ 平行的平面方程。

3. 指出下列各平面的位置特点，并画出它们的图象：

(1) $z=0$　　　　(2) $x+y+z=0$

(3) $2x-3y-6=0$　　　　(4) $3y-4z=0$

4. 设某直线过点 $(1,1,1)$ 且和直线 $\frac{x}{1}=\frac{y}{2}=\frac{z}{3}$ 垂直相交，求该直线的方程。

5. 求过点 $(0,2,4)$ 且与平面 $x+2z=1$ 和 $y-3z=2$ 平行的直线方程。

附录　　数学解题软件 Maple 应用简介

一、微积分

1. 函数的连续性

discont(f(x),x);	找出函数$f(x)$在实轴上所有的不连续点
iscont(f(x),x=a .. b);	测试在开区间(a,b)上，函数$f(x)$是否连续，若连续，则返回 true；若不连续，则返回 false；若无法判断，则返回 FAIL
iscont(f(x),x=a .. b,open);	测试在开区间(a,b)上，函数$f(x)$是否连续，若连续，则返回 true；若不连续，则返回 false；若无法判断，则返回 FAIL
iscont(f(x),x=a .. b,closed);	测试在闭区间$[a,b]$上，函数$f(x)$是否连续，若连续，则返回 true；若不连续，则返回 false；若无法判断，则返回 FAIL

例如：

> $discont\left(\frac{1}{x}, x\right)$

$$\{0\}$$

> $discont(\tan(x), x)$

$$\left\{\pi \_Z1\sim + \frac{1}{2}\pi\right\}$$

> $discont(\sin(x), x)$

$$\{\}$$

> $discont\left(\frac{1}{(x+1)\cdot(x-2)}, x\right)$

$$\{-1, 2\}$$

$$> \ iscont\left(\frac{1}{(x-1)\cdot(x-3)}, x=1..3\right)$$

true

$$> \ iscont\left(\frac{1}{(x-1)\cdot(x-3)}, x=1..3, open\right)$$

true

$$> \ iscont\left(\frac{1}{(x-1)\cdot(x-3)}, x=1..3, closed\right)$$

false

2. 求极限

极限：

`limit(f(x),x=a)`	求函数 f(x) 在 x=a 处的极限

左极限：

`limit(f(x),x=a,left)`	求函数 f(x) 在 x=a 处的左极限

右极限：

`limit(f(x),x=a,right)`	求函数 f(x) 在 x=a 处的右极限

例如：

$$> \ limit\left(\frac{\tan(x)}{2\cdot x}, x=0\right)$$

$$\frac{1}{2}$$

$$> \ limit\left(\frac{(x+2)\cdot \mathrm{abs}(x-1)}{x-1}, x=1, left\right)$$

$$-3$$

$$> \quad limit\left(\frac{(x+2)\cdot \mathrm{abs}(x-1)}{x-1}, x=1, right\right)$$

$$3$$

求极限也可以在窗口左侧的面板中直接点击输入 $\lim\limits_{x->a} f(x)$，和手写形式完全一样，不需要记忆上面的命令和使用格式。例如：

$$> \lim_{x\to 0}\frac{\sin(x)}{x}$$

$$1$$

3. 求导数

diff(f(x),x)	求 f(x)关于 x 的导数 $f'(x)$

例如：

$$> \quad diff\left(x^3-x^2+\tan(x), x\right)$$

$$3x^2-2x+1+\tan(x)^2$$

求导数也可以在窗口左侧的面板中直接点击输入$\frac{\mathrm{d}}{\mathrm{d}x}f(x)$，不需要记忆上面的命令和使用格式。例如：

$$> \frac{\mathrm{d}}{\mathrm{d}x}x^3$$

$$3\,x^2$$

4. 求高阶导数

`diff(f(x),x$n)`	求 f(x)的 n 阶导数

例如：

> $diff(x^3 - x^2 + ln(x),\ x\$2)$

$$6\,x - 2 - \frac{1}{x^2}$$

求高阶导数也可以在窗口左侧的面板中直接点击输入 $\dfrac{\mathrm{d}^n}{\mathrm{d}x^n}f(x)$，不需要记忆上面的命令和使用格式。例如

> $\dfrac{\mathrm{d}^2}{\mathrm{d}x^2}\ x^5$

$$20\ x^3$$

5. 求隐函数的导数

`implicitdiff(f(x,y)=0,y,x)`	求 y 关于 x 的导数

例：已知 $xy + e^y = 9$，求 $\dfrac{\mathrm{d}y}{\mathrm{d}x}$

方法如下：

> $implicitdiff(x \cdot y + \exp(y) = 9,\ y,\ x)$

$$-\frac{y}{x + \mathrm{e}^y}$$

6. 求不定积分

`int(f(x),x)`	表示求不定积分 $\int f(x)\mathrm{d}x$

例如：

> $int(\sin(x)\cdot\cos(x), x)$

$$\frac{1}{2}\sin(x)^2$$

求不定积分也可以在窗口左侧的面板中直接点击输入 $\int f(x)\mathrm{d}x$，和手写形式完全一样，不需要记忆上面的命令和使用格式。例如：

> $\int \sin(x)\,\mathrm{d}x$

$$-\cos(x)$$

7. 求定积分、广义积分

`int(f(x),x=a..b)`	表示求定积分 $\int_a^b f(x)\mathrm{d}x$

例如：

> $int(\mathrm{e}^x, x = 0..2)$

$$-1 + \mathrm{e}^2$$

> $int(x\cdot\cos(x), x = 0..\pi)$

$$-2$$

求定积分和广义积分也可以在窗口左侧的面板中直接点击输入 $\int_a^b f(x)\mathrm{d}x$，和

手写形式完全一样，不需要记忆上面的命令和使用格式。例如

$> \int_0^2 x^3 \, dx$

$$4$$

8. 级数展开

taylor(f(x),x)	把 f(x)在 x=0 点展开成泰勒级数，默认阶数是 6
taylor(f(x),x,n)	把 f(x)在 x=0 点展开成泰勒级数，阶数是 n
taylor(f(x),x=a,n)	把 f(x)在 x=a 点展开成泰勒级数，阶数是 n
series(f(x),x)	把 f(x)在 x=0 点展开成级数，默认阶数是 6
series(f(x),x,n)	把 f(x)在 x=0 点展开成级数，阶数是 n
series(f(x),x=a,n)	把 f(x)在 x=a 点展开成级数，阶数是 n

注：series 可以生成 taylor 级数，但比 taylor 适用范围更广。

例如：

$> \ taylor(\sin(x), x)$

$$x - \frac{1}{6}x^3 + \frac{1}{120}x^5 + O(x^6)$$

$> \ taylor(\sin(x), x, 9)$

$$x - \frac{1}{6}x^3 + \frac{1}{120}x^5 - \frac{1}{5040}x^7 + O(x^9)$$

```
> taylor( exp(x), x=0, 4 );
```

$$1 + x + \frac{1}{2}x^2 + \frac{1}{6}x^3 + O(x^4)$$

```
> taylor( 1/x, x=1, 3 );
```

$$1-(x-1)+(x-1)^2+O((x-1)^3)$$

```
> series(x/(1-x-x^2), x=0);
```

$$x+x^2+2x^3+3x^4+5x^5+O(x^6)$$

```
> convert(%,polynom);
```

$$x+x^2+2x^3+3x^4+5x^5$$

```
> series(x+1/x, x=1, 3 );
```

$$2+(x-1)^2+O((x-1)^3)$$

```
> series(exp(x), x=0, 8 );
```

$$1+x+\frac{1}{2}x^2+\frac{1}{6}x^3+\frac{1}{24}x^4+\frac{1}{120}x^5+\frac{1}{720}x^6+\frac{1}{5040}x^7+O(x^8)$$

```
> series(exp(x)/x, x=0, 8 );
```

$$x^{-1}+1+\frac{1}{2}x+\frac{1}{6}x^2+\frac{1}{24}x^3+\frac{1}{120}x^4+\frac{1}{720}x^5+\frac{1}{5040}x^6+O(x^7)$$

9. 数列、级数求和

sum(f(n),n=a..b)	表示求和 $\sum_{n=a}^{b} f(n)$

例如:

```
> sum(2^n,n=0..63);
```

18446744073709551615

```
> sum(1/2^n,n=0..infinity);
```

2

求和也可以在窗口左侧的面板中直接点击输入$\sum_{k=n}^{m} f(k)$，和手写形式完全一样，不需要记忆上面的命令和使用格式。例如

> $\sum_{k=1}^{n} k^2$

$$\frac{1}{3}(n+1)^3-\frac{1}{2}(n+1)^2+\frac{1}{6}n+\frac{1}{6}$$

factor(%)

$$\frac{1}{6}n(n+1)(2n+1)$$

10. 连　乘

product(f(n),n=a..b)	表示求乘积$\prod_{n=a}^{b} f(n)$

例如:

```
> product(2^n,n=1..10);
```

$$36028797018963968$$

连乘也可以在窗口左侧的面板中直接点击输入$\prod_{n=a}^{b} f(n)$，和手写形式完全一样，不需要记忆上面的命令和使用格式。例如

> $\prod_{n=1}^{9} n^2$

$$131681894400$$

11. 换元积分法

先加载 student 函数库，加载方法为：**with(student);**

changevar(m(x)=p(u), Int(f(x),x))	把积分表达式中的 m(x)代换成 p(u)
changevar(m(x)=p(u), Int(f(x),x) , u)	把积分表达式中的 m(x)代换成 p(u)

例如：

```
> with(student):
> changevar(cos(x)+1=u, Int((cos(x)+1)^3*sin(x), x));
```

$$\int -u^3\, du$$

```
> changevar(cos(x)+1=u, Int((cos(x)+1)^3*sin(x), x), u);
```

$$\int -u^3\, du$$

12. 分部积分法

先加载 student 函数库，加载方法为：**with(student);**

intparts(Int(f(x),x),u)	指定 u，用分部积分公式 $\int udv = uv - \int vdu$ 进行计算

例如：

> $with(student):$

> $intparts(Int(x^2\cdot\cos(x), x), x^2)$

$$x^2\sin(x) - \int 2\, x\sin(x)\, dx$$

> $intparts(\%, 2\cdot x)$

$$x^2\sin(x)+2\,x\cos(x)+\int(-2\cos(x))\,\mathrm{d}x$$

> $value(\%)$

$$x^2\sin(x)-2\sin(x)+2\,x\cos(x)$$

13. 解微分方程

dsolve(微分方程，y(x))	解微分方程求出 y(x)
dsolve({微分方程，初始条件或边界条件}，y（x）)	在初始条件或边界条件下解微分方程求出 y(x)

> $ode := diff(y(x), x, x) = 2*y(x) + 1;$

$$\frac{\mathrm{d}^2}{\mathrm{d}x^2}y(x)=2\,y(x)+1$$

> $dsolve(ode);$

$$y(x)=\mathrm{e}^{\sqrt{2}\,x}\_C2+\mathrm{e}^{-\sqrt{2}\,x}\_C1-\frac{1}{2}$$

> $dsolve(ode, y(x));$

$$y(x)=\mathrm{e}^{\sqrt{2}\,x}\_C2+\mathrm{e}^{-\sqrt{2}\,x}\_C1-\frac{1}{2}$$

> $ics := y(0) = 1, \mathrm{D}(y)(0) = 0;$

$$y(0)=1,\ \mathrm{D}(y)(0)=0$$

> $dsolve(\{ode, ics\});$

$$y(x) = \frac{3}{4}\,e^{\sqrt{2}\,x} + \frac{3}{4}\,e^{-\sqrt{2}\,x} - \frac{1}{2}$$

> *dsolve*({*ode, ics*}, *y*(*x*));

$$y(x) = \frac{3}{4}\,e^{\sqrt{2}\,x} + \frac{3}{4}\,e^{-\sqrt{2}\,x} - \frac{1}{2}$$

14. 解微分方程组

dsolve({微分方程组}，{y$_1$(x), y$_2$(x),…})
dsolve({微分方程组，初始条件或边界条件}，{y$_1$(x), y$_2$(x),…})

例如：

> *sys_ode* := *diff*(*y*(*t*), *t*) = *x*(*t*), *diff*(*x*(*t*), *t*) = −*x*(*t*);

$$\frac{d}{dt}\,y(t) = x(t),\ \frac{d}{dt}\,x(t) = -x(t)$$

> *dsolve*([*sys_ode*]);

$$\{x(t) = \_C2\,e^{-t},\ y(t) = -\_C2\,e^{-t} + \_C1\}$$

> *dsolve*([*sys_ode*], {*x*(*t*), *y*(*t*)});

$$\{x(t) = \_C2\,e^{-t},\ y(t) = -\_C2\,e^{-t} + \_C1\}$$

> *ics* := *x*(0) = 1, *y*(1) = 0;

$$x(0) = 1,\ y(1) = 0$$

> *dsolve*([*sys_ode, ics*]);

$$\left\{x(t)=e^{-t},\ y(t)=-e^{-t}+\frac{1}{e}\right\}$$

> $dsolve([sys\_ode, ics], \{x(t), y(t)\});$

$$\left\{x(t)=e^{-t},\ y(t)=-e^{-t}+\frac{1}{e}\right\}$$

15. 积分变换

在进行拉普拉斯变换及其逆变换、傅里叶变换及其逆变换、傅里叶正弦变换和傅里叶余弦变换时，必须要先加载积分变换函数库，加载方法为：with(inttrans)，但在进行 Z 变换及其逆变换时，不用加载任何函数库。

laplace(f(t), t, s)	拉普拉斯变换
invlaplace(F(s), s, t)	拉普拉斯变换的逆变换
fourier(f(t), t, ω)	傅里叶变换
invfourier(F(ω), ω , t)	傅里叶变换的逆变换
ztrans(f(n), n, z)	Z 变换
invztrans(F(z), z, n)	Z 变换的逆变换
fouriersin(f(t), t, ω)	傅里叶正弦变换
fouriercos(f(t), t, ω)	傅里叶余弦变换

例如：

> $with(inttrans)$

[*addtable, fourier, fouriercos, fouriersin, hankel, hilbert, invfourier, invhilbert, invlaplace, invmellin, laplace, mellin, savetable*]

> $fourier\left(e^{-2\cdot x^2}, x, \omega\right)$

$$\frac{1}{2}\,e^{-\frac{1}{8}\omega^2}\sqrt{2}\,\sqrt{\pi}$$

> $invfourier\left(\frac{1}{2}\,e^{-\frac{1}{8}\omega^2}\sqrt{2}\,\sqrt{\pi},\,\omega,\,t\right)$

$$e^{-2t^2}$$

> $laplace(\sin(2\cdot t),\,t,\,s)$

$$\frac{2}{s^2+4}$$

> $invlaplace\left(\frac{2}{s^2+4},\,s,\,t\right)$

$$\sin(2\,t)$$

> $ztrans(n^2,\,n,\,z)$

$$\frac{z\,(z+1)}{(z-1)^3}$$

> $invztrans\left(\frac{z\,(z+1)}{(z-1)^3},\,z,\,n\right)$

$$n^2$$

> $fouriersin(e^{-2\cdot t},\,t,\,\omega)$

$$\frac{\sqrt{2}\,\omega}{\sqrt{\pi}\,(\omega^2+4)}$$

> $fouriercos(e^{-2\cdot t},\,t,\,\omega)$

$$\frac{2\sqrt{2}}{\sqrt{\pi}\,(\omega^2+4)}$$

16. 近似积分：矩形法、梯形法和辛普森法

在计算之前，首先要加载 student 函数库，加载方法为：**with(student);**

矩形法

`leftbox(f(x),x=a..b,n,options)`	绘出左接小矩形来逼近定积分
`leftsum(f(x),x=a..b,n)`	用左接小矩形的面积之和来近似表示定积分
`rightbox(f(x),x=a..b,n,options)`	绘出右接小矩形来逼近定积分
`rightsum(f(x),x=a..b,n)`	用右接小矩形的面积之和来近似表示定积分
`middlebox(f(x),x=a..b,n,options)`	绘出中点接合小矩形来逼近定积分
`middlesum(f(x),x=a..b,n)`	用中点接合小矩形的面积之和来近似表示定积分

梯形法

`trapezoid(f(x),x=a..b,n)`	用小梯形的面积之和来近似表示定积分

辛普森法

`simpson(f(x),x=a..b,n)`	用辛普森法求定积分的近似值

例如：

> $with(student)$:

> $leftbox(x^2, x = 0..1, 10)$

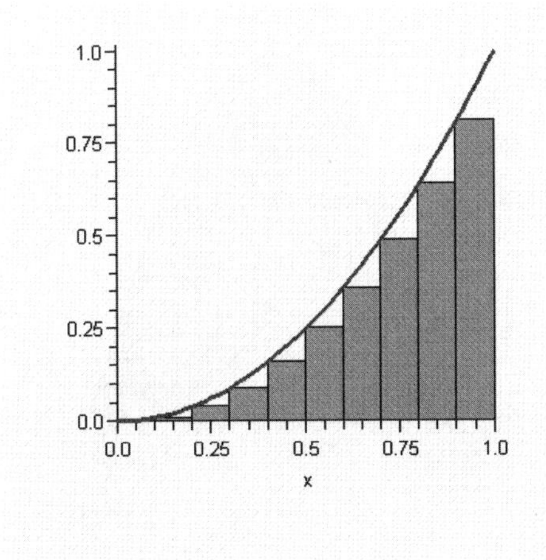

> $leftsum(x^2, x=0..1, 10)$

$$\frac{1}{10}\left(\sum_{i=0}^{9}\frac{1}{100}i^2\right)$$

> $value(\%)$

$$\frac{57}{200}$$

> $evalf(\%)$

$$\mathbf{0.2850000000}$$

> $rightbox(\sin(x), x=0..Pi, 20)$

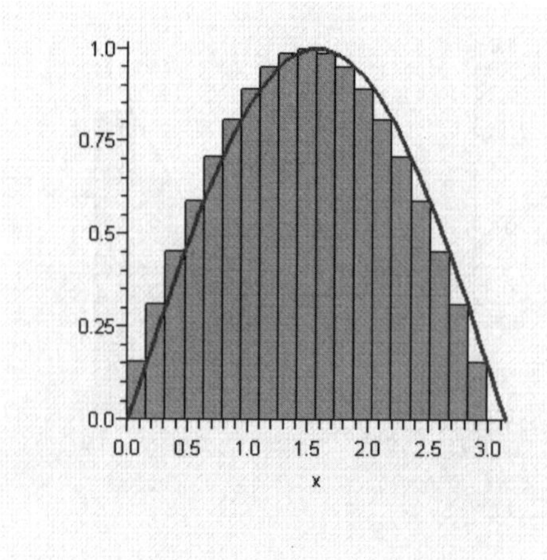

> $rightsum(\sin(x),\ x = 0\ ..\text{Pi},\ 20)$

$$\frac{1}{20}\pi\left(\sum_{i=1}^{20}\sin\left(\frac{1}{20}i\pi\right)\right)$$

> $evalf(\%)$

1.995885974

> $middlebox\left(\cos(x),\ x = -\frac{\text{Pi}}{2}\ ..\frac{\text{Pi}}{2},\ 30\right)$

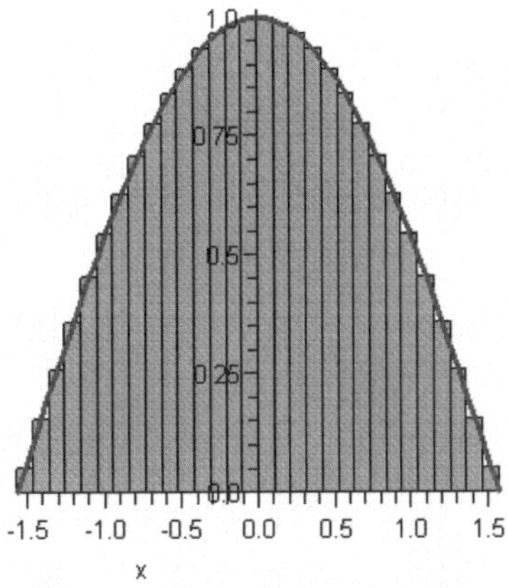

> $middlesum\left(\cos(x), x=-\frac{\pi}{2}..\frac{\pi}{2}, 30\right)$

$$\frac{1}{30}\pi\left(\sum_{i=0}^{29}\sin\left(\frac{1}{30}\left(i+\frac{1}{2}\right)\pi\right)\right)$$

> $evalf(\%)$

2.000914145

> $trapezoid(x^2, x=0..1, 10)$

$$\frac{1}{20}+\frac{1}{10}\left(\sum_{i=1}^{9}\frac{1}{100}i^2\right)$$

> $value(\%)$

$$\frac{67}{200}$$

> $evalf(\%)$

0.3350000000

> $simpson(x^2, x = 0..1, 10)$

$$\frac{1}{30} + \frac{2}{15}\left(\sum_{i=1}^{5}\left(\frac{1}{5}i - \frac{1}{10}\right)^2\right) + \frac{1}{15}\left(\sum_{i=1}^{4}\frac{1}{25}i^2\right)$$

> $value(\%)$

$$\frac{1}{3}$$

二、 线性代数

1. 建立矩阵

首先加载 linalg 函数库，加载方法为：with（linalg）

然后用下列命令建立矩阵

matrix（m，n，[矩阵的所有元素，先写第一行，再写第二行，依次类推，用逗号分开]）	建立 m×n 矩阵
matrix（[[矩阵的第一行元素，用逗号分开]，[矩阵的第二行元素，用逗号分开]，...，[矩阵的第 m 行元素，用逗号分开]]）	建立矩阵
matrix（m，n，a）	建立元素全部是 a 的 m×n 矩阵
diag（e1，e2，e3，...，en）	建立以 e1，e2，e3，...，en 为对角元素，其余元素为 0 的 n×n 矩阵
randmatrix（m，n，可选项 options）	随机产生 m×n 矩阵

注：在 maple10.0 及其以上版本中，输入矩阵非常方便，可以不用上述命令，大家一看就会明白的。

例如：

```
> with(linalg):
matrix(2,2,[5,4,6,3]);
```

$$\begin{bmatrix} 5 & 4 \\ 6 & 3 \end{bmatrix}$$

```
> matrix([[5,4],[6,3]]);
```

$$\begin{bmatrix} 5 & 4 \\ 6 & 3 \end{bmatrix}$$

```
> matrix(2,2,0);
```

$$\begin{bmatrix} 0 & 0 \\ 0 & 0 \end{bmatrix}$$

> $diag(1, 2, 3, 4, 5)$

$$\begin{bmatrix} 1 & 0 & 0 & 0 & 0 \\ 0 & 2 & 0 & 0 & 0 \\ 0 & 0 & 3 & 0 & 0 \\ 0 & 0 & 0 & 4 & 0 \\ 0 & 0 & 0 & 0 & 5 \end{bmatrix}$$

> $randmatrix(3, 6)$

$$\begin{bmatrix} -7 & 22 & -55 & -94 & 87 & -56 \\ 0 & -62 & 97 & -73 & -4 & -83 \\ -10 & 62 & -82 & 80 & -44 & 71 \end{bmatrix}$$

> $randmatrix(3, 3, symmetric);$

$$\begin{bmatrix} -17 & -75 & -7 \\ -75 & -10 & -40 \\ -7 & -40 & 42 \end{bmatrix}$$

> $randmatrix(2, 2, entries = rand(999\ ..9999))$

$$\begin{bmatrix} 7504 & 6292 \\ 3986 & 3439 \end{bmatrix}$$

2. 矩阵的加法、减法和数乘运算

A+B	求矩阵 A 与 B 的和。但要用 evalm 命令才能显示其结果
matadd(A,B)	求矩阵 A 与 B 的和。使用前要先加载 linalg 软件包。加载方法为：with(linalg)
matadd(A,－B)	计算 A－B
matadd(A, B, m, n)	计算 m*A+n*B
k*A	数 k 与矩阵 A 的乘法运算。但要用 evalm 命令才能显示其结果
scalarmul(A, k)	数 k 与矩阵 A 的乘法运算。使用前要先加载 linalg 软件包。加载方法为：with(linalg)

注：在 maple10 中矩阵的加法、减法和数乘变得更加简单，和数学课本中使用的符号完全相同，而且不用 evalm 命令就可直接显示运算结果（当然上面调用命令的方法仍然适用）。即在 maple10 中可用下列简便方法进行加法、减法和数乘运算：

A+B	加法
A–B	减法
kA 或 k*A	数乘

例如：

> $with(linalg)$:

> $A := \begin{bmatrix} 3 & 0 & -2 \\ 1 & 7 & -9 \\ 2 & 5 & 1 \end{bmatrix}$

$$\begin{bmatrix} 3 & 0 & -2 \\ 1 & 7 & -9 \\ 2 & 5 & 1 \end{bmatrix}$$

> $B := \begin{bmatrix} 27 & 99 & 92 \\ 8 & 29 & -31 \\ 69 & 44 & 67 \end{bmatrix}$

$$\begin{bmatrix} 27 & 99 & 92 \\ 8 & 29 & -31 \\ 69 & 44 & 67 \end{bmatrix}$$

> $A + B$

$$\begin{bmatrix} 30 & 99 & 90 \\ 9 & 36 & -40 \\ 71 & 49 & 68 \end{bmatrix}$$

> $matadd(A, B)$

$$\begin{bmatrix} 30 & 99 & 90 \\ 9 & 36 & -40 \\ 71 & 49 & 68 \end{bmatrix}$$

> $A - B$

$$\begin{bmatrix} -24 & -99 & -94 \\ -7 & -22 & 22 \\ -67 & -39 & -66 \end{bmatrix}$$

> $matadd(A, -B)$

$$\begin{bmatrix} -24 & -99 & -94 \\ -7 & -22 & 22 \\ -67 & -39 & -66 \end{bmatrix}$$

> $3 \cdot A$

$$\begin{bmatrix} 9 & 0 & -6 \\ 3 & 21 & -27 \\ 6 & 15 & 3 \end{bmatrix}$$

> $scalarmul(A, 3)$

$$\begin{bmatrix} 9 & 0 & -6 \\ 3 & 21 & -27 \\ 6 & 15 & 3 \end{bmatrix}$$

> $matadd(A, B, 2, 3)$

$$\begin{bmatrix} 87 & 297 & 272 \\ 26 & 101 & -111 \\ 211 & 142 & 203 \end{bmatrix}$$

3. 矩阵的乘法运算

multiply(A,B)	求矩阵 A 与 B 的乘积。使用前要先加载 linalg 软件包。加载方法为：with(linalg)

例如：

> $with(linalg):$

> $A := \begin{bmatrix} 27 & 99 & 92 \\ 8 & 29 & -31 \\ 69 & 44 & 67 \end{bmatrix}$

$$\begin{bmatrix} 27 & 99 & 92 \\ 8 & 29 & -31 \\ 69 & 44 & 67 \end{bmatrix}$$

> $B := \begin{bmatrix} -22 & -38 & 33 \\ 45 & -18 & -98 \\ -81 & 87 & -77 \end{bmatrix}$

$$\begin{bmatrix} -22 & -38 & 33 \\ 45 & -18 & -98 \\ -81 & 87 & -77 \end{bmatrix}$$

> $multiply(A, B)$

$$\begin{bmatrix} -3591 & 5196 & -15895 \\ 3640 & -3523 & -191 \\ -4965 & 2415 & -7194 \end{bmatrix}$$

4．矩阵的乘方运算

A^n	矩阵 A 的 n 次方
multiply(A$n)	矩阵 A 的 n 次方。使用前要先加载 linalg 软件包。加载方法为：with(linalg)

注：(1)在 maple10 以下的版本中，运行 A^n 后并没有显示计算结果，这时需要运行命令 evalm(A^n)才能显示计算结果。(2)A^n 在 maple10 中的显示形式是：A^n。

例如：

> $with(linalg)$:

> $A := \begin{bmatrix} 27 & 99 & 92 \\ 8 & 29 & -31 \\ 69 & 44 & 67 \end{bmatrix}$

> A^2

$$\begin{bmatrix} 7869 & 9592 & 5579 \\ -1691 & 269 & -2240 \\ 6838 & 11055 & 9473 \end{bmatrix}$$

> $multiply(A\$2)$

$$\begin{bmatrix} 7869 & 9592 & 5579 \\ -1691 & 269 & -2240 \\ 6838 & 11055 & 9473 \end{bmatrix}$$

5．求行列式

det(A)	求矩阵 A 的行列式

例如：

> $with(linalg):$

> $A := randmatrix(3, 3)$

$$\begin{bmatrix} -7 & 22 & -55 \\ -94 & 87 & -56 \\ 0 & -62 & 97 \end{bmatrix}$$

> $det(A)$

$$-154713$$

6．求转置矩阵

transpose（A）	求矩阵 A 的转置矩阵

例如：

> $with(linalg):$

> $A := matrix([[1, 2, 4], [2, 1, 5]])$

$$\begin{bmatrix} 1 & 2 & 4 \\ 2 & 1 & 5 \end{bmatrix}$$

> $transpose(A)$

$$\begin{bmatrix} 1 & 2 \\ 2 & 1 \\ 4 & 5 \end{bmatrix}$$

7. 求矩阵的秩

rank（A）	求矩阵 A 的秩

例如：

> $with(linalg):$

> $A := randmatrix(6, 5)$

$$\begin{bmatrix} -47 & 40 & -81 & 91 & 68 \\ -10 & 31 & -51 & 77 & 95 \\ 1 & 1 & 55 & -28 & 16 \\ 30 & -27 & -15 & -59 & -96 \\ 72 & -87 & 47 & -90 & 43 \\ 92 & -91 & -88 & -48 & 53 \end{bmatrix}$$

> $rank(A)$

$$5$$

8. 求伴随矩阵

adj(A) 或 adjoint(A)	求矩阵 A 的伴随矩阵 先加载 linalg 软件包，加载方法为: **with(linalg)**

例如:

```
> with(linalg):
> A:=matrix([[1,2,5],[3,6,1],[0,2,1]]);
```

$$A := \begin{bmatrix} 1 & 2 & 5 \\ 3 & 6 & 1 \\ 0 & 2 & 1 \end{bmatrix}$$

```
> adj(A);
```

$$\begin{bmatrix} 4 & 8 & -28 \\ -3 & 1 & 14 \\ 6 & -2 & 0 \end{bmatrix}$$

```
> adjoint(A);
```

$$\begin{bmatrix} 4 & 8 & -28 \\ -3 & 1 & 14 \\ 6 & -2 & 0 \end{bmatrix}$$

9. 求逆矩阵

inverse（A）	求矩阵 A 的逆矩阵

例如:

> *with*(*linalg*) :

> $A := randmatrix(3, 3)$

$$\begin{bmatrix} -7 & 22 & -55 \\ -94 & 87 & -56 \\ 0 & -62 & 97 \end{bmatrix}$$

> $det(A)$

$$-154713$$

> $inverse(A)$

$$\begin{bmatrix} -\frac{4967}{154713} & -\frac{1276}{154713} & -\frac{3553}{154713} \\ -\frac{9118}{154713} & \frac{679}{154713} & -\frac{4778}{154713} \\ -\frac{5828}{154713} & \frac{434}{154713} & -\frac{1459}{154713} \end{bmatrix}$$

10. 求矩阵的迹

trace（A）	求方阵 A 的迹

> $with(linalg):$

> $A := randmatrix(3, 3, entries = rand(-9..9))$

$$\begin{bmatrix} 7 & -8 & -1 \\ -1 & -6 & 9 \\ -6 & -4 & -6 \end{bmatrix}$$

> $trace(A)$

$$-5$$

11. 特征值与特征向量

eigenvalues（A）	求矩阵 A 的所有特征值
eigenvectors（A）	求矩阵 A 的所有特征向量
charpoly（A，x）	求矩阵 A 的特征多项式，其中 x 为特征多项式的自变量

例如：

$$> \quad A := \begin{bmatrix} 1 & 2 & 0 \\ 0 & 1 & 1 \\ 0 & 3 & 0 \end{bmatrix}$$

$$\begin{bmatrix} 1 & 2 & 0 \\ 0 & 1 & 1 \\ 0 & 3 & 0 \end{bmatrix}$$

$> \quad eigenvalues(A)$

$$1, \frac{1}{2}+\frac{1}{2}\sqrt{13}, \frac{1}{2}-\frac{1}{2}\sqrt{13}$$

$> \quad eigenvectors(A)$

$$\left[1, 1, \left\{\left[\begin{array}{ccc} 1 & 0 & 0 \end{array}\right]\right\}\right], \left[\frac{1}{2}+\frac{1}{2}\sqrt{13}, 1, [\frac{7}{9}+\frac{1}{9}\sqrt{13}, \frac{1}{6}+\frac{1}{6}\sqrt{13}, 1]\right], \left[\frac{1}{2}-\frac{1}{2}\sqrt{13}, 1, [\frac{7}{9}-\frac{1}{9}\sqrt{13}, \frac{1}{6}-\frac{1}{6}\sqrt{13}, 1]\right]$$

$> \quad charpoly(A, x)$

$$(x-1)\left(x^2-x-3\right)$$

12. 解线性方程组

solve（{eqn1,eqn2,…},{x,y,z,…}）	解由方程 eqn1,eqn2,…组成的方程组
linsolve（M,B）	解满足矩阵方程 MX=B 的向量 X
rref(A)	可求解任何方程组 其中 A 为增广矩阵

例如：解方程组 $\begin{cases} x+y-2z=1 \\ 2x-y+z=3 \\ x+y+z=0 \end{cases}$ 有下列方法：

方法一：

```
> solve({x+y-2*z=1,2*x-y+z=3,x+y+z=0},{x,y,z});
```

$$\left\{ y=-\frac{8}{9}, x=\frac{11}{9}, z=-\frac{1}{3} \right\}$$

方法二：

```
>with(linalg):
> A:=matrix([[1,1,-2],[2,-1,1],[1,1,1]]);
```

$$A := \begin{bmatrix} 1 & 1 & -2 \\ 2 & -1 & 1 \\ 1 & 1 & 1 \end{bmatrix}$$

```
> B:=matrix([[1],[3],[0]]);
```

$$B := \begin{bmatrix} 1 \\ 3 \\ 0 \end{bmatrix}$$

```
> linsolve(A,B);
```

$$\begin{bmatrix} \frac{11}{9} \\ -\frac{8}{9} \\ -\frac{1}{3} \end{bmatrix}$$

方法三：

```
>with(linalg):
> A:=matrix([[1,1,-2],[2,-1,1],[1,1,1]]);
```

$$A := \begin{bmatrix} 1 & 1 & -2 \\ 2 & -1 & 1 \\ 1 & 1 & 1 \end{bmatrix}$$

```
> B:=matrix([[1],[3],[0]]);
```

$$B := \begin{bmatrix} 1 \\ 3 \\ 0 \end{bmatrix}$$

```
> C:=augment(A,B);
```

$$C := \begin{bmatrix} 1 & 1 & -2 & 1 \\ 2 & -1 & 1 & 3 \\ 1 & 1 & 1 & 0 \end{bmatrix}$$

```
> rref(C);
```

$$\begin{bmatrix} 1 & 0 & 0 & \frac{11}{9} \\ 0 & 1 & 0 & -\frac{8}{9} \\ 0 & 0 & 1 & -\frac{1}{3} \end{bmatrix}$$

方法四：

```
>with(linalg):
> A:=matrix([[1,1,-2],[2,-1,1],[1,1,1]]);
```

$$A := \begin{bmatrix} 1 & 1 & -2 \\ 2 & -1 & 1 \\ 1 & 1 & 1 \end{bmatrix}$$

```
> B:=matrix([[1],[3],[0]]);
```

$$B := \begin{bmatrix} 1 \\ 3 \\ 0 \end{bmatrix}$$

```
> multiply(inverse(A),B);
```

$$\begin{bmatrix} \frac{11}{9} \\ -\frac{8}{9} \\ -\frac{1}{3} \end{bmatrix}$$

三、 向量代数

1. 向量的表示

array（[a_1，a_2,...，a_n]）	生成由 a_1，a_2,...，a_n 组成的向量
vector（[a_1，a_2,...，a_n]）	生成由 a_1，a_2,...，a_n 组成的向量
vector（n，[a_1，a_2,...，a_n]）	生成含有 n 个元素 a_1，a_2,...，a_n 的向量
vector（n）	生成含有 n 个元素的向量
vector（n，f）	由函数 f 生成的含有 n 个元素的向量[f(1), f(2), ..., f(n)]
Vector（[a_1，a_2,...，a_n]）	生成由 a_1，a_2,...，a_n 组成的向量
Vector（n，[a_1，a_2,...，a_n]）	生成含有 n 个元素 a_1，a_2,...，a_n 的向量
Vector（n）	生成由 n 个元素 0 组成的向量
Vector（n，f）	由函数 f 生成的含有 n 个元素的向量[f(1), f(2), ..., f(n)]
ZeroVector(n)	生成由 n 个元素 0 组成的向量
$<a_1 \mid a_2 \mid \ldots \mid a_n>$	生成由 a_1，a_2,...，a_n 组成的行向量
$<a_1, a_2, \ldots, a_n>$	生成由 a_1，a_2,...，a_n 组成的列向量

注：（1）在较老版本的 maple 中，使用 vector 命令时首先要加载 linalg 函数库，加载方法为：with（linalg），不过在后来版本的 maple 中不用加载也可用。

（2）在较老版本的 maple 中，使用 Vector 和 ZeroVector 命令时首先要加载 LinearAlgebra 函数库，加载方法为：with（LinearAlgebra），不过在后来版本的 maple 中不用加载也可使用 Vector 命令。

（3）用 Vector[row] 和 Vector[column]可以分别生成行向量和列向量。Vector 缺省创建的是列向量。

（4）可以用下列命令计算向量所包含的元素个数（首先要加载 linalg 函数库）：

vectdim(a)	计算向量 a 所包含的元素个数，即向量的维数

> $array([1, 2, 3, 0, 9])$

$$\begin{bmatrix} 1 & 2 & 3 & 0 & 9 \end{bmatrix}$$

> $vector([3, 1, 7, 5])$

$$\begin{bmatrix} 3 & 1 & 7 & 5 \end{bmatrix}$$

> $vector(5, [1, 2, 3, 9, -5])$

$$\begin{bmatrix} 1 & 2 & 3 & 9 & -5 \end{bmatrix}$$

> $vector(9)$

$$\begin{bmatrix} ?_1 & ?_2 & ?_3 & ?_4 & ?_5 & ?_6 & ?_7 & ?_8 & ?_9 \end{bmatrix}$$

> $f := x \to x^2$

$$x \to x^2$$

> $vector(6, f)$

$$\begin{bmatrix} 1 & 4 & 9 & 16 & 25 & 36 \end{bmatrix}$$

> $\langle 2|3|6|0|8 \rangle$

$$\begin{bmatrix} 2 & 3 & 6 & 0 & 8 \end{bmatrix}$$

> $\langle 1, 2, 3, 4, 5 \rangle$

$$\begin{bmatrix} 1 \\ 2 \\ 3 \\ 4 \\ 5 \end{bmatrix}$$

> $with(LinearAlgebra):$

> $ZeroVector(6)$

$$\begin{bmatrix} 0 \\ 0 \\ 0 \\ 0 \\ 0 \\ 0 \end{bmatrix}$$

> $Vector(3)$

$$\begin{bmatrix} 0 \\ 0 \\ 0 \end{bmatrix}$$

> $Vector[row]([1, 2, 3, 4, 5])$

$$\begin{bmatrix} 1 & 2 & 3 & 4 & 5 \end{bmatrix}$$

> $Vector[column]([1, 2, 3, 4, 5])$

$$\begin{bmatrix} 1 \\ 2 \\ 3 \\ 4 \\ 5 \end{bmatrix}$$

> $with(linalg):$

> $a := vector([2,-1, 5, 7, 9])$

$$\begin{bmatrix} 2 & -1 & 5 & 7 & 9 \end{bmatrix}$$

> $vectdim(a)$

$$5$$

2. 向量的加减运算及数乘运算

A+B	向量 A 与 B 的和
A–B	向量 A 与 B 的差
k*A　或 A*k	数 k 与向量 A 的数乘

注： 可用命令 evalm（v）显示向量 v 的内容。

例如：

> $A := vector([1, 5, 6, 2])$

$$\begin{bmatrix} 1 & 5 & 6 & 2 \end{bmatrix}$$

> $B := vector([2, 0, -3, 9])$

$$\begin{bmatrix} 2 & 0 & -3 & 9 \end{bmatrix}$$

> $A + B$

$$A + B$$

> $evalm(\%)$

$$\begin{bmatrix} 3 & 5 & 3 & 11 \end{bmatrix}$$

> $A - B$

$$A - B$$

> $evalm(\%)$

$$\begin{bmatrix} -1 & 5 & 9 & -7 \end{bmatrix}$$

> $6 \cdot A$

$$6\,A$$

> $evalm(\%)$

$$\begin{bmatrix} 6 & 30 & 36 & 12 \end{bmatrix}$$

3. 向量的内积(点积)

dotprod（a，b）	计算向量 a 与 b 的点积。在使用前，要加载 linalg 函数库，加载方法为：with（linalg）

例如：

> $with(linalg)$:

> $A := vector([1, 5, 2])$

$$\begin{bmatrix} 1 & 5 & 2 \end{bmatrix}$$

> $B := vector([1, 0, 6])$

$$\begin{bmatrix} 1 & 0 & 6 \end{bmatrix}$$

> $dotprod(A, B)$

4．向量的外积(叉积)

crossprod（a，b）	计算向量 a 与 b 的叉积。在使用前，首先要加载 linalg 函数库，加载方法为：with（linalg）

例如：

> $with(linalg)$:

> $A := vector([1, 5, 2])$

$$\begin{bmatrix} 1 & 5 & 2 \end{bmatrix}$$

> $B := vector([1, 0, 6])$

$$\begin{bmatrix} 1 & 0 & 6 \end{bmatrix}$$

> $crossprod(A, B)$

$$\begin{bmatrix} 30 & -4 & -5 \end{bmatrix}$$

5．向量的模与夹角

首先要加载 linalg 函数库，加载方法为：with（linalg）

norm（v，2）	计算向量 v 的模
angle（a，b）	计算向量 a 和 b 的夹角

例如：

> $with(linalg)$:

> $a := vector([2, 0, 6])$

$$\begin{bmatrix} 2 & 0 & 6 \end{bmatrix}$$

> $b := vector([0, 3, 0])$

$$\begin{bmatrix} 0 & 3 & 0 \end{bmatrix}$$

> $norm(a, 2)$

$$2\sqrt{10}$$

> $angle(a, b)$

$$\frac{1}{2}\pi$$

四、 2D绘图

1. 2D 显函数绘图

```
plot(f(x),x=xmin..xmax)
plot(f(x),x=xmin..xmax,y=ymin..ymax)
plot([f1(x),f2(x),f3(x),...],x=xmin..xmax)
plot([f1(x),f2(x),f3(x),...],x=xmin..xmax,y=ymin..ymax)
plot(f(x),x=xmin..xmax,options)
```

例如：

```
> plot(cos(x) + sin(x), x=0..Pi);
```

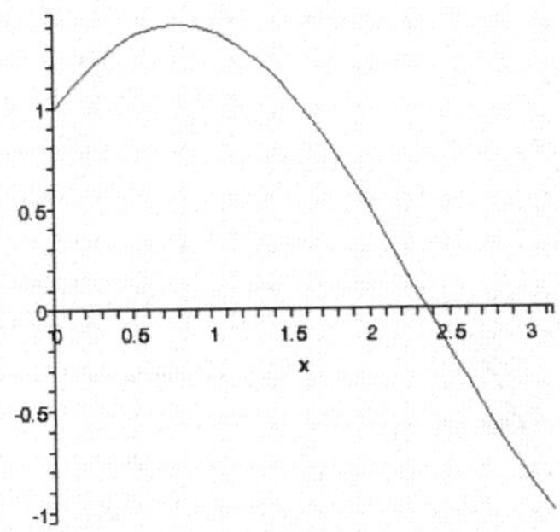


```
> plot(sin(t),t);
```

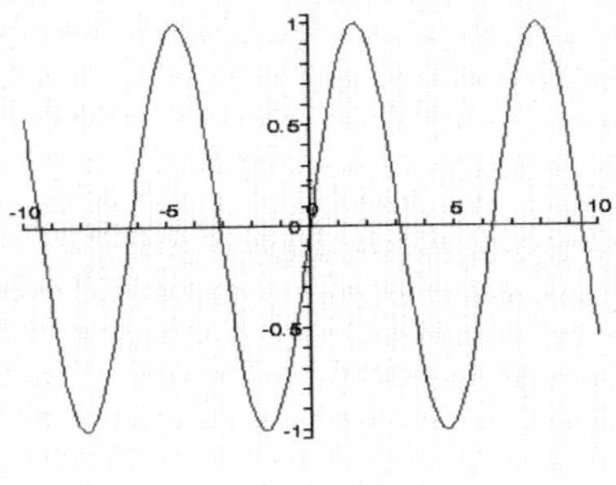

```
> plot(tan(x), x = -2*Pi..2*Pi, y = -4..4, discont = true);
```

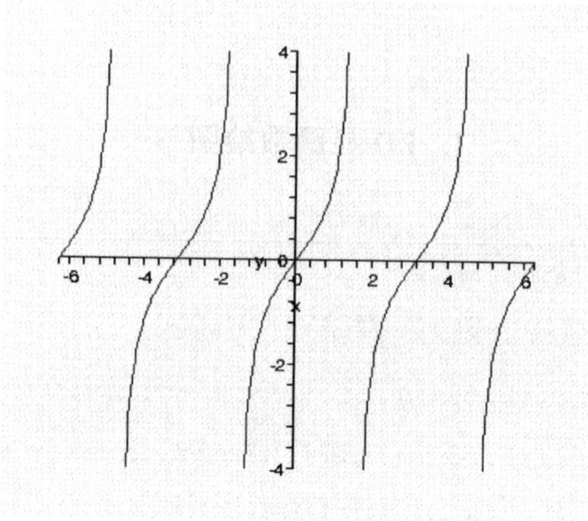


```
> plot([sin(x), x-x^3/6], x=0..2, color=[red,blue],
  style=[point,line]);
```

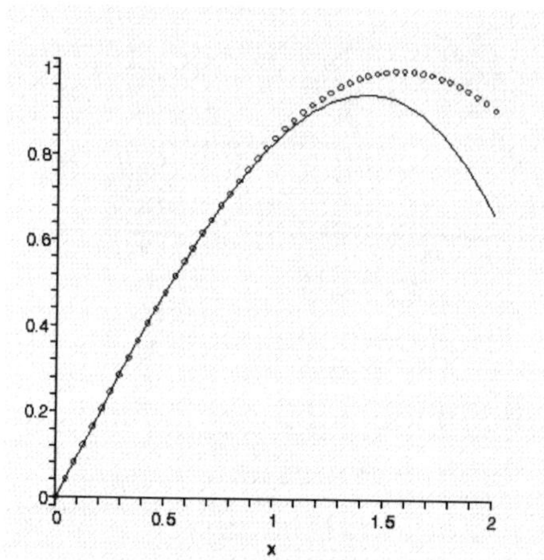

2. 2D 隐函数绘图

首先要加载 plots 绘图函数库，加载方法为： with(plots)

implicitplot(eqn, x=a..b, y=c..d, options)	在指定的范围内，画出方程eqn所表示的曲线
implicitplot({eqn_1,eqn_2,…}, x=a..b, y=c..d, options)	在指定的范围内同时绘制多个隐函数图
implicitplot([eqn_1,eqn_2,…], x=a..b, y=c..d, options)	在指定的范围内同时绘制多个隐函数图

例如：

```
> with(plots):
  implicitplot(x^2+y^2=1, x=-1..1, y=-1..1);
```

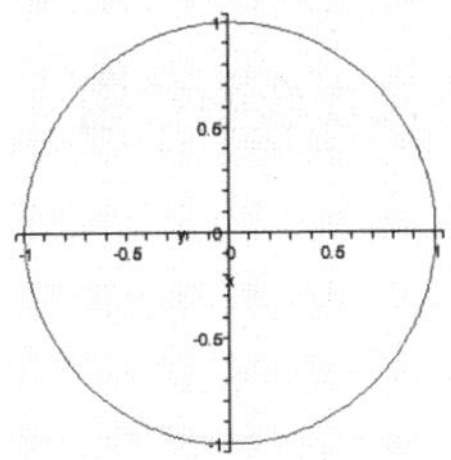

```
> implicitplot({x^2-y^2=1, y=exp(x)}, x=-Pi..Pi,
  y=-Pi..Pi);
```

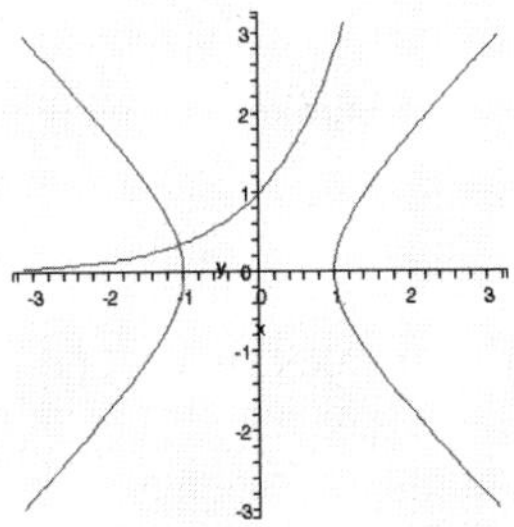

```
> implicitplot([x^2-y^2=1, y=exp(x)], x=-Pi..Pi, y=-Pi..Pi,
  color=[blue, green], legend=[plot1,plot2]);
```

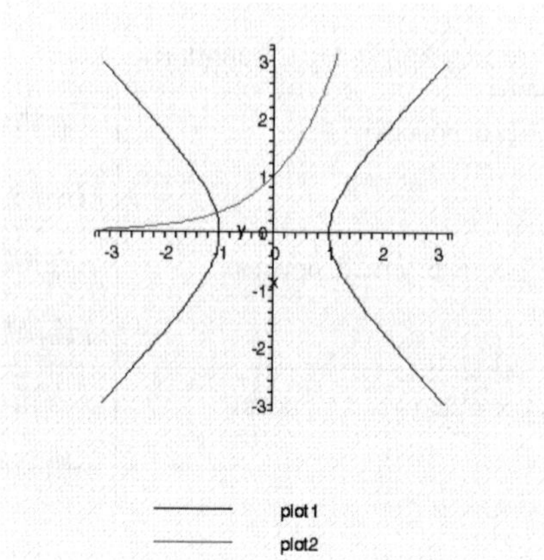

3. 2D 参数绘图

plot([x(t),y(t),t=tmin..tmax])	二维曲线的参数绘图
plot([x(t),y(t),t=tmin..tmax],xmin..xmax,ymin..ymax)	指定二维曲线参数绘图的范围。x 方向从 x_{min} 到 x_{max}，y方向从、y_{min} 到 y_{max}
plot([x(t),y(t),t=tmin..tmax],scaling=CONSTRAINED)	绘制二维曲线的参数图，并保持曲线的“真正形状”，即x，y坐标的比为1：1

plot([[x1(t),y1(t),t=a..b], [x2(t),y2(t),t=c..d],…])	同时绘制多个参数图
plot([[x1(t),y1(t),t=a..b],[x2(t),y2(t),t=c..d],…] ,xmin..xmax, ymin..ymax)	x方向从x_{min}到x_{max}，y方向从y_{min}到y_{max}，同时绘制多个参数图

例如：

```
> plot([5*cos(t),3*sin(t),t=0..2*Pi],scaling=constrained);
```

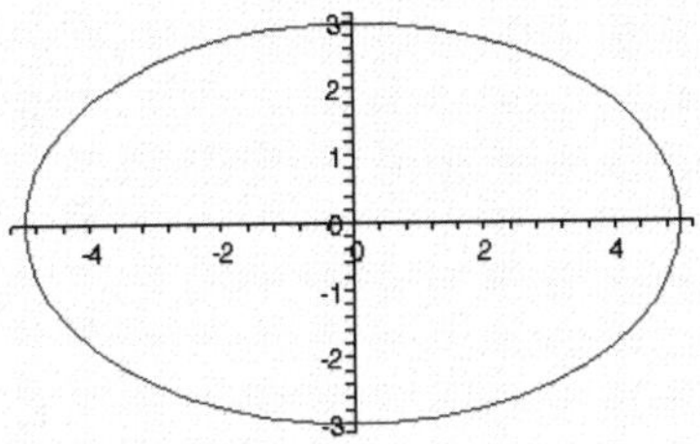


```
> plot([5*cos(t),3*sin(t),t=0..2*Pi],-5..5,0..3,scaling=co
  nstrained);
```

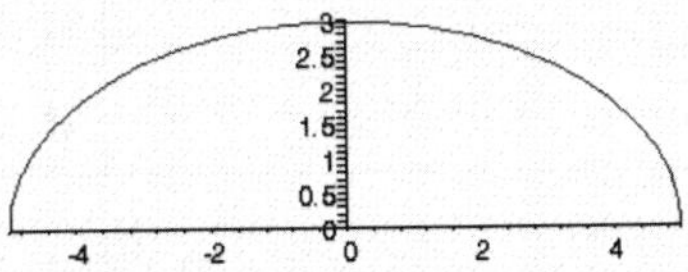

4. 极坐标绘图

plot(r(θ), θ =θ 1..θ 2, coords=polar)	在极坐标系中绘制$r=r(\theta)$的图形，角度θ从θ_1到θ_2
plot([r1(θ), r2(θ), …], θ=θ 1..θ 2, coords=polar)	在同一个极坐标系中同时绘制多个图形
plot({r1(θ), r2(θ), …}, θ=θ 1..θ 2, coords=polar)	在同一个极坐标系中同时绘制多个图形
polarplot(r(θ), θ=θ 1..θ 2, options)	在极坐标系中绘制$r=r(\theta)$的图形，角度θ从θ_1到θ_2，options 为绘图选项，可省略 在使用本命令前先要加载 plots 绘图函数库，加载方法为：with(plots)
polarplot([r1(θ), r2(θ), …], θ=θ 1..θ 2, options)	在同一个极坐标系中同时绘制多个图形 在使用本命令前先要加载 plots 绘图函数库，加载方法为：with(plots)
polarplot({r1(θ), r2(θ), …}, θ=θ 1..θ 2, options)	在同一个极坐标系中同时绘制多个图形 在使用本命令前先要加载 plots 绘图函数库，加载方法为：with(plots)

例如：

```
> plot(2*sin(t),t=0..2*Pi,coords=polar);
```

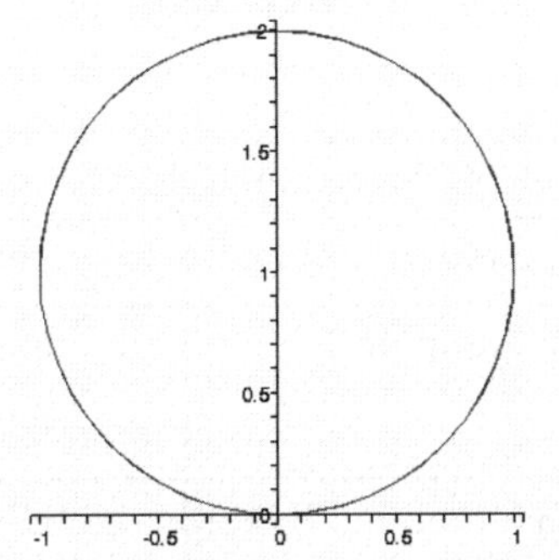

```
> polarplot(cos(t),t=0..4*Pi,color=gold);
```

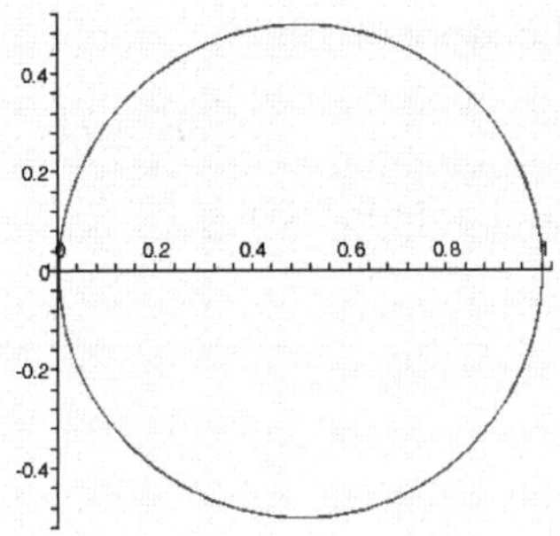

```
> polarplot([cos(t),sin(t)],t=0..4*Pi,color=gold);
```

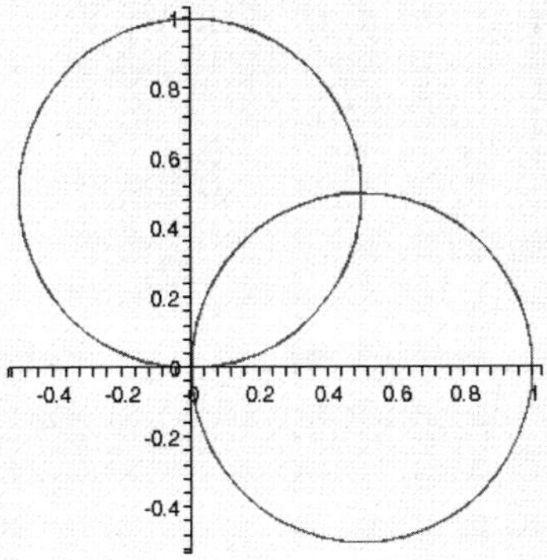

5. 二维散点图

首先要加载 plots 绘图函数库，加载方法为： with(plots)

pointplot([[x1,y1],[x2,y2],…], options)	在二维平面绘点
pointplot([[x1,y1],[x2,y2],…], style=LINE)	在二维平面绘点，并用线段将点连接起来
listplot([y1,y2,y3,...], options)	在二维平面上绘出$[1,y_1],[2,y_2],\ldots$的连线
listplot([y1,y2,y3,...], style=POINT)	在二维平面上绘出点$[1,y_1],[2,y_2],\ldots$的连线
listplot([[x1,y1],[x2,y2],[x3,y3],...],options)	在二维平面上绘出$[x_1,y_1],[x_2,y_2],\ldots$的连线
listplot([[x1,y1],[x2,y2],[x3,y3],...], style=POINT)	在二维平面上绘出点$[x_1,y_1],[x_2,y_2],\ldots$的连线

例如：

```
> with(plots):
> pointplot({[0,1],[1,-1],[3,0],[4,-3]},axes=BOXED);
```

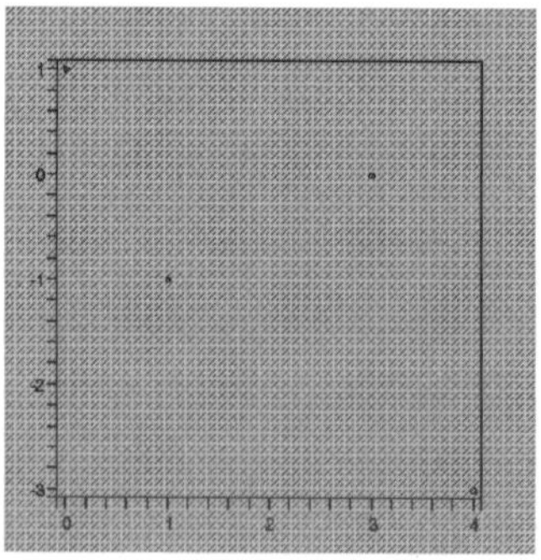

```
> pointplot({[0,1],[1,-1],[3,0],[4,-3]},style=line);
```

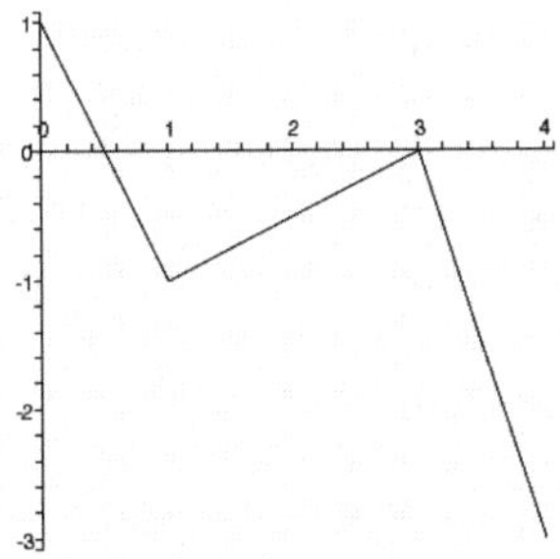


```
> listplot([1,2,3,4,5,6,7,8,9,10], color=red);
```

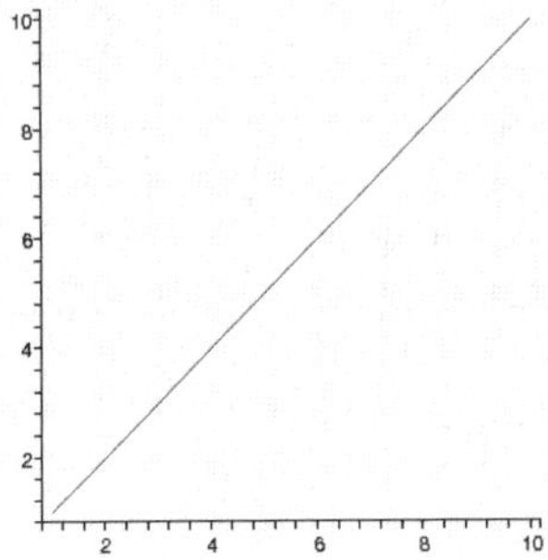


```
> listplot([1,8,3,4,5,6,7,2,9,10], color=red);
```

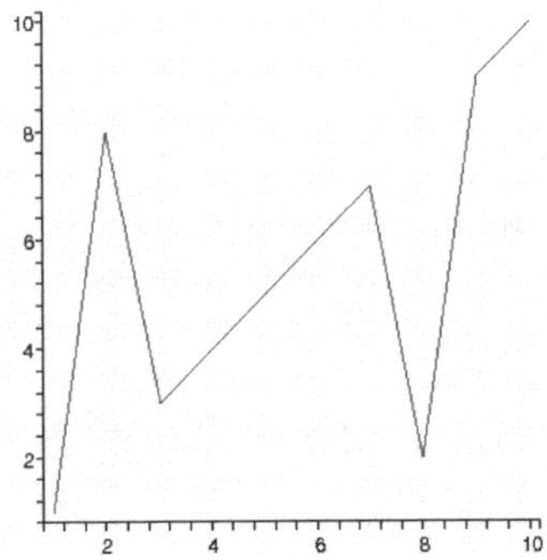


```
> listplot([1,2,3,4,5,6,7,8,9,10], style=point);
```

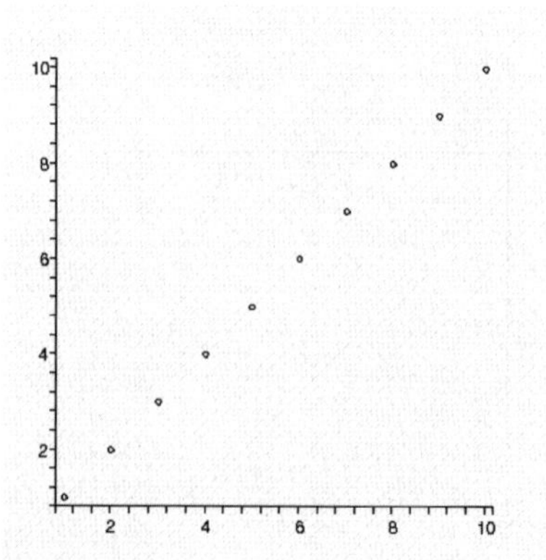

```
> listplot([seq([t^2,cos(t)],t=0..40)]);
```

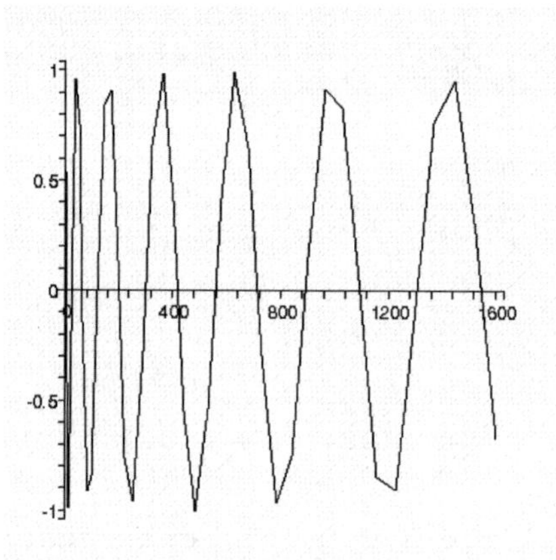

```
> listplot([seq([t^2,cos(t)],t=0..40)],style=point);
```

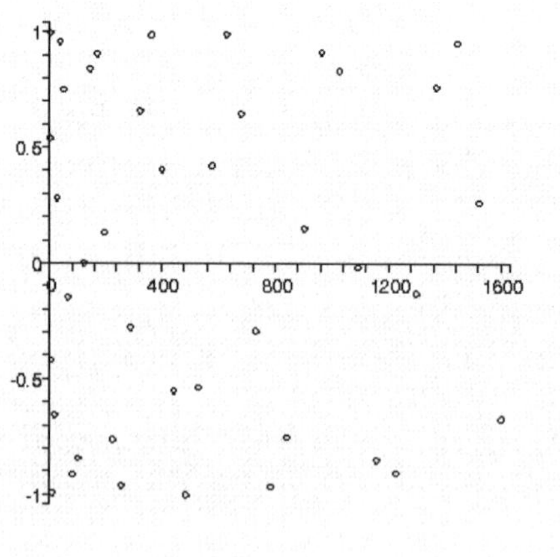

6. 2D 绘图选项

选项必须放在最后面，其使用格式为：option=value

选　　项	说　　明	用　　法
axes	设定坐标轴的显示方式	axes=FRAME：坐标轴在图形的左边与下面 axes=BOXED：坐标轴围绕图形 axes=NORMAL：以一般方式显示 axes=NONE：不显示坐标轴
color	设定图形所要涂的颜色	您可以用 COLOR( )来设定颜色，或是直接取用 Maple 所提供的颜色常数。如 color=COLOR(RGB,0,0,1)或 color=blue 均是设定绘图的颜色为蓝色。您可以键入?plot[color]来查询更多的信息
coords	指定绘图时所使用的坐标系	plot( )指令默认的坐标系为cartesian(直角坐标系) coords=polar：极坐标系 cords=logarithmic：对数坐标系 Maple 提供了 bipolar, cardioid, cassinian, cartesian, elliptic, hyperbolic, invcassinian, invelliptic, logarithmic, logcosh, Maxwell, parabolic, polar, rose, tangent 等 15 种二维坐标系供我们选用。如果需要更多坐标系的信息，您可以在 Maple 中键入"?plot[coords]"来查询更多的信息
discont	设定函数在不连续处是否要用线段连接起来	设定 discont=true，则不连接 plot（）的默认值为 discont=false （连接）

labels	设定坐标轴的名称	设定方式为labels=[x, y]，其中x，y 分别为x与y坐标轴的名称。坐标轴的名称必须为字符串的形式。如果没有设定坐标轴的名称，则默认的坐标轴名称为所绘变量的名称
linestyle	设定所绘线条的线型	linestyle=1：实线（默认值） linestyle=2：以点来表示线条 linestyle=3：虚线 linestyle=4：虚线与点的交错
numpoints	设定产生一个函数图所需的最少样点	默认值为numpoints=50。当您所绘出来的图形不平滑或是有失真时，可以加大numpoints的值来改善图形。其使用格式为：numpoints=n
scaling	x 与 y 轴比例的设定	scaling=constrained：x 与 y 轴尺度的比例为1 : 1 scaling=unconstrained：比值可以随意更改 默认值为scaling=unconstrained
style	设定图形的显示样式	style=LINE：相邻两点以线段连接起来 style=POINT：仅显示点 style=PATCH：用在包含有多边形的图中，显示多边形的颜色与边线 style=PATCHNOGRID：用在包含有多边形的图中，仅显示色彩，不显示多边形的边界 默认值为 style=LINE
symbol	设定点的格式	若设 style=POINT，则可以利用symbol选项来设定点的格式 symbol=BOX：方块 symbol=CROSS：十字 symbol=CIRCLE：圆形 symbol=POINT：点 symbol=DIAMOND：菱形

thickness	设定线条的粗细	您可以设定thickness=0,1,2,3,⋯,15，数值越大，线条越粗。thickness的默认值为0
tickmarks	设定坐标轴刻度的数目	设定tickmarks=[m, n], 则x轴的刻度数目至少为m，y轴的刻度数目至少为n。设为0则不显示任何刻度。m与n必须为正整数或default。设定为default则Maple用默认值来取坐标轴的刻度数目。如果只要设定x轴或y轴的刻度数目，则您可以只更改xtickmarks或ytickmarks选项
title	图形的标题名称	标题名称必须为一字符串，而title的默认值是不显示任何名称。title的使用格式为： title= "要设定的名称" 必须要加双引号
view	设定显示图形的范围	设view=[xmin..xmax, ymin..ymax]，则x轴方向的绘图范围从x_{min}到x_{max}，y轴方向的绘图范围从y_{min}到y_{max}。默认值为全部的曲线均显示出来
xtickmarks ytickmarks	设定坐标轴刻度的数目	设定xtickmarks=m，则x轴的刻度数目至少为m，设为0则不显示任何刻度，若m为一个由数字所组成的串行，则x轴会依这些数字来显示 ytickmarks的用法同xtickmarks

注：如果需要更详尽的说明，则可以键入"?plot[options]"激活在线帮助系统来查询。

您可以用 COLOR（）函数来设定图形的颜色。COLOR（RGB，r，g，b）设定颜色为红（red）、绿（green）与蓝(blue)3 种颜色的混色。r，g，b 的范围必须从 0 到 1，其数值越大代表该颜色越浓。下表列出了 COLOR（RGB，r，g，b）的典型值：

COLOR（RGB，r，g，b）的典型值			
COLOR（RGB，1，0，0）	红色	COLOR（RGB，0，1，0）	绿色
COLOR（RGB，0，0，1）	蓝色	COLOR（RGB，1，1，1）	白色
COLOR（RGB，0，0，0）	黑色	COLOR（RGB，1，1，0）	黄色
COLOR（RGB，0，1，1）	亮蓝色	COLOR（RGB，1，0，1）	紫色

除了使用 COLOR（）函数外，您也可以直接使用 Maple 所提供的颜色常数来指定颜

色。Maple 内建了 24 种颜色供我们使用，下表列出了这些颜色常数：

Maple 所提供的颜色常数					
aquamarine	海洋绿	black	黑色	blue	蓝色
brown	棕色	coral	桃红色	cyan	亮蓝色
gold	金色	green	绿色	gray	灰色
khaki	卡其色	magenta	紫色	maroon	深红褐色
navy	深蓝色	orange	橙色	pink	粉红色
plum	深紫色	red	红色	sienna	浓黄色
tan	茶色	turquoise	天蓝色	violet	紫罗兰色
wheat	麦草色	white	白色	yellow	黄色

例如：

$$plot(\sin(x),\ x=-6..6,\ color=blue)$$

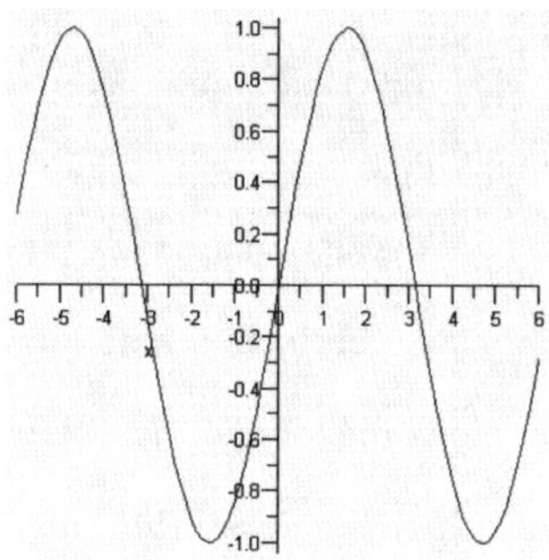

$$plot([\sin(x),\ cos(x)],\ x=-6..6,\ color=[blue,\ red])$$

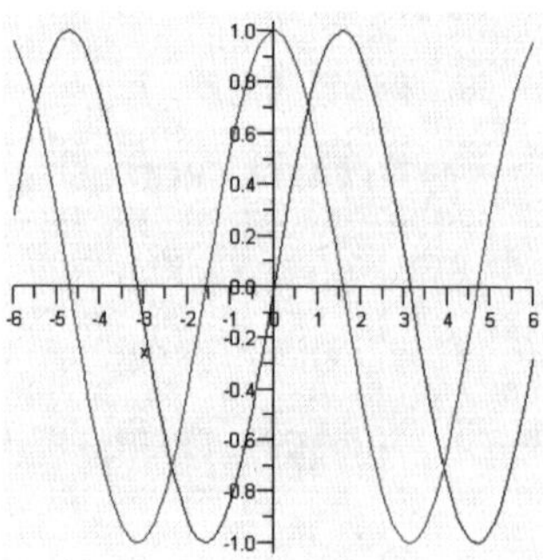

$$plot(\sin(x^2),\ x=0..2\text{Pi},\ axes=BOXED);$$

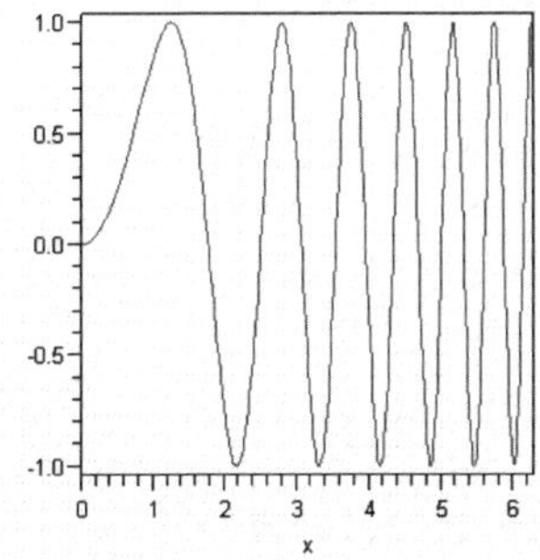

$plot(\sin(x), x = 0..2\pi, title = \text{"sine curve"})$

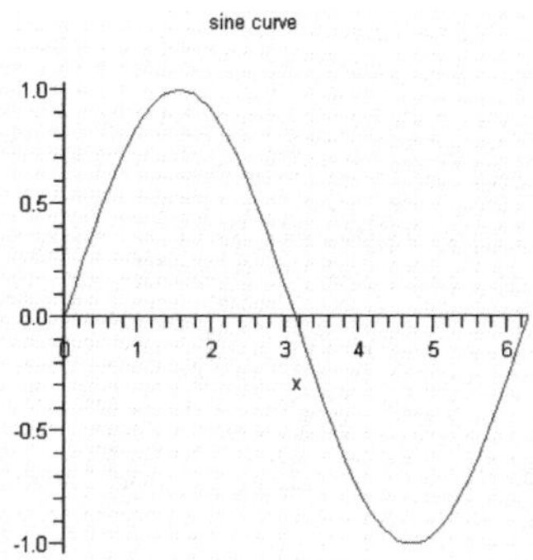

$plot(\sin(x), x = 0..2\pi, labels = [\text{"x value"}, \text{"y value"}])$

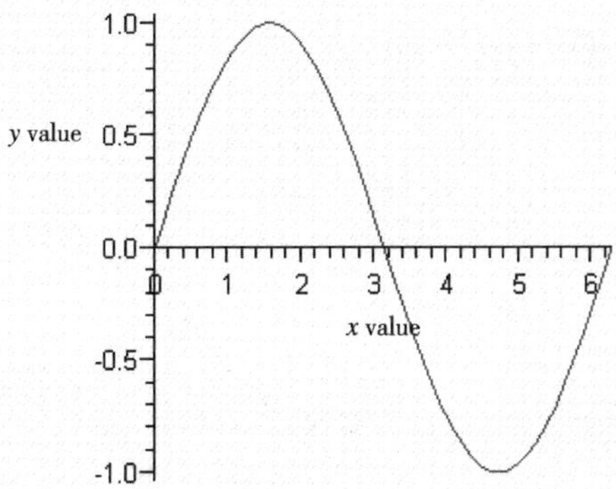

$plot(\cos(x), x = 0..4\text{Pi}, tickmarks = [4, default])$

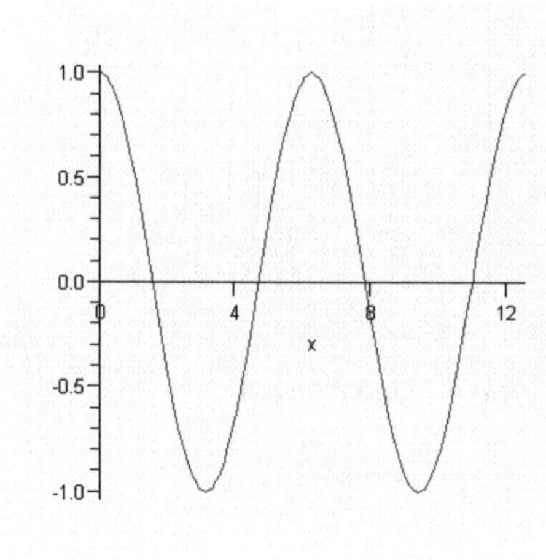

$plot(\cos(x), x = 0..4\pi, ytickmarks = [-0.7, 0.7], thickness = 3)$

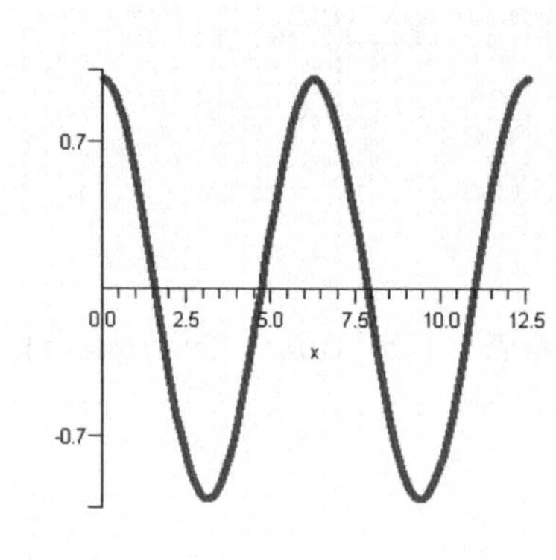

$plot(\cos(x), x = 0..2\text{Pi}, style = point)$

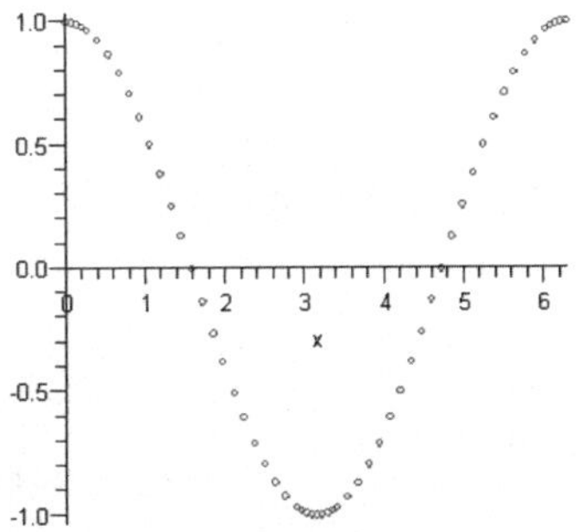

$plot(\cos(x), x = 0..2\pi, style = point, symbol = cross)$

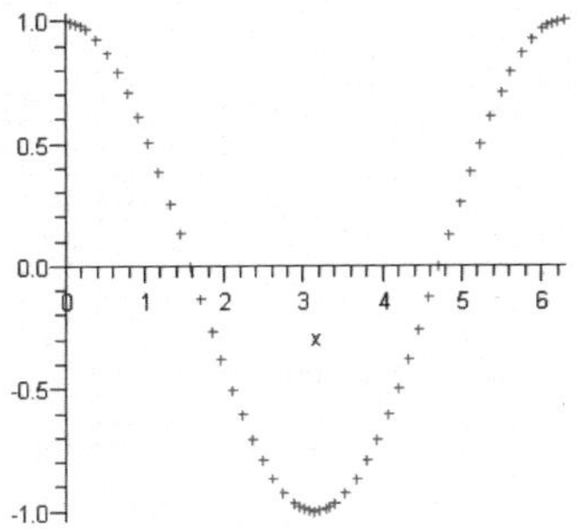

$plot(\sin(8 \cdot x), x = 0..2\text{Pi}, coords = \text{polar}, scaling = constrained)$

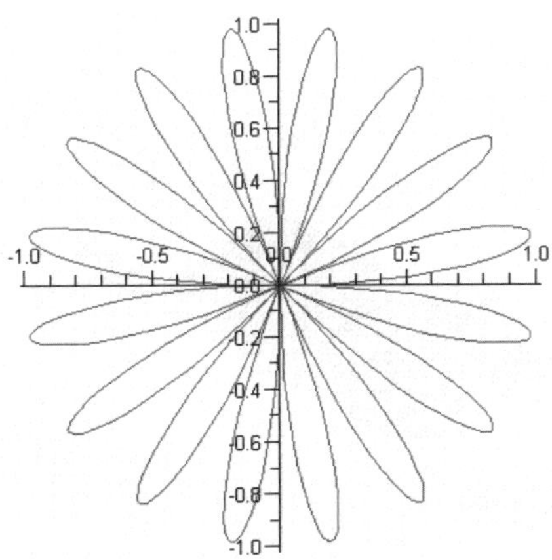

五、3D绘图

1. 3D 显函数绘图

plot3d(f(x, y), x=xmin.. xmax , y=ymin..ymax)	x 从x_{min}到 x_{max}， y从 y_{min}到 y_{max}，绘制函数 $f(x,y)$的图形
plot3d({f(x,y),g(x,y),…},x=xmin..xmax, y=ymin..ymax)	x 从x_{min}到 x_{max}， y从 y_{min}到 y_{max}，同时绘制多个函数 $f(x,y)$，$g(x,y)$, …的图形
plot3d([f(x,y),g(x,y),…],x=xmin..xmax, y=ymin..ymax)	x 从x_{min}到 x_{max}， y从 y_{min}到 y_{max}，同时绘制多个函数 $f(x,y)$，$g(x,y)$, …的图形
plot3d(f(x, y), x=xmin.. xmax , y=ymin..ymax,options)	x 从x_{min}到 x_{max}， y从 y_{min}到 y_{max}，加入绘图选项options来绘制函数 $f(x,y)$的图形

例如：

$>plot3d(x+y^3, x=-5..5, y=-3..3)$

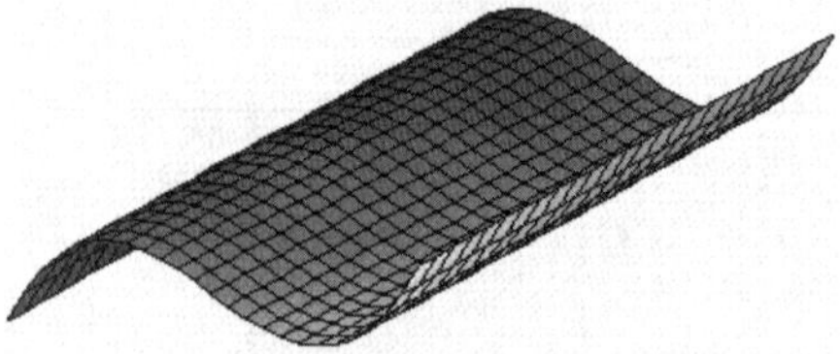

$> plot3d(\{x^2-y^2, 3\cdot x+y\}, x=-3..3, y=-3..3)$

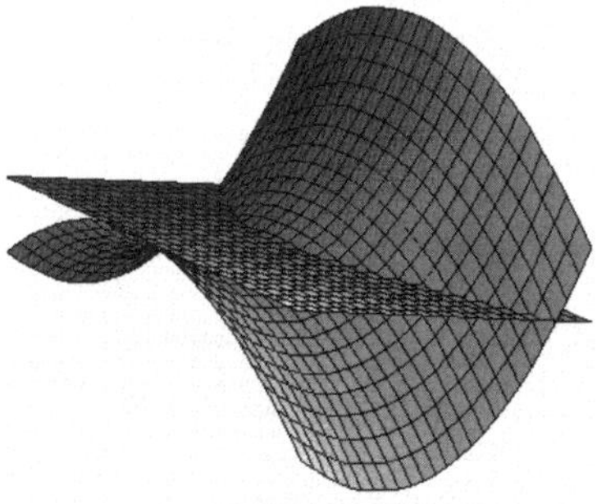

$> plot3d([x^2+y^2, x+y], x=-3..3, y=-3..3)$

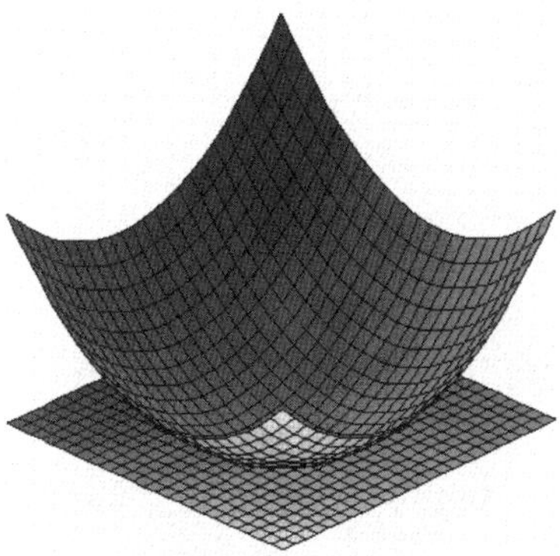

$> plot3d(x^3+y^3, x=-2..2, y=-2..2, axes=boxed, color=blue)$

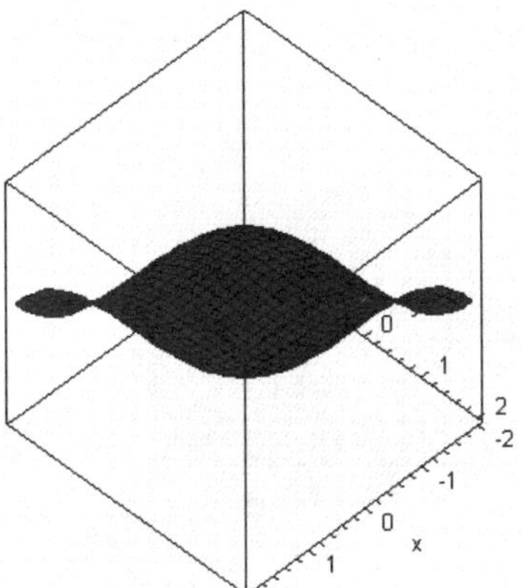

2．3D 隐函数绘图

首先要加载 plots 绘图函数库，加载方法为： with(plots)

implicitplot3d(eqn, x=a..b, y=c..d, z=p..q , options)	在指定的范围内，画出方程eqn所表示的三维隐函数图
implicitplot3d({eqn_1,eqn_2,…}, x=a..b, y=c..d, z=p..q ,options)	在指定的范围内同时绘制多个三维隐函数图
implicitplot3d([eqn_1,eqn_2,…], x=a..b, y=c..d, z=p..q ,options)	在指定的范围内同时绘制多个三维隐函数图

例如：

> *with* (*plots*) :

> $implicitplot3d\left(x^2+y^2-z, x=-3..3, y=-2..2, z=-5..5\right)$

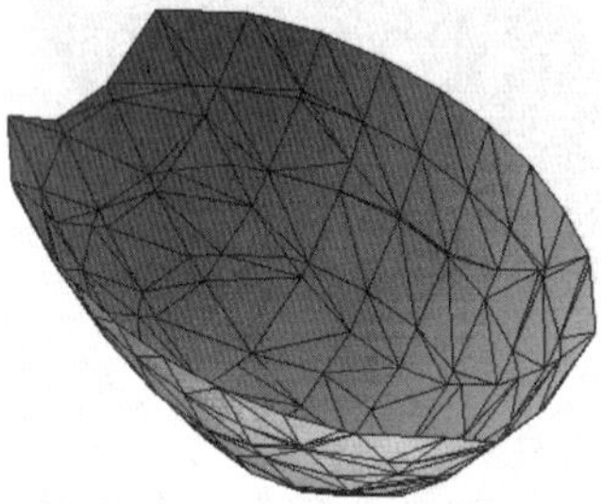

> $implicitplot3d\left(\left\{x^2+y^2-z, x-y-z\right\}, x=-3..3, y=-2..2, z=-5..5\right)$

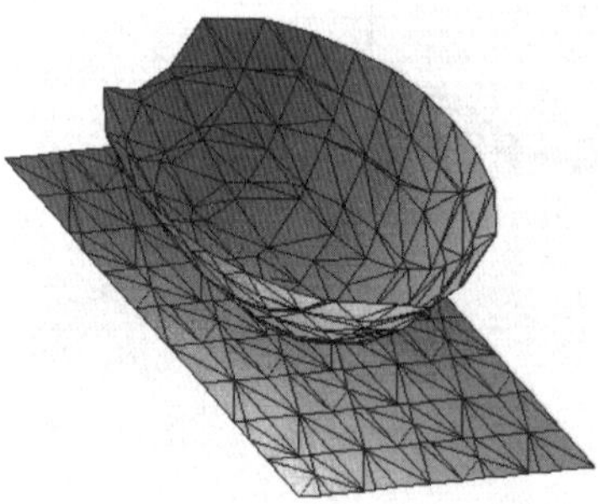

3．3D 参数绘图（空间曲线、曲面的参数绘图）

plot3d([f(u,v), g(u,v), h(u,v)],u=umin..umax, v=vmin..vmax)	绘制三维的空间曲面参数图
plot3d([f(u,v), g(u,v), h(u,v)],u=umin..umax, v=vmin..vmax, options)	绘制三维的空间曲面参数图，并加入选项
spacecurve([x(t),y(t),z(t),t=a..b, options])	空间曲线的参数绘图。在使用前，首先要加载plots绘图函数库，加载方法为：with（plots）
spacecurve({[x1(t),y1(t),z1(t),t=a..b,options], [x2(t),y2(t),z2(t),t=c..d,options],…})	同时绘制多条空间曲线，并且每条曲线使用不同的参数范围和不同的选项。在使用前，首先要加载plots绘图函数库，加载方法为：with（plots）
spacecurve({[x1(t),y1(t),z1(t)], [x2(t),y2(t),z2(t)],…}, t=a..b,options)	同时绘制多条空间曲线，并且每条曲线使用相同的参数范围和相同的选项。在使用前，首先要加载plots绘图函数库，加载方法为：with（plots）

例如：

$> plot3d([u, v^2, u+v], u=-2..2, v=-3..3)$

$> spacecurve([t^3, t, t^2-6, t=0..2])$

$$spacecurve([t^3, t, t^2-6, t=0..2])$$

$> with(plots):$

$spacecurve([sin(t), cos(t), t^2-6, t=0..200])$

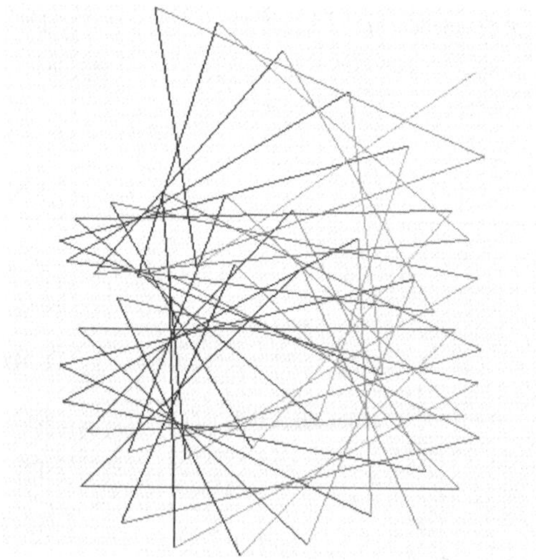

4．3D 绘图选项

基本格式：option=value

选　项	说　明	用　法
axes	设定坐标轴的显示方式	您可以设定axes为： FRAME：坐标轴为图形的三个外边 BOXED：坐标轴围绕图形 NORMAL：以一般方式显示 NONE：不显示坐标轴 默认值为NONE
color	设定图形所用的颜色	您可以用COLOR（ ）来设定颜色，或是直接取用Maple所提供的颜色常数。除此以外，也可以用颜色函数（color function）来选色
contours	设定等高线的数目，或是设定等高线的值	若设contours=n， n为一整数，则设定三维函数等高线的数目为n。若n为一串行，则指定等高线的值为串行内元素的值
coords	指定绘图时所使用的坐标系统	plot3d（ ）指令默认的坐标系为rectangular（直角坐标系）。 常用的三维坐标系还有： spherical：球面坐标系 cylindrical：柱面坐标系 您可以键入“?plot3d[coords]”来查询更多的信息
grid	设定曲面是由多少个样点所组成的	grid=[m, n]，设定曲面在一坐标轴方向取m个等距样点，在另一个坐标轴方向取n个等距样点来绘图
gridstyle	设定网格的形状	设定 gridstyle=rectangular 则使用方形网格，设定gridstyle=triangular则使用三角形网格
labels	设定坐标轴的名称	设定方式为：labels=[x,y,z]，其中x, y, z分别为x,y,z坐标轴的名称。坐标轴的名称必须为字符串的形式。如果

		没有设定坐标轴的名称，则默认的名称为所绘变量的名称
linestyle	设定所绘线条的线型	linestyle=1：实线（默认值） linestyle=2：以点来表示线条 linestyle=3：虚线 linestyle=4：虚线与点的交错
numpoints	设定产生一个三维函数图形时所需的最少样点	默认值为numpoints=625（625=25^2）。当您所绘出来的图形不平滑，或是三维函数较复杂而无法表示其细微处的结构时，可以加大numpoints的值来改善图形。plot3d（）会取numpoints开根号所得的值作为每一个坐标轴方向的样点数来绘图
orientation	设定观看图形的角度（视角）	默认值为orientation=[45,45]。通常设定视角最佳的方法是用鼠标拖拽的方法来改变图形的视角。而以orientation选项来设定通常是用在编写Maple程序时
projection	设定投影的模式	projection=a为设定投影的模式，其中a的值必须介于0与1之间。1代表等角投影，而0代表广角投影。默认值为等角投影
scaling	x、y、z轴比例的设定	scaling=CONSTRAINED：x、y、z轴尺度的比例为1：1：1 scaling= UNCONSTRAINED：比值可以随意更改 默认值为scaling= UNCONSTRAINED
shading	设定曲面着色的方式	默认值为shading=XYZ。此外，您也可以选择XY、Z、ZGREYSCALE、ZHUE、NONE等着色方式
style	设定图形的显示样式	三维图形的style选项有POINT，HIDDEN，PATCH，PATCHCONTOUR，WIREFRAME，LINE，CONTOUR，PATCHNOGRID等。默认值为PATCH，即每一小网格以颜色填满，并且显示边界

symbol	设定点的格式	若设style=POINT，则可以用symbol选项来设定点的格式： symbol=BOX：方块 symbol=CROSS：十字 symbol=CIRCLE：圆形 symbol= POINT：点 symbol=DIAMOND：菱形
thickness	设定线条的粗细	您可以设定thickness等于0，1，2，3等。数值越大，代表线条越粗。thickness的默认值为0
tickmarks	设定坐标轴的刻度数目	设定tickmarks=[k,m,n]，则x轴的刻度数目至少为k，y轴的刻度数目至少为m，z轴的刻度数目至少为n。设0则不显示任何刻度。k,m,n必须为正整数或default。设定tickmarks=default，则用默认值来取坐标轴的刻度数目
title	图形的标题名称	图形的标题名称必须为一字符串，默认值为不显示任何名称
view	设定显示图形的范围	如果设定view=zmin..zmax，则限制z轴方向的绘图范围从 zmin至 zmax。设定 view=[xmin..xmax, ymin..ymax, zmin..zmax]，则依设定的范围来显示图形。默认值为全部的曲面均显示出来

例如：

$$plot3d\left(\sin\left(\frac{1}{x^2+y^2}\right), x=-1..1, y=-2..2\right)$$

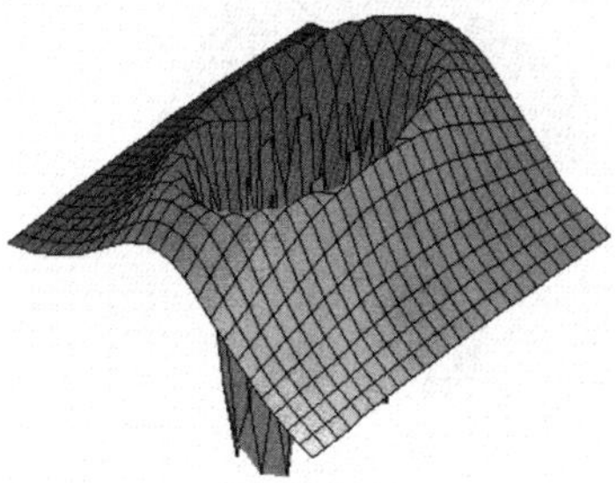

$$plot3d\left(\sin\left(\frac{1}{x^2+y^2}\right), x=-1..1, y=-2..2, linestyle=2\right)$$

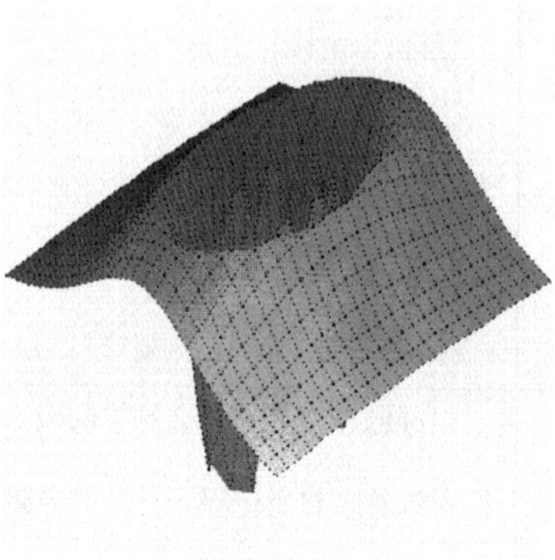

$$plot3d\left(\sin\left(\frac{1}{x^2+y^2}\right), x=-1..1, y=-2..2, view=-3..3\right)$$

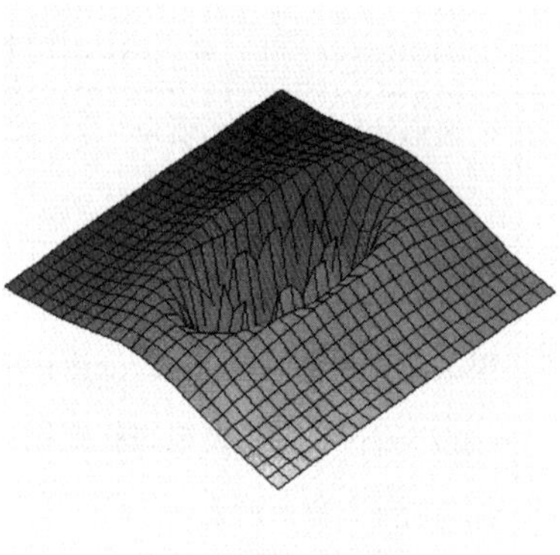

$$plot3d\left(\sin\left(\frac{1}{x^2+y^2}\right), x=-1..1, y=-2..2, axes=normal\right)$$

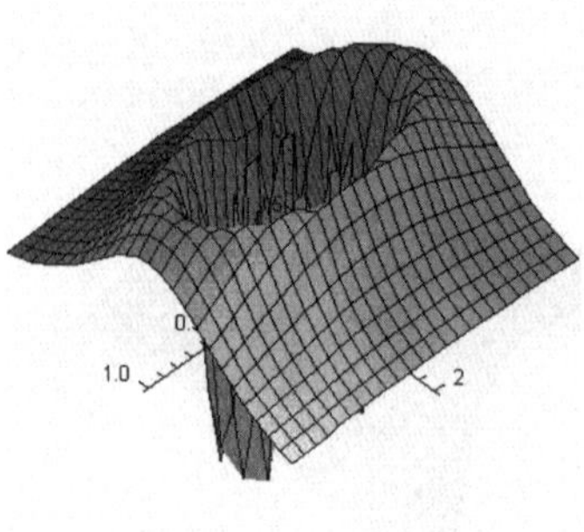

$$plot3d\left(\sin\left(\frac{1}{x^2+y^2}\right), x=-1..1, y=-2..2, style=wireframe\right)$$

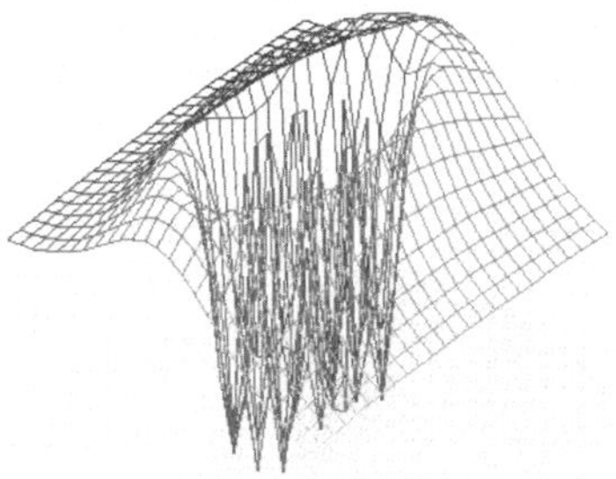

$$plot3d\left(\sin\left(\frac{1}{x^2+y^2}\right), x=-1..1, y=-2..2, orientation=[90, 90]\right)$$

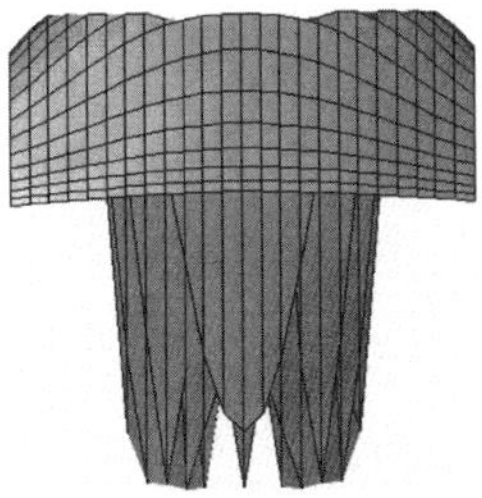

$$plot3d\left(\sin\left(\frac{1}{x^2+y^2}\right), x=-1..1, y=-2..2, numpoints=2500\right)$$

$$plot3d\left(\sin\left(\frac{1}{x^2+y^2}\right), x=-1..1, y=-2..2, grid=[10, 50]\right)$$

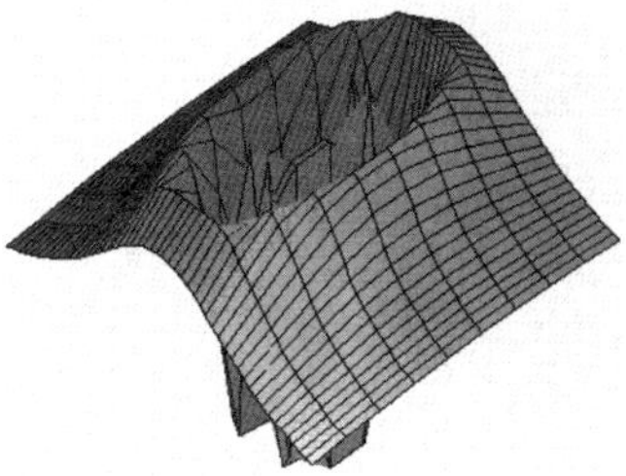

$$plot3d\left(\sin\left(\frac{1}{x^2+y^2}\right), x=-1..1, y=-2..2, gridstyle=triangular\right)$$

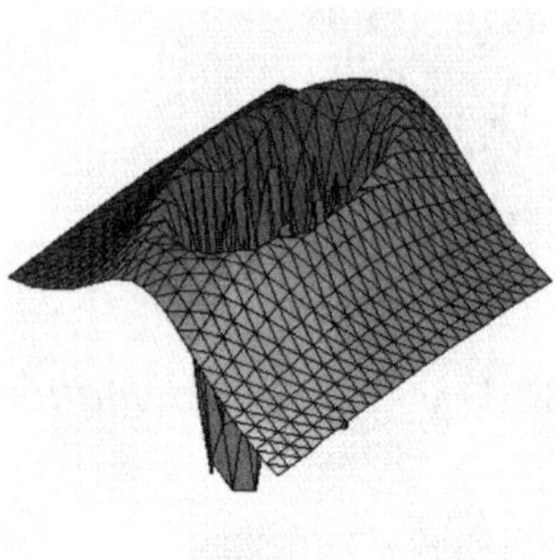

$$plot3d\left(\sin\left(\frac{1}{x^2+y^2}\right), x=-1..1, y=-2..2, shading=NONE\right)$$

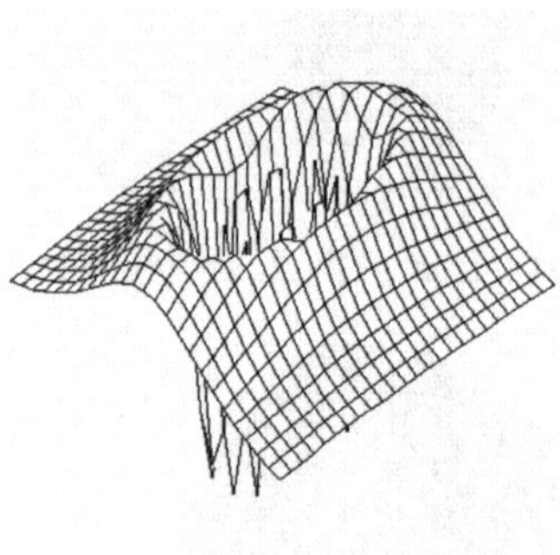

$$plot3d\left(\sin\left(\frac{1}{x^2+y^2}\right), x=-1..1, y=-2..2, projection=0.1\right)$$

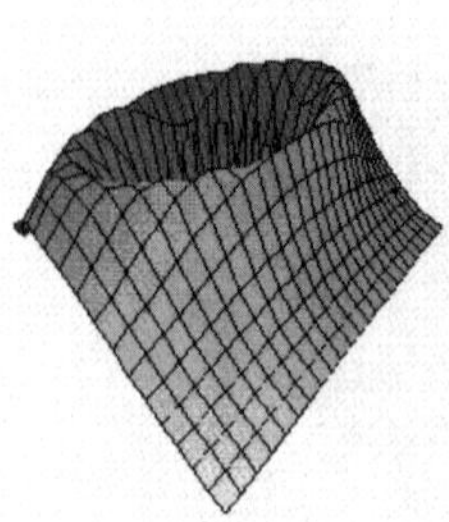

习题答案

第一章

习题 1－1

1. （1）$[0,3]$　（2）$(-\infty,5)$

2. （1）$f(\frac{1}{10})=-\frac{\pi}{2}$，$f(1)=0$，$f(10)=\frac{\pi}{2}$

   （2）$f(-2)=-1$，$f(0)=3$，$f[f(-1)]=2$

3. （1）不同（略）　（2）相同

4. （1）偶函数　（2）既非奇函数也非偶函数　（3）奇函数

   （4）奇函数

5. （1）周期函数，2π　（2）周期函数，π

   （3）周期函数，π　（4）非周期函数

6. （1）$y=\log_2(x-1)$　（2）$y=\frac{x-1}{x+1}$

7. $f[\varphi(x)]=\sin^3 2x-\sin 2x$，$\varphi[f(x)]=\sin 2(x^3-x)$

8. （1）$y=\sin u$，$u=2x$　（2）$y=e^u$，$u=\frac{1}{x}$

   （3）$y=u^2$，$u=\cos v$，$v=3x$　（4）$y=u^3$，$u=\ln v$，$v=x^2+1$

   （5）$y=e^u$，$u=\sin v$，$v=3x$　（6）$y=\arcsin u$，$u=\lg v$，$v=2x+1$

9. $V=\pi h\left(r^2-\frac{h^2}{4}\right)$，$h\in(0,2r)$

习题 1－2

1. （略）

2. （1）$x=0$ 极限不存在　（2）$x=1$ 极限存在

3. （1）C　（2）A

4. （1）$g(0^+)=1$，$g(0^-)=1$　（2）$\lim\limits_{x\to 0}g(x)=1$，存在

5. $\lim\limits_{x\to 0}f(x)=0$，$\lim\limits_{x\to 1}f(x)$不存在，$\lim\limits_{x\to 2}f(x)=1$

习题 1－3

1. (1) $x\to\infty$　(2) $x\to\frac{1}{2}$　(3) $x\to-\infty$　(4) $x\to 0^-$

2. (1) $x\to 0$　(2) $x\to\infty$　(3) $x\to+\infty$　(4) $x\to 0^+$

3. (1) 0　(2) 0

习题 1－4

(1) $-\frac{5}{3}$　(2) 0　(3) ∞　(4) 2　(5) 0　(6) $2x$　(7) $-\frac{1}{2}$

(8) 0　(9) 6　(10) $\frac{1}{2}$　(11) 1　(12) $\sqrt{2}$

习题 1－5

1. (1) $\sqrt{3}$　(2) 0　(3) $1-e^2$　(4) $\frac{2}{\pi}$

　(5) 2　(6) 1　(7) $\frac{1}{2}$　(8) 1

2. $a=1$

3. $a=1$

4. 在$[0,1)$，$(1,+\infty)$连续，在 $x=1$ 处间断。

习题 1－6

1. (1) 1　(2) $-\sqrt{2}$　(3) 2　(4) 2　(5) $\frac{1}{e}$　(6) $\frac{3}{2}$

　(7) -2　(8) $\frac{1}{e^5}$　(9) 2　(10) 0　(11) 2

　(12) $e^{-\frac{1}{3}}$　(13) $e^{-\frac{1}{2}}$　(14) 1　(15) e^6　(16) 1

2. $f(x)$在 $x=0$ 处可连续。

3. (1) 0　(2) 1

4. $k=1$

第二章

习题 2－1

1. 比热 $C(T)=f'(T)$。

2. 加速度 $a(t)=v'(t)$。

3. （1） $-f'(x_0)$ （2） $2\sqrt{x_0}f'(x_0)$

4. （1）切线方程 $y=\frac{x}{e}$；法线方程 $y-1=-e(x-e)$。

（2）切线方程 $y+\frac{\sqrt{2}}{2}=\frac{\sqrt{2}}{2}\left(x-\frac{5\pi}{4}\right)$ 或 $y-\frac{\sqrt{2}}{2}=\frac{\sqrt{2}}{2}\left(x-\frac{7\pi}{4}\right)$

法线方程 $y+\frac{\sqrt{2}}{2}=-\sqrt{2}\left(x-\frac{5\pi}{4}\right)$ 或 $y-\frac{\sqrt{2}}{2}=-\sqrt{2}\left(x-\frac{7\pi}{4}\right)$

习题 2-2

1. （1） $4+\frac{4}{x^3}$ （2） $\frac{7}{8}x^{-\frac{1}{8}}$

（3） $3x^2\cos x-x^3\sin x$ （4） $\sec^3x+\tan^2x\sec x$

（5） $(\theta+1)e^{\theta}\cot\theta-\theta e^{\theta}\csc^2\theta$ （6） $\frac{\sin t-\cos t+1}{(1+\sin t)^2}$

（7） $\frac{1}{\sqrt{x}}+\frac{1}{x^2}+3^x\ln 3$ （8） $x-3+\frac{1}{x}+(2x-3)\ln x$

（9） $\frac{2+\ln x}{2\sqrt{x}}$ （10） $\frac{-2(x+\sqrt{x})\csc^2x-\cot x}{2\sqrt{x}(1+\sqrt{x})^2}$

2. （1） $2x^3$ （2） $3x+\frac{1}{2}x^2$

（3） $\sec x$ （4） $\log_3x$

（5） $\frac{2}{3}x^{\frac{3}{2}}-\ln x$ （6） $3\cdot 2^x$

3. $x+y+3=0$

4. $M(1,2)$

习题 2-3

1. （1） $-\cos x$，$e^{-\cos x}\sin x$ （2） $\frac{1}{\csc x-\cot x}$，$\csc x$

（3） $\sin^3 2x$，$6\sin^2 2x\cos 2x$ （4） $2f(\tan x)$

2. （1） $-2\sin\left(2x+\frac{\pi}{5}\right)$ （2） $10(x^2-2x-1)^4(x-1)$

（3） $e^{-x}(3\sec^2 3x-\tan 3x)$ （4） $\frac{2^x\ln 2}{1+2^x}$

（5） $2\sin(4x-2)$ （6） $-\frac{x}{\sqrt{1-x^2}}$

(7) $\frac{1}{2x}\cdot\frac{(1-x^2)}{1+x^2}$ (8) $\frac{-1}{(x^2-1)^{\frac{3}{2}}}$

(9) $2x\sec^2(x^2+1)\sec2x+2\tan(x^2+1)\sec2x\tan2x$

(10) $-\frac{1}{x^2}e^{\tan\frac{1}{x}}\sec^2\frac{1}{x}$ (11) $(1+x)^{-\frac{2}{3}}x^2$

(12) $\frac{24}{x}(\ln x)^2$ (13) $n\sin^{n-1}x\cos(n+1)x$

(14) $\csc x$ (15) $(\ln3)3^{\sin x}\cos x$

(16) $\sec^2\frac{x}{5}$

3. (1) $3(\frac{\pi}{2}-1)$ (2) 0

4. (1) $\frac{2f'(2x)}{f(2x)}$ (2) $2e^xf(e^x)f'(e^x)$

习题 2－4

1. (1) $-\frac{\sqrt{y}}{\sqrt{x}}$ (2) $\frac{x+y}{x-y}(x-y\neq0)$

(3) $y'=\frac{x}{y}$ (4) $-\frac{1}{2}$

(5) $\frac{y-y^2}{xy-1}$ (6) $\frac{-y\sin(xy)}{1+x\sin(xy)}$

2. $y+1=-\frac{16}{9}(x+1)$

3. (1) $-(1+\cos x)^{\frac{1}{x}}\frac{x\tan\frac{x}{2}+\ln(1+\cos x)}{x^2}$

(2) $(x-1)\cdot\sqrt[3]{\frac{(x-2)^2}{x-3}}\left[\frac{1}{x-1}+\frac{2}{3}\cdot\frac{1}{x-2}-\frac{1}{3(x-3)}\right]$

4. (1) $\frac{\sin t+t\cos t}{\cos t-t\sin t}$ (2) 2 (3) $-\frac{b}{a}\tan t$

习题 2－5

1. (1) $\frac{2}{x^3}+2^x\ln^2 2$ (2) $\frac{-a^2}{(a^2-x^2)^{\frac{3}{2}}}$

(3) $e^{-t}(4\sin2t-3\cos2t)$ (4) $2x(2x^2+3)e^{x^2}$

(5) $-\dfrac{1+x^2}{(x^2-1)^2}$ (6) $\dfrac{2(\sqrt{1-x^2}-x\arccos x)}{(1-x^2)^{\frac{3}{2}}}$

2. (1) $2^{n-1}\sin[2x+\dfrac{(n-1)\pi}{2}]$ (2) $2(-1)^n n!\dfrac{1}{(1+x)^{n+1}}$

(3) $(-1)^n(n-2)!\dfrac{1}{x^{n-1}}$ (4) $(-1)^n(x-n)e^{-x}$

习题2-6

1. $\Delta x=-0.1$ 时，$\Delta y=+1.141$，$dy=-1.2$；$\Delta x=0.01$ 时，$\Delta y=0.1206$，$dy=0.12$

2. (1) $dy=\dfrac{dx}{(1-x)^2}$ (2) $dy=\dfrac{1}{2}\cot\dfrac{x}{2}dx$

(3) $dy=\dfrac{-x}{|x|\sqrt{1-x^2}}dx$ (4) $dy=e^{-x}[\sin(3-x)-\cos(3-x)]dx$

(5) $dy=\dfrac{4x^3y}{2y^2+1}dx$ (6) $dy=\dfrac{3}{3x+1}\sin[2\ln(3x+1)]dx$

3. (1) $\dfrac{x^2}{2}$ (2) $\ln(1+x)$

(3) $-\dfrac{\cos 2x}{2}$ (4) $-\dfrac{e^{-3x}}{3}$

(5) $\dfrac{1}{1+e^{4x}}$，$\dfrac{2e^{2x}}{1+e^{4x}}$ (6) $\cos(\cos x)$，$-\sin x\cos(\cos x)$

(7) $-\dfrac{1}{3}\cos(1-x^3)$，$-\dfrac{1}{3}\sin(1-x^3)$

4. $-\dfrac{(x-y)^2}{(x-y)^2+2}dx$，$-\dfrac{(x-y)^2}{(x-y)^2+2}$

5. (1) 1.0349 (2) 2.7455 (3) 9.9867 (4) 0.001 (5) 0.7954

6. 2.228 cm

7. $-43.63\ cm^2$，$104.72\ cm^2$

第三章

习题3-1

(1) 单调增加区间$(-\infty,0)$，$(2,\infty)$，单调减少区间$(0,2)$。

(2) 单调增加区间$(-\infty,1)$，单调减少区间$(1,\infty)$。

（3）单调增加区间$\left(\frac{1}{2},\infty\right)$，单调减少区间$(-\infty,\frac{1}{2})$。

（4）单调增加区间$(0,2)$，单调减少区间$(-\infty,0)\cup(2,\infty)$。

（5）单调增加区间$(-\infty,0)$，单调减少区间$(0,\infty)$。

（6）单调增加区间$\left(\frac{\pi}{3},\frac{5\pi}{3}\right)$，单调减少区间$\left(0,\frac{\pi}{3}\right)$，$\left(\frac{5\pi}{3},2\pi\right)$。

习题3－2

1. （1）$y_{极大}=y(-2)=25$，$y_{极小}=y(1)=-2$

   （2）$y_{极大}=y(0)=-2$，$y_{极小}=y(2)=2$

   （3）$y_{极小}=y\left(\frac{1}{e}\right)=-\frac{1}{e}$

   （4）y单调增加无极值

2. $a=-\frac{2}{3}$，$b=-\frac{1}{6}$。$f(x)$在$x=1$取得极小值，在$x=2$取得极大值。

3. （1）在$x=-1$处有最大值3，在$x=1$有最小值1。

   （2）在$x=3$处有最大值11，在$x=2$处有最小值-14。

   （3）在$x=3$处有最大值4，在$x=0$处有最小值1。

   （4）在$x=-\frac{\pi}{2}$处有最大值$\frac{\pi}{2}$，在$x=\frac{\pi}{2}$处有最小值$-\frac{\pi}{2}$。

4. $2\pi\sqrt{\frac{2}{3}}$

5. 负载电阻的数值为r，输出功率的最大值为$\frac{E^2}{4r}$

6. $14°2'$

7. $r=2\text{ m}$，$h=4\text{ m}$

习题3－3

1. （1）凸区间$(-\infty,2]$，凹区间$[2,+\infty)$，拐点$(2,12)$。

   （2）凹区间$[e^{-\frac{3}{2}},+\infty)$，凸区间$(0,e^{-\frac{3}{2}}]$，拐点$(e^{-\frac{3}{2}},-\frac{3}{2}e^{-3})$。

   （3）凹区间$(-\infty,-6]$，$[0,6]$，凸区间$[-6,0]$，$[6,+\infty)$；拐点$\left(-6,-\frac{9}{2}\right)$，$(0,0)$，$\left(6,\frac{9}{2}\right)$。

   （4）凹区间$(-3,+\infty)$，凸区间$(-\infty,-3)$；无拐点。

2. $a=1$，$b=-3$

3. （1）垂直渐近线 $x=1$，水平渐近线 $y=1$。

（2）垂直渐近线 $x=\pm 1$，水平渐近线 $y=0$。

4. （略）

5. （1）$\dfrac{e^{\frac{x}{a}}+e^{-\frac{x}{a}}}{2}dx$　（2）$2a\left|\sin\dfrac{t}{2}\right|dt$

习题 3－4

（1）$-\dfrac{3}{5}$　（2）$\dfrac{\cos a}{2a}$　（3）$1-\ln 2$　（4）$\dfrac{1}{2}(\beta^2-\alpha^2)$

（5）$\dfrac{m}{n}a^{m-n}$　（6）$\dfrac{2}{\pi}$　（7）1　（8）$\dfrac{1}{2}$

（9）$\dfrac{1}{2}$　（10）$-\dfrac{1}{8}$　（11）$-\dfrac{1}{2}$　（12）$\dfrac{1}{6}$

第四章

习题 4－1

（1）$-\dfrac{4}{x}+\dfrac{4x}{3}+\dfrac{x^3}{27}+C$　（2）$-\dfrac{2}{3}x^{-\frac{3}{2}}+C$

（3）$\dfrac{x^3}{3}-x+\arctan x+C$　（4）$\dfrac{x+\sin x}{2}+C$

（5）$-\cot x-x+C$　（6）$\dfrac{1}{2}(x+\tan x)+C$

（7）$\dfrac{(3e)^x}{1+\ln 3}+C$　（8）$\tan x-\sec x+C$

（9）$\sin x+\cos x+C$　（10）e^x-x+C

（11）$\sqrt{\dfrac{2h}{g}}+C$　（12）$-\dfrac{2}{3}x^{-\frac{3}{2}}-e^x+\ln|x|+C$

（13）$\dfrac{1}{2}x^2-\sqrt{2}x+C$　（14）$\arcsin x+C$

（15）$-\dfrac{1}{x}+\arctan x+C$　（16）$2x+\dfrac{5\left(\frac{2}{3}\right)^x}{\ln 3-\ln 2}+C$

（17）$-(\tan x+\cot x)+C$　（18）$\sin x-\cos x+C$

习题 4－2

（1）$\dfrac{1}{202}(2x-3)^{101}+C$　（2）$\dfrac{3}{2(1-2x)}+C$

(3) $-\frac{3}{4}(3-2x)^{\frac{2}{3}}+C$ (4) $\frac{1}{3}\ln|3x-5|+C$

(5) $\begin{cases} k\neq -1, & \frac{1}{b(k+1)}(a+bx)^{k+1}+C \\ k=-1, & \frac{1}{b}\ln|a+bx|+C \end{cases}$

(6) $-\frac{1}{\beta}\sin(\alpha-\beta x)+C$ (7) $-\frac{1}{6}\ln|\cos 6x|+C$

(8) $\frac{1}{2}\cdot\frac{10^{2x}}{\ln 10}+C$ (9) $-\frac{1}{2}\cot\left(2x+\frac{\pi}{4}\right)+C$

(10) $\frac{1}{5}\arcsin 5x+C$ (11) $\frac{1}{3}\arctan 3x+C$

(12) $\frac{2}{3}\sqrt{(\ln x)^3}+C$ (13) $\frac{2}{9}(1+x^3)^{\frac{3}{2}}+C$

(14) $\sin(x^2-x+1)+C$ (15) $\frac{1}{2}(\arctan x)^2+C$

(16) $\arccos(e^{-x})+C$ (17) $\frac{x}{2}+\frac{1}{4}\sin 2x+C$

(18) $\frac{1}{2}\tan^2 x+\ln|\cos x|+C$ (19) $\frac{1}{3}\ln\left|\frac{x-1}{x+2}\right|+C$

(20) $-\frac{1}{2}e^{-x^2}+C$ (21) $e^{\arcsin x}+C$

(22) $-\frac{1}{3(x-1)^6}-\frac{3}{7(x-1)^7}+C$ (23) $\frac{1}{\sqrt{2}}\arctan\frac{x+1}{\sqrt{2}}+C$

(24) $\frac{1}{6}\ln\frac{x^6}{1+x^6}+C$

习题 4－3

(1) $\frac{1}{a^2}\cdot\frac{x}{\sqrt{x^2+a^2}}+C$ (2) $\frac{\sqrt{x^2-9}}{9x}+C$

(3) $\frac{1}{2}\arcsin x-\frac{x}{2}\sqrt{1-x^2}+C$ (4) $\sqrt{2x}-\ln(1+\sqrt{2x})+C$

(5) $\sqrt{x^2-9}-3\arccos\frac{3}{x}+C$ (6) $\frac{1}{2}\ln\left(\frac{2x}{3}+\frac{\sqrt{4x^2+9}}{3}\right)+C$

(7) $2\sqrt{x}-4\cdot\sqrt[4]{x}+4\ln(1+\sqrt[4]{x})+C$ (8) $\arccos\frac{1}{x}+C$

习题4－4

(1) $\frac{x}{3}\sin 3x+\frac{1}{9}\cos 3x+C$　　(2) $-\left(x+\frac{1}{2}\right)e^{-2x}+C$

(3) $2(x\tan x+\ln|\cos x|)+C$　　(4) $\frac{x^2}{4}-\frac{x}{4}\sin 2x-\frac{1}{8}\cos 2x+C$

(5) $x\arctan x-\frac{1}{2}\ln(1+x^2)+C$

(6) $\left(\frac{x^3}{3}-\frac{x^2}{2}+x\right)\ln x-\left(\frac{x^3}{9}-\frac{x^2}{4}+x\right)+C$

(7) $x\tan x+\ln|\cos x|-\frac{x^2}{2}+C$　　(8) $xf'(x)-f(x)+C$

(9) $\frac{x^{n+1}}{n+1}(\ln x-\frac{1}{n+1})+C$　　(10) $(x+1)\ln(x+1)-x+C$

第五章

习题5－1

(1) $\frac{1}{2}(b^2-a^2)$　(2) $\frac{\pi}{4}$

习题5－2

1. (1) $\frac{29}{6}$　(2) $\frac{\pi}{12}$　(3) $\frac{\pi}{6}$　(4) $\frac{\pi}{4}+1$

(5) $1-\frac{\sqrt{3}}{3}-\frac{\pi}{12}$　(6) $4\sqrt{2}$　(7) $1-\frac{\pi}{4}$　(8) $\frac{\pi}{4}+\frac{1}{2}$

(9) $-\frac{17}{6}$　(10) $\frac{\pi}{6}$　(11) $2(\sqrt{2}-1)$　(12) $2\sqrt{2}$

(13) 2　(14) $\frac{5}{2}$

2. (1) $\sqrt{2}$　(2) $-\sin(x^2)$

习题5－3

1. (1) $\frac{7}{72}$　(2) $5(1-\sqrt[5]{16})$　(3) $\frac{3}{2}$

(4) $\arctan e-\frac{\pi}{4}$　(5) $\frac{\pi}{2}$　(6) $2(\sqrt{3}-1)$

(7) 2　(8) 12　(9) 1

(10) -1　　(11) $\frac{\pi}{2}-\frac{4}{3}$　　(12) $\ln(\sqrt{2}+1)-\frac{1}{2}\ln 3$

(13) $\frac{1}{6}$　　(14) $\frac{\pi}{4}-\frac{2}{3}$　　(15) $\frac{2\pi}{3}+\sqrt{3}$

(16) $\ln(\sqrt{3}+2)-\ln(\sqrt{2}+1)$

2. (1) 0　(2) 2　(3) $\frac{2}{3}(\pi-\sqrt{3})$　(4) $\frac{2}{3}$

3. $\frac{47}{6}$

习题 5－4

1. (1) 1　(2) $\frac{1}{4}(e^2+1)$　(3) $2\left(1-\frac{1}{e}\right)$　(4) $\frac{4\pi}{3}-\sqrt{3}$

2. (1) $\frac{16}{15}$　(2) $\frac{\pi}{16}$

3. $-(\pi\ln\pi+\sin 1)$

习题 5－5

(1) 1　(2) 发散　(3) $4e^{-1}$　(4) π

(5) $\frac{8}{3}$　(6) 2

第六章

习题 6－2

1. (1) $e+e^{-1}-2$　(2) $b-a$　(3) $\frac{7}{6}$　(4) $\frac{32}{3}$　(5) $\frac{3}{8}\pi a^2$　(6) a^2

2. $\frac{24}{5}\pi$　$\frac{48}{5}\pi$

3. (1) $2\sqrt{3}-\frac{4}{3}$　(2) $\ln(1+\sqrt{2})$

第七章

习题 7－1

1. (1) 一阶　(2) 一阶　(3) 三阶　(4) 二阶
2. (1) 是　(2) 不是　(3) 是

3. $s=\frac{1}{2}gt^2+v_0t$

习题7－2

1. (1) $y=\frac{1}{2}(\arctan x)^2+C$ (2) $2e^{3x}+3e^{-y^2}=C$

2. (1) $y=x-1$ (2) $\tan x\tan y=1$

3. (1) $y=e^{x^2}(\sin x+C)$ (2) $y=x(\ln|\ln x|+C)$

(3) $y=\frac{1}{x}(e^x+C)$ (4) $y=\frac{1}{x^2-1}(\sin x+C)$

(5) $y=(1+x^2)(x+C)$

4. (1) $y=7e^{-\frac{x}{2}}+3$ (2) $i=\frac{E_0}{R}(1-e^{-\frac{R}{L}t})$

习题7－3

1. (1) 线性无关 (2) 线性相关 (3) 线性无关
   (4) 线性相关 (5) 线性无关 (6) 线性相关

2. $y=C_1y_1+C_2y_2$ 不是该方程的通解；$y=C_1y_1+C_3y_3$ 是该方程的通解。

3. $y=(C_1+C_2x)e^x$

习题7－4

1. (1) $y=C_1e^{3x}+C_2e^{-3x}$ (2) $y=C_1+C_2e^{4x}$

(3) $y=C_1e^{2x}+C_2e^{-\frac{4}{3}x}$ (4) $y=(C_1+C_2x)e^x$

(5) $x=(C_1+C_2t)e^{\frac{5}{2}t}$ (6) $y=C_1\cos x+C_2\sin x$

(7) $y=e^{-3x}(C_1\cos 2x+C_2\sin 2x)$

2. (1) $y=4e^x+2e^{3x}$ (2) $y=(x+2)e^{-\frac{1}{2}x}$ (3) $y=2\cos 2x+3\sin 2x$

3. (1) $y^*=Ax^3+Bx^2+Cx+D$ (2) $y^*=Ax^2e^{-\frac{3}{2}x}$

(3) $y^*=Ax^2+Bx+C$ (4) $y^*=x(Ax^2+Bx+C)e^{-3x}$

4. (1) $y=C_1+C_2e^{-\frac{5}{2}x}+\frac{1}{3}x^3-\frac{3}{5}x^2+\frac{7}{25}x$

(2) $y=C_1e^{-x}+C_2e^{-2x}+\left(\frac{3}{2}x^2-3x\right)e^{-x}$

(3) $y=C_1\cos x+C_2\sin x+\frac{1}{2}e^x+\frac{1}{2}x\cos x$

习题7－5

1. $xy=6$

2. $i(t)=\frac{5\sqrt{2}}{2}\sin\left(5t-\frac{\pi}{4}\right)+\frac{5}{2}e^{-5t}$

第八章

习题 8

1. (1) $f(x)=\frac{\pi}{2}-\frac{4}{\pi}\sum_{n=1}^{\infty}\frac{\cos(2n-1)x}{(2n-1)^2}\quad(-\infty<x<\infty)$

(2) $f(x)=\frac{\pi}{2}+\sum_{n=1}^{\infty}\frac{(-1)^n}{n}\sin nx\quad[-\infty<x<\infty, x\neq(2k-1)\pi, k\in\mathbf{Z}]$

2. (1) $f(x)=\frac{\pi+2}{4}-\frac{2}{\pi}\sum_{n=1}^{\infty}\frac{\cos(2n-1)x}{(2n-1)^2}+\frac{1}{\pi}\sum_{n=1}^{\infty}\frac{1-(\pi+1)(-1)^n}{n}\sin nx\quad(0<|x|<\pi)$

(2) $\cos\frac{x}{2}=\frac{2}{\pi}+\frac{4}{\pi}\sum_{n=1}^{\infty}\frac{(-1)^{n-1}}{4n^2-1}\cos nx\quad(-\pi\leqslant x\leqslant\pi)$

3. (1) $\frac{\pi-x}{2}=\sum_{n=1}^{\infty}\frac{1}{n}\sin nx\quad(0\leqslant x\leqslant\pi)$

(2) $2x+3=\pi+3-\frac{8}{\pi}\sum_{n=1}^{\infty}\frac{1}{(2n-1)^2}\cos(2n-1)x\quad(0\leqslant x\leqslant\pi)$

第九章

习题 9 - 1

1. 点 A 关于 xOy 面、yOz 面、zOx 面，x 轴、y 轴、z 轴，原点的对称点分别为：$(3,1,-2)$，$(-3,1,2)$，$(3,-1,2)$；$(3,-1,-2)$，$(-3,1,-2)$，$(-3,-1,2)$；$(-3,-1,-2)$
2. 3
3. $5\sqrt{2}$；$\sqrt{34}$，$\sqrt{41}$，5
4. $\{0,1,-2\}$
5. $\{3,4,-7\}$
6. (1) 3；$\cos\alpha=\frac{2}{3}$，$\cos\beta=\frac{2}{3}$，$\cos\gamma=\frac{-1}{3}$；$\frac{1}{3}(2\boldsymbol{i}+2\boldsymbol{j}-\boldsymbol{k})$

(2) $\sqrt{3}$；$\cos\alpha=\frac{\sqrt{3}}{3}$，$\cos\beta=\frac{\sqrt{3}}{3}$，$\cos\gamma=\frac{\sqrt{3}}{3}$；$\frac{\sqrt{3}}{3}(\boldsymbol{i}+\boldsymbol{j}+\boldsymbol{k})$

习题 9－2

1. （1）$\boldsymbol{a}$ 与 $\boldsymbol{b}$ 垂直 （2）3 （3）$\frac{12}{5}$ （4）$\{1, 7, 4\}$

2. -18

3. （1）22 （2）36 （3）-32

4. $(\widehat{\boldsymbol{a},\boldsymbol{b}})=\frac{3\pi}{4}$

5. （1）$-\boldsymbol{i}+3\boldsymbol{j}+5\boldsymbol{k}$ （2）$2\boldsymbol{i}-6\boldsymbol{j}-10\boldsymbol{k}$

习题 9－3

1. （1）$x-2y+3z-8=0$ （2）$\frac{x-4}{2}=\frac{y+1}{1}=\frac{z-3}{5}$

2. $3x-7y+5z-4=0$

3. （1）xOy 面 （2）经过原点的平面
   （3）平行于 z 轴的平面 （4）经过 x 轴的平面

4. $\frac{x-1}{4}=\frac{y-1}{1}=\frac{z-1}{-2}$

5. $\frac{x}{-2}=\frac{y-2}{3}=\frac{z-4}{1}$